北京理工大学"双一流"建设精品出版工程

Modeling and Simulation of Electromechanical Control Systems

机电控制系统的建模与仿真

汪首坤 司金戈 王亮 王军政 ◎ 编著

北京理工大学出版社
BEIJING INSTITUTE OF TECHNOLOGY PRESS

图书在版编目（CIP）数据

机电控制系统的建模与仿真／汪首坤等编著． —— 北
京：北京理工大学出版社，2022.6
ISBN 978 – 7 – 5763 – 1349 – 9

Ⅰ．①机… Ⅱ．①汪… Ⅲ．①机电一体化 – 控制系统
– 系统建模 – 研究生 – 教材 Ⅳ．①TH – 39

中国版本图书馆 CIP 数据核字（2022）第 088374 号

出版发行／北京理工大学出版社有限责任公司
社　　址／北京市海淀区中关村南大街 5 号
邮　　编／100081
电　　话／（010）68914775（总编室）
　　　　　（010）82562903（教材售后服务热线）
　　　　　（010）68944723（其他图书服务热线）
网　　址／http：//www.bitpress.com.cn
经　　销／全国各地新华书店
印　　刷／保定市中画美凯印刷有限公司
开　　本／787 毫米 × 1092 毫米　1/16
印　　张／17　　　　　　　　　　　　　　　　　责任编辑／刘　派
字　　数／408 千字　　　　　　　　　　　　　　　文案编辑／刘　派
版　　次／2022 年 6 月第 1 版　2022 年 6 月第 1 次印刷　责任校对／周瑞红
定　　价／69.00 元　　　　　　　　　　　　　　　责任印制／李志强

机电控制系统应用了机电一体技术,将机械、电子与信息技术进行有机结合,以实现工业产品和生产过程整体最优化。机电一体化的飞速发展,使传统的机械如虎添翼,超越了操作机械和动力机械的范畴。因此,机电控制系统已经成为当今世界工业发展的主要趋势,各类机器人就是机电控制系统的典型代表。然而,机电控制系统常常包含若干个存在多重耦合关系的子系统,系统建模与仿真是一个较为复杂的过程,涉及到机械结构、电气控制、液压系统、控制工程等多学科、多领域的专业知识。单独对每个子系统进行模拟,难以将系统的整体性能调节到最优,必须应用机电液多领域集成建模与协同仿真的方法才能实现系统整体性能的优化与分析。

本书是编者在长期教学科研基础上,借鉴和参考国内外经典教材,广泛吸取机电一体化建模仿真课程的教学经验及最新研究成果编写而成。主要面向自动化专业和机电专业的学生,偏向控制系统设计与优化,研究对象集中为各类新型机电控制系统。

本书共9个章节,从系统组成和工作原理的概念出发,介绍建模与仿真的基本理论,并基于实例介绍仿真软件以及实践流程。其中:第1章为绪论,以实例概括性介绍机电控制系统以及计算机仿真;第2章介绍机电控制系统建模与仿真的基本理论;第3章介绍三种控制系统仿真软件——Matlab/Simulink、Adams以及V-REP的基本操作与应用;第4章到第9章从简单到复杂结合实例,介绍多个机电控制系统的建模与仿真案例:第4章介绍倒立摆系统的建模与仿真流程,第5章介绍基于阻抗原理的柔顺控制系统,第6章介绍四足机器人系统,第7章介绍Stewart型并联六自由度平台,第8章介绍六轮足机器人,第9章介绍基于V-REP的建模与运动控制实例。此外,本书专门提供了二维码(见下图)下载链接,并补充了大量的三维动画和视频教程,以供读者学习参考。

　　本书的目的是培养学生熟练掌握机电控制领域的多种专业仿真软件，并能够综合运用这些仿真软件完成机电控制系统的联合建模与仿真工作，将其应用于自身研究领域之中，提高学生的工程实践能力和分析解决问题的能力。

　　博士生徐康、陈志华、张昊以及硕士生王修文、刘道和、雷涛等参与了本书的编写、统稿及复核工作，在此表示由衷的感谢。由于机电一体化系统的建模与仿真相关技术内容繁杂、涉及知识面广，加上编者经验不足、水平有限，疏漏或不当之处在所难免，殷切期待广大读者批评与斧正！

作　者

目 录
CONTENTS

第1章

绪　　论

1.1　机电控制系统概述

1.1.1　基本概念

机电技术是在机械技术与电子技术深度结合的基础上，综合应用机械技术、微电子技术、自动控制技术、传感测试与信号处理机技术和计算机技术等，根据功能目标合理配置机械本体、执行机构、动力驱动、传感器和控制计算机等部件，并使之在程序控制下实现特定功能价值的系统工程技术。由此产生的功能系统，是一个电子技术为主导，并以现代高新技术为支撑的机电控制系统。该系统在很多场合下又称为机电一体化系统。

1984 年，美国机械工程师协会（ASME）对现代机械系统做出了明确定义：由计算机信息网络协调与控制，用于完成包括机械力、运动和能量流等动力学任务的机械与机电部件相互联系的系统，这一定义的实质就是指机电控制系统。

机电控制系统的产生与发展具有广泛的技术基础和社会基础，是机械技术向自动化和智能化发展的必然产物。机电控制系统已经以各种各样的形式渗透到了国民经济的各个领域，如国防军事、工农业生产、交通运输、航空航海等都离不开机电控制系统。目前，日新月异的机器人就是机电控制系统的典型代表。

机电控制系统的核心技术是机械技术和电子技术，而力学、机械、加工工艺和控制构成了现代机械技术的四大支柱学科。近年来，随着计算机技术的飞速发展，机械技术的四个支柱学科也发生了巨大的变化。其中，变化最明显的就是控制技术，它经历了从手动机械控制，到继电器逻辑控制、计算机自动控制、智能控制的发展历程，它的每次进步都是电子技术和计算机技术发展的产物。机械技术的四个支柱学科无一不渗透了电子技术和计算机技术，正是由于传统技术与信息技术的有机结合使得传统的机械系统发展成为今天的机电控制系统。

1.1.2　构成要素

一个较完整的机电控制系统应包括机械本体、测试传感部分、驱动部分、执行机构、控制单元、能源动力这 6 个基本结构要素，各个要素和环节之间通过接口相联系，构成了机电一体化系统。

1. 机械本体

机械本体是系统所有功能元素的机械支撑结构，包括机身、框架和机械连接。机械本体的结构、工艺、材料和形状应综合满足产品的高效、多功能、可靠、节能、小型、轻质、美观等要求。

2. 测试传感部分

测试传感部分对系统运行所需要的自身或外界环境的各种参数及状态进行检测，转换成可识别的信号，传输到信息处理单元，经过分析和处理产生相应的控制信号。测试传感部分一般由传感器和专用自动化仪表来实现，其测量的精度直接影响了系统的控制精度。

3. 驱动部分

驱动部分在控制信息的作用下为系统提供驱动力，驱动执行机构完成各种动作。其包括各种电机、电液和电气驱动元件，驱动部分应满足高效、快速响应、高可靠性和环境适应性等要求。

4. 执行机构

执行机构是根据控制指令完成机械动作的运动部件，是指驱动部分的输出（主动端）到系统的动力输出（末端）之间的机械结构。执行机构一般采用机械、电磁、液压和气动等机构，应满足高刚度、低转动惯量、高可靠性、模块化、标准化和系列化等要求。

5. 控制单元

控制单元将测试传感信息和输入命令进行分析处理，通过一定程序发出控制命令，控制整个系统有目的地运行。控制单元由特定的计算机或微处理器系统来实现，应满足信息处理高速、可靠、抗干扰、智能化、小型化和标准化等要求。

6. 能源动力

根据控制的要求为系统提供能量和动力，包括电源、液压源和气压源等，能源动力应满足高效、无危害的要求。

机电控制系统正如人的身体一样，各个部分都有不同的分工，它们之间有着密切的联系，只有各个部分分工协作，才能完成预期的作业任务。血液就是人体的能源，血液把能量通过血管输送到人体的各个部分，为各种人体组织提供营养和能量；肌肉是人体的驱动元件，人的任何动作都是肌肉的收缩和膨胀运动的结果，而肌肉要从血液中获得能量，它的动作指令来自人的大脑；人的皮肤和耳、鼻、口、眼等器官相当于机电控制系统中的传感器，它们把外部信息通过神经系统传递给大脑，为大脑决策提供依据；人的手和脚则相当于机电控制系统中的执行机构；人的大脑相当于控制单元，它对传感器的反馈信号进行采样、存储、分析、处理和判断，根据人的想法指挥肌肉运动，使得各种器官产生相应的动作；人的骨骼则相当于机电控制系统中的机械本体，对人的身体起到支撑和造型的作用。

1.1.3 关键技术

系统论、信息论、控制论是机电控制系统的理论基础，也是机电控制技术的方法论。发展机电控制系统所面临的共性关键技术包括传感检测技术、信息处理技术、自动控制技术、伺服驱动技术、精密机械技术及系统总体技术等。

1. 传感检测技术

在机电控制系统中，工作过程的各种位置参数、工作状态等相关信息都要通过传感器进行接收，通过相应的信号检测装置进行测量，送入信息处理装置，并反馈至控制装置，以实现产品工作过程的自动控制。机电控制系统要求传感器能快速和准确地获取信息并且不受外部工作条件和环境的影响，同时检测装置能不失真地对信息进行放大、输送和转换。

2. 信息处理技术

信息处理技术是指机电控制系统工作过程中，与工作过程各种参数和状态以及自动控制有关的信息输入、识别、变换、运算、存储、输出和决策分析等技术。信息处理是否及时、准确，直接影响机电控制系统的质量和效率，因而该技术也是机电一体化的关键技术。

实现信息处理技术的主要工具是计算机。计算机技术包括硬件和软件技术、网络与通信技术、数据处理技术和数据库技术等，计算机处理装置是产品的核心，它控制和指挥整个机电一体化产品的运行。信息处理是否正确、及时，直接影响系统工作的质量和效率，因此计算机应用及信息处理技术已成为促进机电控制系统发展和变革最活跃的因素。人工智能技术、专家系统技术、神经网络技术等都属于计算机信息处理技术。

3. 自动控制技术

自动控制技术的目的在于实现机电控制系统的目标最佳化，它所依据的理论是自动控制原理（包括经典控制理论、现代控制理论和智能控制）。自动控制就是在此理论的指导下对具体控制装置或控制系统进行设计，并进行系统仿真、现场调试，最后使研制的系统能够稳定、可靠地运行。控制对象种类繁多，因此自动控制技术的内容极其丰富。近年来，计算机技术和现代应用数学研究的快速发展，使现代控制技术在系统工程和模仿人类活动的智能控制等领域取得了重大进展。

4. 伺服驱动技术

伺服驱动技术主要是指机电控制系统中的执行元件和驱动装置设计中的技术问题，是关于设备执行操作的技术，对所加工产品的质量及性能具有直接的影响。机电控制系统中的执行元件一方面通过接口电路与计算机相连，接收控制系统的指令；另一方面通过机械接口与机械传动和执行机构相连，以实现规定的动作。执行元件共分三类：利用电能的电动机、利用液压能的液压驱动装置和利用气压能的气压驱动装置。伺服驱动技术直接影响机电控制系统的功能执行和操作，它对产品的动态性能、稳定性、操作精度和控制质量等具有决定性的影响。

5. 精密机械技术

机械技术是关于机械机构、利用其传递运动的技术，机电控制系统的主功能和构造大都以机械技术为主来实现，因此它是机电控制系统的基础技术。对人形机器人而言，就是将等同于人类的腰、肩、大臂、肘部、小臂、手腕、手及手指等运动机械组合起来，构造成一个传递运动的机械。在制造过程的机电一体化系统中，经典的机械理论与工艺应借助于计算机辅助技术，同时采用人工智能与专家系统等，形成新一代的机械制造技术。这里的机械技术、知识和技能，是任何其他技术代替不了的。

6. 系统总体技术

系统总体技术是以整体的概念来组织应用各种相关技术的应用技术，即从全局的角度和系统的目标出发，将系统分解为若干个子系统，从实现整个系统技术协调的观点来考虑每个子系统的技术方案，对于子系统之间以及系统整体之间的矛盾都要从总体协调的需求提出解决方案。机电控制系统是一个技术综合体，它利用系统总体技术将各有关技术协调配合、综合运用，从而达到整体的最佳化。

在机电一体化产品中，机械、电子和电气是性能、规律截然不同的物理模型，因而存在匹配上的困难；电气、电子又有强电与弱电、模拟与数字之分，必然遇到相互干扰与耦合的问题，系统的复杂性带来的可靠性问题，产品的小型化增加了状态监测与维修的困难，多功能化造成诊断技术的多样性等。因此，需要考虑产品整个寿命周期中的总体综合技术。

为了开发出具有较强竞争能力的机电一体化产品，系统总体设计除考虑优化设计外，还包括可靠性设计、标准化设计、系列化设计和造型设计等。

1.1.4 发展趋势

机电控制系统集机械、电子、光学、控制、计算机和信息等多学科于一体，其发展和进步依赖并促进相关技术的发展与进步，机电控制的主要发展方向如下。

1. 智能化

高智能化处理就像人的大脑一样，能够在一些基本知识的基础上对其进行合理的组合和判断。能够实现该功能的软件称为人工智能软件。智能化处理过程就是将基本知识以知识库的形式存储在计算机的存储器中，自动提取与某一知识相关的知识数据，再将这些知识进行合理的推理、组合。

智能化是 21 世纪机电一体化技术发展的一个重要方向。这里所说的"智能化"是对机器行为的描述，是在控制论的基础上，吸收人工智能、运筹学、计算机科学、模糊数学、生理学和混沌动力学等新思想、新方法，模拟人类智能，使其具有判断推理、逻辑思维、自主决策等能力，以求得到更高的控制目标。诚然，使机电一体化产品具有与人完全相同的智能是做不到的。但是，高性能、高速度微处理器使机电一体化产品赋有低级智能或人的部分智能，则是完全可能而必要的。

2. 模块化

模块化是一项重要而又艰巨的工程。由于机电一体化产品种类及生产厂家繁多，研制和开发具有标准机械接口、电气接口、动力接口、环境接口的机电一体化产品单元是一项十分复杂但又非常重要的事。例如，研制集减速、智能调速和电动机于一体的动力单元，具有视觉、图像处理、识别和测距等功能的控制单元以及各种能完成典型操作的机械装置。这样，可以利用标准单元迅速开发出新的产品，同时也可扩大生产规模，这需要制定各单元间匹配的标准。由于利益冲突，很难制定国内国际统一的标准，但可以通过组建一些大企业来逐渐形成。显然，电气产品的标准化、系列化带来的好处可以肯定，无论是对生产标准机电一体化单元的企业还是对生产机电一体化产品的企业，模块化将为其带来美好的前景。

3. 网络化

20 世纪 90 年代，计算机技术的突出成就是网络。网络技术的兴起和飞速发展为科学技术、工业生产、政治、军事、教育及人民日常生活带来了巨大的变革。网络将全球经济、生产连成一片，而企业间的竞争也趋于全球化。机电一体化新产品一旦研制出来，只要功能独特，很快就会畅销全球。由于网络的普及，基于网络的各种远程控制和监视技术方兴未艾。而远程控制的终端设备本身就是机电一体化产品。行程总线和局域网就是使家用电器网络化成为趋势、利用家庭网络（Home Net）将各种家用电器连接成以计算机为中心的计算机集成家电系统（Computer Integrated Appliance System，CIAS），它可以使人们在家里享受高科技带来的便利和快乐。因此，网络化无疑成为机电一体化产品的发展方向。

4. 微型化

微型化兴起于 20 世纪 80 年代末，指的是机电一体化向微型机器和微观领域发展的趋势。国外将其称为微电子机械系统（Micro Electro Mechanical System，MEMS）或微机电一体化系统，其系统尺寸在几毫米乃至更小，其内部结构一般在微米甚至纳米量级。微机电一体化产品体积小、耗能少、运动灵活，在生物医疗、军事、信息等方面有不可比拟的优越性，而它发展的"瓶颈"就在于微机械技术。随着微加工技术的发展，超小型的机械结构也出现在微小运动机械中，该技术也逐渐融入机电一体化系统。

5. 绿色化

工业发展给人民生活带来了巨大变化：一方面，物质丰富，生活舒适；另一方面，资源减少，生态环境受到严重污染。因此，人们呼吁保护环境资源，回归自然。绿色产品概念应运而生。绿色化是时代的趋势，绿色产品在设计、制造、使用和销毁的全生命周期里，符合环境保护和人类健康的要求，对生态环境无害或危害极少，资源利用率高。设计绿色的一体化产品具有远大的发展前途。机电一体化产品的绿色化主要是指在使用时不污染环境，报废时不成为机电垃圾，能回收利用。

6. 自适应化

机械在启动以后，不需要人的干预，就能够自动地完成指定的各项任务，并且在整个过程中能够自动适应所处的状态和环境的变化。机械一边适应各种变化；一边做出新的判断，以决定下一步的动作。例如，自适应移动机器人能够通过自己的眼睛来观察所处的状态和环境，自动寻找目标路线，并沿着路线移动。

1.2 液压四足机器人——典型机电控制系统

机器人是当前机电控制系统的代表性产品，本节将以液压四足机器人为例，介绍典型机电控制系统的组成、驱动与控制。

1.2.1 概述

2005 年秋天，美国波士顿动力公司（Boston Dynamics）首次公开其历经十余年研制的仿生四足机器人 BigDog，在互联网上引起了广泛的关注和热议（图 1 - 1）。BigDog 机器人是由美国国防部高级研究计划署（DARPA）提供资金资助，波士顿动力公司承担研制的仿生四足机器人样机，它是仿照人类生活中常见的四足哺乳动物——狗的结构，利用现代科技方法制造成的一种机械狗。

从 BigDog 机器人的相关视频中可以看到，它具有较高的运动速度、较大的负载能力和超强的机动性能。即便在复杂的非结构化环境中，它仍然能够保持自如的行进状态，令人叹为观止。在 BigDog 机器人初始样机实现之后，美国海军陆战队和陆军又

图 1 - 1 美国波士顿动力公司的
液压四足机器人 BigDog

追加了更多的资金用于进一步的研发，把 BigDog 机器人列为未来战场的装备之一，预计将来可能会出现在实战中。

BigDog 机器人最引人注目的就是它出众的运动能力，多步态行走、小跑、跳跃 1 m 宽的模拟壕沟、爬越 35°的斜坡，能适应山地、丛林、海滩、沼泽、冰面、雪地等复杂危险的地形。目前，BigDog 机器人最大运动速度为 10 km/h，预期可达18 km/h，完全能够满足步兵分队徒步急行军的速度要求。BigDog 机器人的另一显著优势，是能够承载较大的负荷，标准载荷 50 kg，而且不降低运动性能。BigDog 机器人还有一个更为专业的名字——机械骡，意指机器人运输装备骡马化。BigDog 机器人可用于战地环境随同步兵前行，并携带各种后勤补给，这也是美国军方当前对 BigDog 机器人的设计使用要求。

BigDog 机器人是目前陆地移动机器人领域中为数不多的初具功能化的实用机器人。除了基本的运动能力之外，各种辅助功能也在逐步完善之中。同时，进一步提升主要性能指标、拓展应用范围的科研工作也在进行中。

BigDog 机器人的面世也掀起了国内液压四足机器人的研究热潮，国家 "863" 计划先进制造领域于 2010 年发布了 "高性能四足仿生机器人" 主题项目指南。在此背景下，国内 5 所高等院校分别成立了研究队伍，开展了相关的研究工作，包括北京理工大学、哈尔滨工业大学、国防科技大学、山东大学和上海交通大学。研究的机器人样机已经具备较好的性能，基本实现了砂石路、坡路等路况下的行走，不过与国外相关机构的研究成果相比还有一定差距。

1.2.2 整体结构

BigDog 机器人运动能力出众，关键是选择液压执行器作为关节驱动元件。机器人设计从根本上改进了传统液压系统存在的若干缺陷，将液压执行器与四足机构合理巧妙地整合在一起，形成了 BigDog 机器人既强壮有力又不乏灵活柔韧的完美机体。

BigDog 机器人共计有 20 个自由度，其中主动驱动自由度为 16 个，是主要的力和扭矩输出装置；4 个足底自由度是完全被动的，可以提高腿部对地形的适应性。所以，总输出功率 12.5 kW 的发动机主要是向 16 个液压执行器输出功率。具体到每条腿及髋部，包括髋部横向（侧滑）和纵向（前进）2 个自由度、膝关节纵向自由度以及踝关节纵向自由度。

BigDog 机器人的髋部和腿部是实现四足机器人运动的基本单元体（图 1-2），每个单元体主要包括髋部、大腿、小腿、踝肢体、足及 4 个液压执行器。髋部、大腿、小腿和踝肢体顺次利用 3 个横向铰接销串联构成腿部的基本框架，髋部利用 1 个机身纵向的铰接销与机身相连；这些销子在髋部和肢体运动时充当转轴，是 BigDog 机器人实际上的转动关节。

BigDog 机器人的 4 个液压执行器输出端轴套机构分别与髋部、大腿、小腿、踝肢体的转动部件相连，执行器的固定端通过螺栓分别与机身、髋部、大腿、小腿连接。BigDog 机器人的大腿粗短，平衡位置接近水平，靠近机身；小腿和踝肢体较为细长，平衡位置位于机身投影面四角；髋部为细长条状物，内置于机身纵向首尾两侧。BigDog 机器人的小腿的液压执行器以踝关节为轴，推拉踝肢体做旋转运动，借助转换轴把直线运动转换为旋转运动；大腿下侧液压执行器以膝关节为轴推拉小腿转动；大腿上侧执行器以髋部和大腿之间的铰接销为轴推拉大腿转动，固定端位于髋部下侧；机身首尾两端上方斜置的执行器以髋部机身铰接销为轴推拉髋部转动。其中，髋部的转动意味着腿部生成横向运动，使腿部整体绕机身转

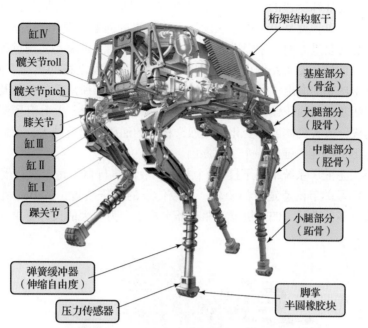

图 1-2 BigDog 机器人的整体机械结构

动，偏离机身纵向，形成侧滑。BigDog 机器人的大腿上侧液压执行器为髋部纵向驱动器，由于活塞杆运动输出端远离转动关节，所以大腿运动摆幅最小，便于大扭矩输出。从构造原理上看，BigDog 机器人的髋部和各肢体工作装置与普通的挖掘机毫无两样，大腿如同动臂，髋部、小腿和踝肢体如同斗杆；主要的差别在于 BigDog 机器人机构更加精致、布局更加紧凑。

1.2.3 液压系统

在 BigDog 机器人推出之前，其实已有许多研究人员想到了利用液压驱动器实现对四足的关节驱动。这是出于传统的电机驱动无法满足四足机器人快速运动的设计要求。原因有以下几点：①电机的功率相对不足，按照 BigDog 机器人的尺寸结构，最多可以选择 200~400 W 的电机，远低于 BigDog 机器人样机中平均功率可达 800 W 的液压执行器，此外电机无法实现总功率的变化分配输出；②电机的工作状态不理想，电机通常只有转速达到一定值才能实现额定功率输出，而四足式机器人关节摆幅通常只有 30°~50°，因而电机始终处于低速、小转角、往复加减速的工作状态，低功率输出且自身内耗太大；③电机的附带装置太多，占用空间且增加自重，增大了机身设计难度；④需要拖动电缆或者背负电池供电，不利于野外环境的自由行走。虽然电机曾被大量用于足类机器人的驱动，但都远远无法满足 BigDog 机器人的运动状态。

传统的液压系统也存在若干痼疾，应用于四足式机器人上至少会有两个缺点显得尤为突出：①漏油或者密封问题；②冲击载荷导致的漏油问题进一步加剧，同时机械部分的形变会影响活塞杆直线往复运动的精度。四足式机器人作为一个主要靠机械结构的刚性体，在运动的过程中与地面撞击会产生可观的冲击载荷，且载荷的大小和方向都始终呈现无规律变化，这种工作状态对于传统液压系统而言是完全不能容忍的。BigDog 机器人恰恰克服了这一点，波士顿动力公司所设计和制造的这套液压驱动系统，就是 BigDog 机器人前期研究最大的技术突破点；从策略上讲，就是单纯机器人设计无法解决的问题，要回到最基础的研究领域，从基本的液压系统的改进方面下手，进而再把它应用到机器人的驱动实现过程中。

BigDog 机器人的液压驱动系统由一个变量活塞泵在汽油发动机的驱动下同时对 16 个液压执行器实现油压功率的输出。发动机根据机器人机体各关节所承载的负荷及转速，控制自身转速进而控制活塞泵的油压输出，满足机器人运动的动力需求，并具有预测的能力。机器人的运动速度越快，或者机体姿态变化越剧烈，相应的油压输出就越大，反之亦然，这也是 BigDog 机器人地形适应能力强的一个重要原因。

BigDog 机器人主液压系统油路下接 16 个并联子液压执行器，每个执行器的响应频率达到 500 Hz，可以满足关节快速定位的要求。相较传统的液压装置，BigDog 机器人的液压执行器要小巧精致得多，满足了四足机器人驱动器个头小、力量大的设计要求（图 1 - 3）。

图 1 - 3　基本液压执行元件（其中执行器右端是一个轴套机构，活塞杆是直线往复运动）

而 BigDog 机器人的肢体是旋转运动，所以运动需要转换。以铰接销为转轴，活塞杆推拉肢体，执行器所在肢体的框架充当铰杆，形成运动转换。活塞杆外侧另有两根辅助杆，同步往复运动，分担活塞杆承受的冲击载荷。轴套机构和关节转轴由于载荷大、易磨损，对选材要求很高。液压执行器把主液压系统油路的油压引入子系统中，根据所在关节的载荷需求，通过具有航天品质的二级电液伺服阀调整本单元的油压和流量输出，实现力和扭矩的双向变化输出。

1.2.4　运动控制

BigDog 机器人的运动控制取决于其特殊的机体构造。控制系统同时对 16 个液压执行器进行控制，因此多自由度耦合联动实现了肢体的千变万化，进而形成了机器人的各种动作姿势。这也是四足式机器人对地形适应能力强的根本原因。然而冗余自由度变换复杂，增大了控制的难度。同时，四足的支撑结构不稳定，质心位置偏高，易发生偏移，运动控制相比轮式、履带式机器人，要困难得多。四足式机器人在运动过程中既要保证快速行进，同时还要控制质心位置，保持机身的相对平稳。而 BigDog 机器人运动控制的核心问题就是控制机体的平衡，建立机体与地形之间静态或动态的平衡系统，机器人的站立、行走、小跑以及各种运动状态间的相互转换，都必须保持平衡。建立四足机器人的运动平衡主要考虑三个方面的因素，即自身姿态、地形状况和运动状态。BigDog 机器人的运动控制包括姿态感知、地形感知和运动生成。前两步是在运动中寻找机体与地面之间的平衡状态，第三步是通过控制实现平衡。

1.3 计算机仿真

1.3.1 基本概念与过程

在计算机出现之前，只有物理仿真，而系统仿真附属在其他有关学科中。计算机的问世和发展，促进了计算机仿真技术的产生和发展。

数学仿真使用的模型是数学模型，其模型运行工具为计算机及其支撑软件，因此数学仿真也称计算机仿真。

1. 计算机仿真的类型

按照所使用计算机的不同，计算机仿真又可以分为模拟计算机仿真、数字计算机仿真和混合计算机仿真。

（1）模拟计算机仿真。模拟计算机仿真，以模拟计算机及其仿真支撑软件作为仿真工具，简称模拟仿真。

（2）数字计算机仿真。数字计算机仿真，以数字计算机及其仿真支撑软件作为仿真工具，简称数字仿真。

（3）混合计算机仿真。混合计算机仿真，既使用模拟计算机，也使用数字计算机的计算机仿真，简称混合仿真。

目前，计算机仿真通常是指在数字计算机上进行的数字仿真。

2. 计算机仿真的研究对象

计算机仿真的研究对象可以是实际的系统，也可以是设想中的系统。在没有计算机以前，仿真都是利用实物或其物理模型来进行研究的，即物理仿真。物理仿真的优点是直接、形象、可信，但模型受限、易破坏、难以重用。然而，计算机仿真将研究对象进行数学描述、建模编程，而且在计算机中运行实现，它易修改、可重用。根据数学模型的性质，计算机仿真的研究对象可以分为两类。

（1）确定性的广义连续系统。确定性的广义连续系统包括连续时间系统和离散时间系统，这类系统的输出由输入决定（可用确定的函数关系来描述），其仿真思想和基本方法是相同的。因此，该类系统的仿真统称为连续系统仿真。

（2）随机性的离散系统。随机性的离散系统的状态变化（称为"事件"）只在离散的时刻发生，并且具有随机性，通常用概率模型进行数学描述。因此，该类系统的仿真称为离散事件系统仿真。

计算机仿真有三个基本要素：系统、模型、计算机。系统是仿真研究的对象，模型是系统的抽象，计算机是对模型进行实验研究的工具。联系着三要素的是三项基本活动：数学建模、仿真建模、仿真实验，如图 1-4 所示。

计算机仿真的一般过程如图 1-5 所示。

①问题提出：描述仿真问题，明确仿真目的。

②系统定义与仿真规划：根据仿真目的，确定仿真对象（系统的实体、属性、活动）及环境（系统的边界条件与约束条件），规划相应的仿真系统结构（实时仿真还是非实时仿真，纯数学仿真还是半实物仿真等）。

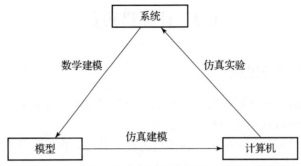

图1-4　计算机仿真的三要素及其三项基本活动

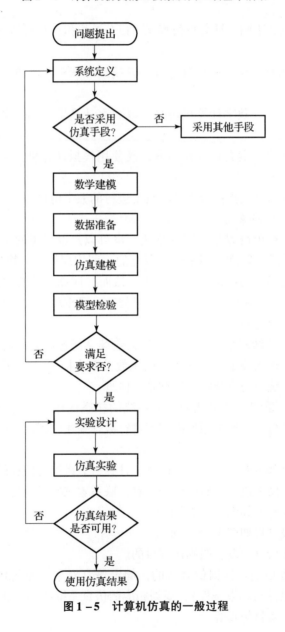

图1-5　计算机仿真的一般过程

③数学建模：根据系统的先验知识、实验数据及其机理研究，按照物理原理或采取系统辨识的方法，确定模型的类型、结构及参数，对模型进行形式化处理，得到系统的数学模型，并对模型进行可信性检验。

④仿真建模：根据数学模型的形式、计算机类型和仿真的要求，选择合适的算法，采用高级语言或其他仿真工具，将数学模型转换成能在计算机上运行的程序或其他模型，即获得系统的仿真模型。

⑤仿真实验：根据仿真的目的，确定仿真实验的要求，如仿真运行参数、控制参数、输出要求等，对仿真模型进行多方面的运行实验，相应地得到模型的输出。

⑥仿真结果分析：根据仿真目的和实验要求，对仿真实验的结果进行分析处理（整理及文档化）。根据分析结果修正数学模型、仿真模型或仿真程序，以进行新的实验。模型是否能够准确地表示实际系统，是需要不断地修正和验证的，它不是一次完成的，而是比较模型和实际系统间的差异，不断地修正和验证。

1.3.2　仿真软件与算法

在建立系统的数学模型后，需要将其转变成能够在计算机上运行的仿真模型。例如，由于计算机只能进行离散的数值计算，所以连续系统计算时必须计算出递推数学公式，如求解微分方程的龙格－库塔（Runge－Kutta）算法。这实际上就是计算机仿真算法的设计，即把数学模型转化为能在计算机上运行的仿真模型。

由此可见，计算机仿真算法是将系统数学模型转换成仿真模型的一类算法，其在数字仿真模型中起到关键作用。通常这些仿真算法并不需要仿真人员去编写，因为这些仿真算法往往已经内嵌于各种面向仿真用途的专用软件中了。但是，对这些算法的了解无疑有助于用户更好地完成仿真任务。

仿真算法可以分为连续系统仿真算法、离散事件系统仿真算法等，而连续系统仿真算法又可分为数值积分法、离散相似法等。此外，仿真算法的研究还经历了从串行算法到并行算法的发展过程。目前，连续系统与离散事件系统的非实时串行算法已经相当完善，研究的重点是实时连续系统仿真算法、各类系统的并行仿真算法及定性仿真算法等。

1. 仿真软件

仿真软件是类面向仿真用途的专用软件，它可能是面向通用的仿真，也可能是面向某个领域的仿真。它的功能可以概括为以下几点。

（1）为仿真提供算法支持。

（2）模型描述，用来建立计算机仿真模型。

（3）仿真实验的执行和控制。

（4）仿真数据的显示、记录和分析。

（5）对模型、实验数据、文档资料和其他仿真信息的存储、检索和管理，即用于仿真数据信息管理的数据库系统。

根据软件功能，仿真软件可分为以下三个层次。

（1）仿真程序库，是一组完成特定功能的程序集合，专门面向某一问题或某一领域。仿真程序库可能是用通用的语言（如 C＋＋、Fortran 等）开发的程序软件包，也可能是依附于某种集成仿真环境的函数库或模块库。很多这样的软件包是开放的，可以免费使用和扩展，如 C++SIM、Mathtools（for Matlab，C，C++，Fortran）等。

（2）仿真语言，多属于面向专门问题的高级语言，它是针对仿真问题、在高级语言的基础上研制而成的。它不要求用户掌握复杂烦琐的高级语言，只需用户按照要求书写方程代码，而无须考虑数学模型到仿真模型的转换，这种代码往往更接近于系统本身的数学模型。最终，由机器自动完成从仿真语言到通用高级语言或汇编语言的转换，这样的语言有连续系统仿真语言（ACSL）和 Easy 5 等。

（3）集成仿真环境，是一组用于仿真的软件工具的集合，包括：设计、分析、编制系统模型，编写仿真程序，创建仿真模型，运行、控制、观察仿真实验，记录仿真数据，分析仿真结果，校验仿真模型等。集成仿真环境涉及许多功能软件，如建模软件、仿真执行软件、结果分析软件等。各功能软件之间存在着信息联系，为了提高效率，必须将它们集成起来，加上方便的操作界面、环境，就形成了集成仿真环境。典型的集成仿真环境，如 Math-Woks 公司的 Matlab/Simulink 软件，就是一个集成的通用建模与仿真平台。

目前，仿真软件的发展十分迅速，其发展方向是建立智能化的建模与仿真环境、支持分布交互仿真的综合仿真环境等，将为仿真技术的应用提供更加方便、易用和功能强大的软件支撑。

2. 仿真技术的应用与发展

系统仿真技术是一门通用的支撑性技术，具有综合性强、应用领域宽、无破坏性、可多次重复、安全、经济、不受环境条件和场地空间的限制等特点；同时，它也是一门不断发展的高新技术，已成为现代实验工程和科学研究的主要技术手段，广泛应用于国防和国民经济的各个领域。

由于仿真技术在应用上的安全性，航空、航天、核电站等成为仿真技术最早和最主要的应用领域。特别是在军事领域，如新型的武器系统、大型的航空航天飞行器等，在其设计、定型过程中，都要依靠仿真实验，进行修改和完善；导弹、火箭的设计研制，空战、电子战、攻防对抗等演练也都离不开仿真技术。

从仿真的经济性考虑，由于仿真往往在计算机上模拟现实系统过程，并可多次重复运行，其经济性十分突出。据美国对"爱国者"导弹等三个型号导弹的定型试验统计，采用仿真实验，可减少实弹发射试验次数约 43%，节省费用达数亿美元。我国某种型号导弹在设计和定型过程中，通过仿真实验，缩短研制时间近两年，少进行 20 多次实弹射击，节省费用数千万元。如果不进行仿真实验，导弹改型一次，就要重新进行多次实弹发射，型号定型往往需要进行数十次甚至上百次发射试验。采用模拟器培训工作人员，经济效益和社会效益十分明显。另外，从环境保护的角度考虑，仿真技术也极具价值。例如，现代核试验多通过计算机进行仿真测试。

系统仿真技术能以其他方法无法具备的独特功能为决策者、设计师和工程技术人员在面对重大、复杂的棘手问题时，提供一个灵活的、适用的环境和手段，以检验关键性见解、创新性观点和所做决断的正确性和有效性，高效地帮助人们理解实际系统的本质，便于进行科学决策与推断。因此，有人提出系统仿真技术是继科学理论和实验研究之后的第三种认识和改造世界的工具。

近年来，系统仿真技术尤其被各国领导层和军事部门高度重视，成为国防关键技术之一。海湾战争后，美军公布了对伊拉克作战过程中，战略战术的制定和战役、战术上对兵力的部署及调动，成为采用系统仿真技术辅助作战的成功案例。这使人们清楚地看到，系统仿真应用于国防和军事，不仅是新型武器装备论证、研制、试验、定型、鉴定、作战效能评估、使用训练、作战训练、后勤支援、武器采办等不可缺少的重要技术手段，而且直接介入了先进武器系统的运用，乃至现代作战行为的决策与谋划过程，在提高效率、节省经费、降低风险、保障质量和缩短周期等方面起到了显著的作用。

系统仿真技术在武器系统仿真中的应用与发展趋势体现在以下三个方面。

（1）从局部阶段仿真到全生命周期仿真。现在武器系统仿真已经从局部阶段仿真发展到全生命周期仿真。全生命周期仿真是指从研究、确定战术技术指标开始，直至装备部队使用的全过程，通常可以划分为 8 个阶段：确定战术技术指标、可行性论证、方案论证、工程设计和试制、飞行试验、鉴定和定型、批量生产以及部署使用。随着现代科学技术的发展以及对装备性能要求的提高，系统仿真技术在各阶段中的应用越来越广泛。

（2）从单武器平台仿真到多武器平台仿真。目前，我国各部门建成了若干集中式的单武器仿真平台，对武器系统方案论证、优化设计、质量保证、鉴定定型等方面起到了重要作用，使决策部门到研制使用部门达成了统一的认识：武器型号的研制中，仿真是不可缺少的关键技术。随着军事需求与技术的发展，单武器系统的仿真已不能满足武器装备发展的需要，面向多武器平台仿真、基于信息互联构成"合成仿真环境"成为重要的发展方向。

（3）从性能仿真到性能与构造仿真应用相结合。要设计一座新颖而复杂的大楼，需要先按几何比例相似原理通过制作小的模型来研究大楼的结构特点；要设计一架新型飞机，需要先用木头制作飞机的模型，来研究新型飞机的尺寸、空气动力布局、设备布局合理性、可安装性、可维护性、运动部件的干涉性、驾驶操纵的方便性等。

以仿真计算机为核心的纯数学仿真或半实物仿真，主要是研究系统的动态性能及其战术技术性能。除此之外，仿真结果的可视化也越来越受到人们的重视。虚拟现实技术的发展，使得计算机制作虚拟样机成为可能。样机包括系统组成、机体构型、机体上各分系统的布局、各分系统的结构和零部件的构造等，几何虚拟样机的分析研究、设计及综合性能评估等仿真，形成以仿真为基础的系统设计与分析。美国波音飞机的无图纸生产就是一个很好的例证。

第 2 章
建模仿真的基本理论

2.1　数学模型

2.1.1　模型的概念与分类

建立系统概念的目的在于深入认识并掌握系统的运动规律，不仅需要定性地了解系统，还要定量地分析系统。其中定量分析的最有效的方法是模型法。一个系统，只有在确定研究目的并对实体、属性、活动、环境做了明确描述后，才是确定的，才可能去考虑系统模型的建立。

系统模型是对系统活动的抽象描述，是为了一定的研究目的，对被研究的实际系统特性进行简缩、抽象、提炼出来的原型的替代物。在任意时间，系统所有的实体、属性、活动和环境情况的信息集合称为系统在该时间的状态，用于表示系统状态的变量称为系统变量。系统存在许多可能的状态，而系统模型就是描述系统状态变化的关系。

之所以可以用模型来模仿实际系统，是因为各种系统之间具有一定的相似性，虽然很多系统的组成元素有差异，组成元素的微观结构不尽相同，但通过一定的组织之后，都可以表现出几乎同样的行为。例如，机械系统与电系统的相似性比较如表 2 - 1 所示。系统仿真的基础是相似原理，包括几何相似、环境相似、性能相似、感觉相似、逻辑思维方法相似等。

表 2 - 1　机械系统与电系统的相似性比较

表征　　　系统	机械系统	电系统
系统实体		

表征＼系统	机械系统	电系统
系统属性	距离　x 外力　$F(t)$ 阻尼系数　D 速度　$\dot{x}$ 质量　M 弹簧系数　K	电荷　q 电源　$E(t)$ 电阻　R 电流　$\dot{q}$ 电感　L 1/电容　$1/C$
系统活动	机械振荡	电振荡
系统描述	$M\ddot{x} + D\dot{x} + K\dot{x} = F(t)$	$L\ddot{q} + R\dot{q} + \dfrac{1}{C}q = E(t)$

　　模型可以分为实体模型和数学模型。实体模型，是根据系统之间的相似性而建立起来的物理模型，最常见的是比例模型，如风洞实验常用的翼型模型、建筑模型等。数学模型是运用性能相似原理，用数学方程或符号描述系统性能的模型。

　　数学模型可以分为许多类型，按照状态变化，可分为动态模型和静态模型。用于描述系统状态变化过程的数学模型称为动态模型，而静态模型仅仅反映系统在平衡状态下系统特征值间的关系，这种关系常用代数方程来描述，如表 2 – 2 所示。按照输入和输出的关系，可分为确定性模型和随机性模型。若一个系统的输出完全可以用它的输入来表示，则称为确定性系统。若系统的输出是随机的，即对于给定的输入存在多种可能的输出，则该系统是随机系统。

表 2 – 2　静态模型和动态模型的比较

模型类型			数学描述	备注
静态模型			代数方程	
动态模型	连续系统		微分方程、状态方程、传递函数	广义连续模型
	离散系统	离散时间系统	差分方程、离散状态方程、脉冲传递函数	
		离散事件系统	概率模型	

　　在数学模型中，作为主要研究对象的动态模型又可分为连续系统和离散系统。连续系统的动态模型常用微分方程、状态方程或传递函数来描述，研究这些系统的性质实际上就是求解微分方程。离散系统是指系统的操作和状态变化仅在离散时刻产生的系统，包括离散时间系统和离散事件系统。离散时间系统使用差分方程、离散状态方程或脉冲传递函数进行描述，如计算机采样系统。离散事件系统的状态变化则是由事件驱动的，具有随机性，如交通

系统、电话系统、通信网络系统等，常常使用各种概率模型来描述。连续系统还可分为是集中参数的还是分布参数的、是线性的还是非线性的、是时变的还是时不变的、是时域的还是频域的、是连续时间的还是离散时间的等。

2.1.2 数学模型的作用

数学模型，无论是在理论研究上还是在工程实践上，都有广泛的应用。

1. 深化认识

数学模型可帮助人们不断加深对现象的认识，并启发人们进行有可能获得满意结果的实验。

从提高认识能力的方面考虑，为了加强这种影响，提高通信、思考和理解三个层次的水平，需要满足以下几个方面的要求。

（1）一个数学描述需要一个准确、易于理解的通信模式，即当信息传递给别人时，这种模式可减小引起误解的概率。

（2）在研究各种问题或假设时，还需要一个相当规模的辅助思考过程。

（3）一旦某模型被综合成为一组公理和定律，这样的模型就能更好地帮助人们理解现实问题。

2. 提高决策能力和干预能力

数学模型的研究，能够提高人们的决策能力和干预能力。

为提高决策能力，也可将其划分为三个不同水平的层次：管理、控制和设计。管理是一种很有限的干预方式，通过它可确定目标和决定行动的大致过程。但是，由于这种策略无法制定得十分详细，所以它的具体实施必须委托给下一层次，并在下一层次被翻译理解。因此，意图和实施之间的联系就变得模糊不清。在控制这一级，动作和策略之间的关系是确定的，但由于控制级中动作仅限于在某个固定范围内加以选择，所以仍然限制了干预的范围。而在实施决策的设计级则与此相反，设计者能在较大程度上进行选择，扩大或替代部分真实系统。相对其他两级，设计所花费的代价更高，而且不常进行。此外，控制和管理这两级是一种连续的在线活动。

真实系统及其分解并不是一成不变的，它依赖于主观因素（人们的理解力和看法）和客观条件。观测及干预必须相应地限制在系统能观测及能控制的部分。由于不能观测及不能控制部分的存在，因此，推测或控制的结果将是不确定的，对这些部分的认识越深入，成功估计理解和干预的把握程度也就越大。

数学模型具有目标上的二元性，具有特殊的意义。虽然在一个给定的环境中，建模可能是为了加深对事物的认识程度，但也提供了干预的可能。为了控制而建立的模型，也将有助于人们对系统的认识。模型对知识进行编码，主要展现的是将互不关联的关系结合成一个整体的能力；否则，这些关系之间的隐含点将难以刻画。这一点，对于从已知数据推理到未知数据有着特殊的意义。

虽然数学模型的建立可为许多目标服务，但模型特殊的描述程序却无法适用于所有目标。

2.1.3 数学建模的原则

在模型建立时，一般遵循以下四条原则。

（1）清晰性。一个复杂系统通常是由许多子系统组成的，因此对应的系统模型也是由许多子模型组成的。为了使模型简单明了，便于分析与研究，子模型之间除了研究所需的信息联系外，相互耦合应尽可能少，结构应尽可能清晰。

（2）切题性。模型中应只包括与研究目的相关的方面，对于同一个系统，模型不是唯一的，研究目的不同，模型也不同。

（3）精密性。同一个系统模型按其精度可进行分级，对于不同的工程，其精度要求也各不相同。

（4）集合性。对于一个系统实体的分割，并不是越细越好。相反，为了方便研究，可能要尽量合并为大的实体，即集合性要高。

2.1.4　数学建模的途径

1. 演绎法

演绎法是一种运用先验信息的经典建模方法。如果在理论上有些不足，则要求在某些假设和原理的基础上，通过数学的逻辑演绎来建立有效而清晰的数学描述。这种方法从一般到特殊，将模型看作从一组前提条件经过演绎而得出的结果。此时，实验数据只被用来进一步证实或否定原始的原理。依赖先验知识，采用演绎方法进行推导的建模，通常称为"白箱建模"。

演绎法有它存在的问题。一组完整的公理将导致一个唯一的模型，前提的选择可能成为一个有争议的问题。演绎法面临的一个基本问题，即实质不同的一组公理，可能导致一组非常类似的模型。爱因斯坦曾经遇到过这个问题，牛顿定理与相对论是有区别的。然而，对于当前大多数的实验条件来讲，两者将会导致极其类似的结果。

2. 归纳法

归纳法从观测到的行为出发，试图推导出与观测结果相一致的更高一级的知识。因此，这是一个从特殊到一般的过程。

归纳法从系统描述分类中最低一级水平开始，试图推导出较高水平的信息。一般来说，这样的选择不是唯一的，这是由于有效的数据集合经常是有限的，而且经常是不充分的。实际上，当模型所给出的数据在模型结构方面并非有效时，任何一种表示都是一种对数据的外推。要完成这种外推，需要附加信息。

在有些场合，先验知识的影响已降低到最低程度。如"黑箱建模"中仅知道模型的框架，而没有任何有关结构的先验信息可利用。仅有实验数据可用于推导模型结构，而且实际上这些数据集合通常是有限的，有无穷多个模型能够与这一组数据相吻合，即基于有限数据集合来描述结构特性的问题是没有唯一解的。需要做的是，从有限的数据集合信息中，主动寻找一个最合适的模型。

3. 目标法

注重实用的建模者基于工程观点，着眼于建模的目的，认为模型意味着通向一个终点，模型的目的可暗示出一些有关结构选择的要求，程序将直接面向建模的特定目标。这种目标法由于不容易将研究对象引入建模过程，而且往往因目标特殊而使所得的模型非常局限，因此没有普遍意义。

2.1.5 连续系统的数学模型

连续系统的数学模型通常可分为时间连续模型（微分方程、传递函数、状态空间表达式等）、时间离散模型（差分方程、Z 传递函数、离散状态空间表达式等）及连续 – 离散混合模型。通常采用时间连续模型来描述机电液系统。

1. 微分方程

一个连续系统的动态模型可以表示成高阶微分方程，其一般形式为

$$\frac{\mathrm{d}^n y}{\mathrm{d}t^n} + a_1 \frac{\mathrm{d}^{n-1} y}{\mathrm{d}t^{n-1}} + \cdots + a_{n-1} \frac{\mathrm{d}y}{\mathrm{d}t} + a_n y$$

$$= c_1 \frac{\mathrm{d}^{n-1} u}{\mathrm{d}t^{n-1}} + c_2 \frac{\mathrm{d}^{n-2} u}{\mathrm{d}t^{n-2}} + \cdots + c_n u \tag{2.1}$$

式中，y 为系统的输出量；u 为系统的输入量。

初始条件为

$$y(t_0) = y_0, \quad \dot{y}(t_0) = \dot{y}_0, \quad \cdots, \quad u(t_0) = u_0, \quad \dot{u}(t_0) = \dot{u}_0$$

系数 $a_1, a_2, \cdots, a_n$ 是系统参数，可以随时间变化，也可以不随时间变化，这完全由系统中实体的性质来决定。前者称为线性时变系统，后者称为线性时不变系统。

若引进算子 p，有

$$p = \frac{\mathrm{d}}{\mathrm{d}t} \tag{2.2}$$

则

$$\sum_{j=0}^{n} a_{n-j} p^j y = \sum_{j=0}^{n-1} c_{n-j-1} p^j u (a_0 = 1) \tag{2.3}$$

若定义

$$\begin{cases} A(p) = \sum_{j=0}^{n} a_{n-j} p^j \\ C(p) = \sum_{j=0}^{n-1} c_{n-j-1} p^j \end{cases} \tag{2.4}$$

则

$$\frac{y}{u} = \frac{C(p)}{A(p)} \tag{2.5}$$

2. 传递函数

设系统输出 y 和输入 u 的各阶导数的初值为零，即在 $t = 0$ 之前系统处于一个平稳状态，对式（2.1）两边取拉普拉斯变换，可得

$$s^n Y(s) + a_1 s^{n-1} Y(s) + a_2 s^{n-2} Y(s) + \cdots + a_n Y(s)$$

$$= c_1 s^{n-1} U(s) + c_2 s^{n-2} U(s) + \cdots + c_n U(s) \tag{2.6}$$

式中，$Y(s)$ 为输出量 $y(t)$ 的拉普拉斯变换；$U(s)$ 为输出量 $u(t)$ 的拉普拉斯变换。

定义

$$G(s) = \frac{Y(s)}{U(s)} \tag{2.7}$$

为系统的传递函数，则

$$G(s) = \frac{c_1 s^{n-1} + c_2 s^{n-2} + \cdots + c_n}{s^n + a_1 s^{n-1} + a_2 s^{n-2} + \cdots + a_n} \tag{2.8}$$

由此可见，此时 p 与 s 等价。

3. 状态空间表达式

对于一个连续系统，式（2.1）和式（2.8）仅描述了它们的外部特性，即仅仅确定了输入 $u(t)$ 与输出 $y(t)$ 之间的关系，因此将其称为系统的外部模型。为描述一个连续系统的内部结构，需要引进系统的内部变量，这个变量称为状态变量。

线性定常系统的状态空间表达式包括下列两个矩阵方程，即

$$\dot{\boldsymbol{X}}(t) = \boldsymbol{A}(t) + \boldsymbol{B}u(t) \tag{2.9}$$

$$y(t) = \boldsymbol{C}x(t) + \boldsymbol{D}u(t) \tag{2.10}$$

式中，$\dot{\boldsymbol{X}}(t)$ 为 n 维的状态矢量；$u(t)$ 为 m 维的控制矢量；$y(t)$ 为 k 维的输出量；$\boldsymbol{A}$ 为 $n \times n$ 的状态矩阵，由控制对象的参数决定；$\boldsymbol{B}$ 为 $n \times m$ 维的控制矩阵；$\boldsymbol{C}$ 为 $k \times n$ 维的输出矩阵；$\boldsymbol{D}$ 为 $l \times n$ 维的直接传输矩阵。

式（2.9）由 n 个一阶微分方程组组成，称为状态方程；式（2.10）由 k 个线性代数方程组成，称为输出方程。

2.2　数值积分算法

2.2.1　基本公式

一个 n 阶连续系统可以用 n 阶微分方程表示，也可以用 n 个一阶微分方程组来描述，而每个一阶微分方程的解实际上是一个积分，利用数字计算机来进行连续系统仿真。从本质上讲，就是要在数字计算机上构造出多个数字积分器，也就是让数字计算机进行数值积分运算。

1. 基本思想

在连续系统仿真中，主要的数值计算工作是对考虑初值问题的方程进行求解：

$$\frac{\mathrm{d}y}{\mathrm{d}t} = f(t, y) \quad y(t_0) = y_0 \tag{2.11}$$

对式（2.11）所示的初值问题的解 $y(t)$ 是一连续变量 t 的函数。现在要以一系列离散时刻近似值 $y(t_1), y(t_2), \cdots, y(t_n)$ 来代替，其中 $t_i = t_0 + ih$（h 称为步长，是相邻两点之间的距离）。称点列 $y_k = y(t_k)$（$k = 0, 1, \cdots, n$）为式（2.11）在点列 $t_k(k = 0, 1, \cdots, n)$ 处的数值解。由此可见，数值解法就是首先把一个连续变量问题，用某种离散化方法化成离散变量问题——近似的差分方程的初值问题；然后逐步计算出 y_k。采用不同的离散化方法可得出具有不同精度的微分方程的数值积分方法。

由于

$$y(t_{n+1}) = y(t_0) + \int_{t_0}^{t_{n+1}} f(t, y)\mathrm{d}t = y(t_n) + \int_{t_n}^{t_{n+1}} f(t, y)\mathrm{d}t \tag{2.12}$$

若令

$$y_n \approx y(t_n) \quad Q_n \approx \int_{t_n}^{t_{n+1}} f(t, y)\mathrm{d}t \tag{2.13}$$

则

$$y(t_{n+1}) \approx y_n + Q_n \tag{2.14}$$

因此，主要问题是如何对 Q 进行求解，即如何对 $f(y,t)$ 进行近似积分。

2. 欧拉法

欧拉法是最简单的数值积分法，虽然它的精度较差，但由于公式简单，而且具有明显的几何意义，有利于初学者在直观上学习数值 $y(t_n)$ 是怎样逼近微分方程的精确解 $y(t)$ 的，所以在讨论微分方程初值问题的数值解时通常先讨论欧拉法。

将式（2.11）在 (t_i, t_{i+1}) 区间上积分，可得

$$y(t_{i+1}) - y(t_i) = \int_{t_i}^{t_{i+1}} f(t,y)\,\mathrm{d}t \tag{2.15}$$

式（2.15）等号右端的积分一般是很难求出的，其几何意义为曲线 $f(t,y)$ 在 (t_i, t_{i+1}) 区间上的面积。当 (t_i, t_{i+1}) 区间足够小时，可用矩形面积来近似代替，即

$$\int_{t_i}^{t_{i+1}} f(t,y)\,\mathrm{d}t \approx h \cdot f(t_i, y(t_i)) \tag{2.16}$$

因此，式（2.15）可以近似为

$$y(t_{i+1}) = y(t_i) + hf(t_i, y(t_i)) \tag{2.17}$$

写成递推算式为

$$y_{n+1} = y_n + hf_n \ (n = 0,1,2,\cdots,N) \tag{2.18}$$

式（2.18）为欧拉公式。其中，$h = t_{n+1} - t_n$，即步长；$f_n = f(t_n, y_n)$ 为函数 $y(t)$ 在时刻 t_n 时的导数值。

因已知 $y(t_0) = y_0$，则由式（2.18）可得欧拉法的计算过程，即

$$\begin{cases} y(t_0) = y_0 \\ y_1 = y_0 + f(t_0, y_0)(t_1 - t_0) \\ y_2 = y_1 + f(t_1, y_1)(t_2 - t_1) \\ \quad\vdots \\ y_{n+1} = y_n + f(t_n, y_n)(t_{n+1} - t_n) \end{cases} \tag{2.19}$$

由式（2.19）可知，由前一点 t_i 上的数值 y_i，可以求得后一点 t_{i+1} 上的数值 y_{i+1}，这种算法称为单步法。又由于式（2.18）可以直接由微分方程式（2.11）的初值 y_0 作为递推计算时的初值，而不需要其他信息，因此它又是一种自启动算法。

与欧拉法相类似的改进的欧拉方法，是用超前一个时刻的 y_{n-1} 来替代式（2.18）中前一时刻的 y_n，数值积分公式为

$$y_{n+1} = y_{n-1} + 2hf_n \tag{2.20}$$

3. 梯形法（预估－校正法）

欧拉法比较简单，却给我们一些启发，即在求积分时用梯形面积来代替矩形面积，可得

$$y(t_{i+1}) = y(t_i) + \frac{1}{2}h\big[f(t_i, y(t_i)), f(t_{i+1}, y(t_{i+1}))\big] \tag{2.21}$$

写成递推公式为

$$y_{n+1} = y_n + \frac{h}{2}(f_n + f_{n+1}) \tag{2.22}$$

用梯形公式（2.22）来计算时，产生了一个新问题：在计算 y_{n+1} 时，需要知道 f_{n+1}，而 $f_{n+1} = f(t_{n+1}, y_{n+1})$ 又依赖于 y_{n+1}，因此该式是不能自启动的。要求解 y_{n+1}，通常采用递推法，即

$$\begin{cases} y_{n+1}^{(0)} = y_n + hf(t_n, y_n) \\ y_{n+1}^{(1)} = y_n + \dfrac{1}{2}h[f(t_n, y_n) + f(t_{n+1}, y_{n+1}^{(0)})] \\ \quad\vdots \\ y_{n+1}^{(k+1)} = y_n + \dfrac{1}{2}h[f(t_n, y_n) + f(t_{n+1}, y_{n+1}^{(k)})] \end{cases} \tag{2.23}$$

如果 $y_{n+1}^{(0)}$，$y_{n+1}^{(1)}$ …这个序列是收敛的，那么极限就存在，即 $k \to \infty$ 时，这个序列趋于某一个极限值。因而可以用此极限值来作为 y_{n+1}。可以证明，如果步长 h 取得足够小，则上述序列必定收敛。

收敛问题解决了，还有一个问题，即在具体的计算过程中，要迭代多少次才认为已经求得准确的 y_{n+1} 呢？显然，迭代次数越多，求得的解越准确，但计算工作量将增加。所以，通常只迭代一次，这样计算公式就成为

$$y_{n+1}^{(0)} = y_n + hf(t_n, y_n) \tag{2.24}$$

$$y_{n+1} = y_n + \frac{1}{2}h[f(t_n, y_n) + f(t_{n+1}, y_{n+1}^{(0)})] \tag{2.25}$$

通常，这类公式称为预估 – 校正公式，式（2.24）为预估公式，由它预估 y_{n+1} 的一个值；式（2.25）为校正公式，由它得出 y_{n+1} 的校正值。欧拉法每计算一次只需对 f 调用一次，而预估 – 校正法由于加入了校正过程，计算量较欧拉法增加一倍，但提高了计算精度。

4. 龙格 – 库塔法

对于式（2.11），设其精确解是充分光滑的，若从 t_0 时刻向前跨出一步，到 $t_1(t_1 = t_0 + h)$ 时刻的解为 $y_1 = y(t_0 + h)$。在 t_0 附近将其展开成泰勒级数，则

$$y_1 = y_0 + hf(y_0, t_0) + \frac{1}{2}h^2\left(\frac{\partial f}{\partial y}\frac{\mathrm{d}y}{\mathrm{d}t} + \frac{\partial f}{\partial t}\right)_0 + \cdots \tag{2.26}$$

式中，括号后的下标 0 表示括号中的函数将用 $t = t_0$，$y = y_0$ 代入（以下均同）。

由此可见，欧拉法是将式（2.26）截去 h^2 及以后各项而得到的一阶一步法，所以精度较低。如果将式（2.26）多取几项后再截断，就可以得到精度较高的高阶数值解，但直接使用泰勒展开式涉及高阶导数的计算。为了避免该类计算，龙格 – 库塔法采用间接利用泰勒展开式的思路，即用 n 个点对应函数值 f 的线性组合来代替 f 的导数，然后按泰勒展开式确定其中的系数，以提高算法的阶数。

对于式（2.26）只保留到 h^2 项，并假设它可以写成如下形式，即

$$y_1 = y_0 + h(a_1K_1 + a_2K_2) \tag{2.27}$$

式中，$K_1 = f(t_0, y_0)$，$K_2 = f(t_0 + b_1h, y_0 + b_2K_1h)$。

对 K 式的等号右端函数在 $t = t_0$、$y = y_0$ 处展开成泰勒级数，保留到 h 项，可得

$$K_2 \approx f(y_0, t_0) + h \cdot \left(b_1\frac{\partial f}{\partial t} + b_2K_1\frac{\partial f}{\partial y}\right)_0 \tag{2.28}$$

将 K_1、K_2 式代入式（2.27），可得

$$y_1 = y_0 + a_1 \cdot h \cdot f(y_0, t_0) + a_2 \cdot h \cdot \left[f(y_0, t_0) + h \cdot \left(b_1 \frac{\partial f}{\partial t} + b_2 K_1 \frac{\partial f}{\partial y} \right)_0 \right] \tag{2.29}$$

联立式 (2.29) 与式 (2.26)，可得

$$\begin{cases} a_1 + a_2 = 1 \\ a_2 \cdot b_1 = \dfrac{1}{2} \\ a_2 \cdot b_2 = \dfrac{1}{2} \end{cases}$$

由此可见，有 4 个未知参数 a_1、a_2、b_1 和 b_2，但只有 3 个方程，因此有无穷多个解。若限定 $a_1 = a_2$，则可得其中的一个解，即

$$a_1 = a_2 = \frac{1}{2}, \quad b_1 = b_2 = 1 \tag{2.30}$$

将式 (2.30) 代入式 (2.27)，可得一组计算公式为

$$\begin{cases} y_1 = y_0 + \dfrac{h}{2}(K_1 + K_2) \\ K_1 = f(t_0, y_0) \\ K_2 = f(t_0 + h, y_0 + K_1 h) \end{cases} \tag{2.31}$$

将式 (2.31) 写成一般的递推形式，为

$$\begin{cases} y_{n+1} = y_n + \dfrac{h}{2}(K_1 + K_2) \\ K_1 = f(t_n, y_n) \\ K_2 = f(t_n + h, y_n + K_1 h) \end{cases} \tag{2.32}$$

由于式 (2.32) 只保留到泰勒展开式中的 h^2 项，而将 h^3 以后的高阶项全部省略去了，故称其为 2 阶龙格 – 库塔法。

根据上述原理，若在泰勒展开式中保留到 h 项，可得各种 4 阶龙格 – 库塔法公式。其中，典型公式为

$$\begin{cases} y_{n+1} = y_n + \dfrac{h}{6}(K_1 + 2K_2 + 2K_3 + K_4) \\ K_1 = f(t_n, y_n) \\ K_2 = f\left(t_n + \dfrac{h}{2}, y_n + \dfrac{h}{2}K_1\right) \\ K_3 = f\left(t_n + \dfrac{h}{2}, y_n + \dfrac{h}{2}K_2\right) \\ K_4 = f(t_n + h, y_n + hK_3) \end{cases} \tag{2.33}$$

对式 (2.32) 和式 (2.33) 所示的 2 阶、4 阶龙格 – 库塔法公式可做如下的直观解释：由于 $y(t)$ 满足式 (2.32)，已知在 (t_n, y_n) 处 $y(t)$ 的导数为 $K_1 = f(t_n, y_n)$，在此基础上根据线性外推原理，即假定在 $(t_n, t_n + h)$ 这个区间中 $y(t)$ 的导数不变，则可得 $y(t)$ 在 $t = t_0 + h$ 的估计值 $y_n + hk_1$。令 K_2 为这个估计值处的导数，因此式 (2.32) 所示的 2 阶龙格 – 库塔法公式就是按 $(K_1 + K_2)/2$ 这个导数线性外推而得的 y_{n+1}。式 (2.33) 所示的 4 阶龙格 – 库塔法公式则是 4 点导数的加权平均，第 2 点和第 3 点以 $h/2$ 为步长，因而精度较高。

根据上述分析，各种龙格 – 库塔法可写成如下的一般形式，即

$$\begin{cases} y_{n+1} = y_n + h \sum_{i=1}^{s} c_i K_i \\ K_i = f(t_n + a_i h, y_n + h \sum_{j=1}^{i-1} b_{ij} K_j) \\ i = 1, 2, \cdots, s \end{cases} \qquad (2.34)$$

其中，各系数应满足以下关系，即

$$\begin{cases} a_1 = 0 \\ a_i = \sum_{j=1}^{i-1} b_{ij} K_j \ (i = 1, 2, \cdots, s) \\ \sum_{i=1}^{s} c_i = 1 \end{cases} \qquad (2.35)$$

2.2.2 误差分析、稳定性分析与步长控制

1. 误差分析

由于数值解法是以一系列离散时刻近似值 $y_1, y_2, \cdots, y_n$ 来逼近微分方程的解 $y(t)$，理论上讲，当 $n \to \infty$ 时，数值解 y_n 收敛于精确解 $y(t)$。但是，积分步长不可能无限小，数值解与精确值之间必然存在误差。

数值计算所产生的误差有两种：截断误差和舍入误差。截断误差与采用的计算方法有关，而舍入误差则由计算机的字长所决定。下面以欧拉法为例进行介绍。

1）截断误差

对于微分方程，在不考虑舍入误差情况下，其误差称为截断误差，也称局部截断误差。它是因积分算法的固有局限性造成的误差，将其记为 $e(t_0)$，根据定义可得

$$e(t_0) = y_c(t_0 + \Delta t) - y(t_0 + \Delta t) \qquad (2.36)$$

将 y_c 在 $(t_0 + h)$ 点进行泰勒级数展开，得

$$y_c(t_0 + h) = y_c(t_0) + h \dot{y}_c(t_0) + \frac{1}{2!} h^2 \ddot{y}_c(t_0) + \cdots \qquad (2.37)$$

取式（2.37）等号右端函数的前两项，而将后面各项截断，即得到欧拉公式。剩下的各项可得欧拉公式的截断误差为

$$e(t_0) = \frac{1}{2!} h^2 \ddot{y}_c(t_0) + \cdots = O(h^2) \qquad (2.38)$$

由式（2.38）可知，$e(t_0)$ 与 h^2 成正比，$O(h^2)$ 是 $h \to \infty$ 时与 h^2 同阶的无穷小量，表明若步距缩短一半，截断误差只有原误差值的 1/4。

另外，以 $t = 0$ 开始继续到 $t = t_n$ 所积累的误差称为整体误差。一般情况下，整体误差比局部误差大，其值不易估计。截断误差的精确值也难以找到，但可根据不同步距下的结果来进行估计，当所取步距对于计算结果的影响达到足够小时，便认为其步距已满足要求。

2）舍入误差

舍入误差是由于计算机进行计算时，数字的位数有限所引起的误差。随着计算终止时间和积分法阶次的增加，舍入误差会增大，而且舍入误差还会因积分步距的减小而更趋严重。这是因为舍入误差在计算机进行每一步运算时都会产生，步距越小，运算次数越多，舍入误

差自然会越大。舍入误差的积累值是难以精确预测的，一般认为它与 h^{-1} 成正比。

最后，得到的欧拉法总误差可表示为

$$\varepsilon_n = O_1(h^2) + O_2(h^{-1}) \tag{2.39}$$

由式（2.39）可以看出，步长 h 增加，截断误差 $O_1(h^2)$ 增加，而舍入误差 $O_2(h^{-1})$ 减小。相反，截断误差 $O_1(h^2)$ 减小，而舍入误差 $O_2(h^{-1})$ 增加。

2. 稳定性分析

在利用数值积分法进行仿真时，常常会发生这样的现象：本来是稳定的系统，但仿真结果却得出不稳定的结论。这种现象通常是由于计算步长选得太大而造成的，即当步长选得过大时，数值积分方法可能会使各种误差趋于恶性发展，以致引起计算不稳定。

研究数值计算方法要涉及算法的收敛性和稳定性。收敛性反映了差分方程的截断误差对计算结果的影响，它不考虑由于具体的计算机字长的限制而带来的舍入误差；稳定性反映了初值误差或某计算步骤引入的舍入误差对计算结果的影响，它与积分步长密切相关。只有既收敛又稳定的差分方程才有实用价值。对于常用的基本数值积分方法，它们的收敛性已得到了证明，因此下面主要讨论积分方法的稳定性。

1）测试方程

如果差分方程的精确解为 y_n，计算所得的近似解为 $\tilde{y}_n$，则积累误差 $r_n = y_n - \tilde{y}_n$，对于允许的误差限 $\varepsilon > 0$，当 $|r_n| < \varepsilon$ 时，认为 $\tilde{y}_n \approx y_n$。误差 r_n 的变化规律直接影响差分方程的稳定性，而使初值误差（或称为扰动）逐步减小的差分方程是稳定的。

给 $y(t)$ 一个小的扰动 δ_y，则

$$(y + \delta_y)' = f(t, y + \delta_y) \tag{2.40}$$

将式（2.40）展开，可得

$$y' + (\delta_y)' = f(t, y) + \delta_y \cdot f'(t, y) + \frac{1}{2}(\delta_y)^2 \cdot f''(t, y) + \cdots \tag{2.41}$$

由于 δ_y 很小，可略去高阶无穷小量，得

$$(\delta_y)' = \delta_y \cdot f'(t, y) \tag{2.42}$$

式（2.42）称为方程 $y' = f(t, y)$ 的第一变分方程。

若 $f(t, y)$ 是 y 的线性函数，$f'(t, y) = A(t)$，则

$$(\delta_y)' = A(t)\delta_y \tag{2.43}$$

若 $f(t, y)$ 不是 y 的线性函数，由于 δ_y 很小，仍可认为式（2.42）成立。

为了方便，仅讨论 $\partial f / \partial y = A$ 的情况（取足够小的区域，总满足情况），即

$$(\delta_y)' = A \cdot \delta_y \tag{2.44}$$

它的解为

$$\delta_y = e^{A(t-t_0)} \cdot \delta_{y_0}, \delta_{y_0} = \delta_{y(t_0)} \tag{2.45}$$

由此可见，当 $A < 0$ 时，式（2.44）稳定；当 $A > 0$ 时，式（2.44）不稳定。

在 $A < 0$ 的情况下，用式（2.45）来讨论各种差分方程的稳定性问题。以 y 代替 δ_y，可得

$$\dot{y} = Ay \tag{2.46}$$

式（2.46）称为测试方程。

2）数值积分方法的稳定域

在实际的数值计算中，给出的初值 $y(t_0) = y_0$ 不一定很准确（有初始误差）；同时，由于计算机字长的限制，在计算中会有舍入误差；另外，对应于一定的步长 h，还存在截断误差。所有这些误差都会在逐步的计算中传播下去，对以后的计算结果产生影响。对于一种数值积分法，如果计算结果对初值误差或计算误差不敏感，就可以说该计算方法是稳定的，否则是不稳定的。对于不稳定的算法，误差会恶性发展，以致计算错误。

为了考察欧拉法的稳定性，研究测试方程 $\dot{y} = Ay$，$A < 0$（方程是稳定的）。对此方程用欧拉法进行计算，得递推计算公式为

$$y_{n+1} = y_n + Ahy_n = (1 + Ah)y_n \tag{2.47}$$

假设 $y_n(n = 0, 1, 2, \cdots)$ 为式（2.47）的一个解，另外设 $y_n + \varepsilon_n$ 是一个受扰解，即

$$y_{n+1} + \varepsilon_{n+1} = (y_n + \varepsilon_n) + Ah(y_n + \varepsilon_n) = (1 + Ah)(y_n + \varepsilon_n) \tag{2.48}$$

将式（2.48）减去式（2.47），可得

$$\varepsilon_{n+1} = \varepsilon_n + Ah\varepsilon_n = (1 + Ah)\varepsilon_n \tag{2.49}$$

显然，为了使扰动 ε_n 不随 n 的增加而增加，必须要求 $|1 + Ah| < 1$，即该方程的特征根在单位圆内，$|1 + Ah| < 1$ 所对应的区域称为稳定域。因此欧拉法的稳定区域为 $-2 < Ah < 0$。如果所选步长不满足该条件，尽管原系统微分方程是稳定的，利用差分方程（2.47）进行数值计算时会产生很大的误差，从而得到不稳定的数值解。这种对积分步长有条件限制的数值积分方法称为条件稳定积分法。

对于其他数值积分法，可以用同样的方法求它们的稳定域。一般方法为：设系统方程为式（2.46）所示的测试方程，而数值积分公式为

$$y_{n+1} = y_n + p(Ah) \cdot y_n \tag{2.50}$$

则只有当 $|p(Ah)| < 1$ 时，算法才稳定。由此可得出数值积分方法的稳定域。表 2-3 列出了各阶龙格-库塔公式的稳定条件。

表 2-3 各阶龙格-库塔公式的稳定条件

阶数	$p(Ah)$	稳定区域
1	$1 + Ah$	$(-2, 0)$
2	$1 + Ah + \dfrac{1}{2}Ah^2$	$(-2, 0)$
3	$1 + Ah + \dfrac{1}{2}Ah^2 + \dfrac{1}{6}Ah^3$	$(-2.51, 0)$
4	$1 + Ah + \dfrac{1}{2}Ah^2 + \dfrac{1}{6}Ah^3 + \dfrac{1}{24}Ah^4$	$(-2.78, 0)$

3. 步长控制

一个实用的仿真程序必须将步长的自动控制作为必要的手段，因为要求用户给出合适的仿真步长往往是困难的，更何况为保证仿真过程满足一定的精度而又要求计算量尽可能小，仿真步长是需要不断改变的。

一般来讲，积分步长的选择应遵循以下两个原则。

（1）要求保证计算的稳定性。例如，当采用 4 阶龙格 - 库塔法时，就要求步长小于系统最小时间常数的 2.78 倍。

（2）要求有一定的计算精度。采用数值积分方法时，有两种计算误差：截断误差和舍入误差，通常后者比较小，可忽略不计。因此，主要误差是截断误差，它将随步长 h 的增加而增加，使截断误差超过允许值。

以上两条都是要求限制步长 h 不能过大，但并不是说步长越小越好，因为步长越小，计算量越大，所以最好的选择是在保证计算稳定性及计算精度的前提下，选择最大步长。

对步长的控制可以通过对截断误差的估计来自动改变和控制步长，即每积分一步，都设法估计出计算误差，若误差在允许范围之内，则该步计算结果有效，并设法调整下一步的步长（一般是略微放大）；若估计出的误差大于允许误差，则该步计算结果无效，设法减小步长，重新进行该步的积分。

2.2.3　积分方法的选择

连续系统一般用微分方程（组）来描述，这些微分方程（组）的数值解包含某些积分过程。在进行连续系统仿真时，积分方法的选择十分重要，但究竟如何进行选择，没有一种具体的办法，下面列出几点需要考虑的因素。

（1）精度问题。数值积分的精度主要由三类误差影响：截断误差、舍入误差和积累误差。其中截断误差与积分公式的阶次有关，阶数越高，截断误差越小，一般减小步长可减小每一步的截断误差。舍入误差则与计算机字长有关，字长越长，舍入误差越小。积累误差是上述两类误差累积的结果，它与积分时间长短有关，一般积分步长越小，则积累误差越大（在一定积分时间下）。所以，在一定积分方法条件下，若从总误差考虑必须有一个最佳步长值。

（2）计算速度问题。计算速度取决于计算的步数及每一步积分所需时间。而每步的计算时间与积分方法有关，它主要决定于计算导数的次数。如 4 阶龙格 - 库塔法每一步中要计算 4 次导数，所以每步花费时间较多。为了加快计算速度，在积分方法已定的条件下，应在保证一定精度下，尽量选用大步长以缩短积分时间。

（3）数值解稳定性问题。数值积分方法实际上是将微分方程化成差分方程进行求解，对于一个稳定的微分方程组，经过变换得到的差分方程不一定是稳定的，不同的积分方法具有不同的稳定域，所以在选择积分方法时，要考虑选择具有较好稳定性的积分公式。

（4）自启动问题。在应用积分法求解时，若可以直接从微分方程的初值开始，就属于自启动，如单步法中的欧拉法和龙格 - 库塔法。机械系统动力学自动分析（ADAMS）线性多步法除了初始值以外，还需要以前时刻的值，所以无法自启动，而需要用另一种方法自启动后，再应用多步法积分。

2.3　连续系统的离散化

考虑连续系统的时间离散化问题，其本质就是在特定的采样和保持方式下，由连续系统的状态空间描述来导出离散系统的状态空间描述。

2.3.1　信号采样与保持

1. 采样过程

通过采样器将连续信号处理，即将输入信号调制在特定的载波（一般为单位脉冲序列）上，获得相应的脉冲序列，经过量化过程得到可由计算机等设备处理的数字脉冲信号，如图 2 – 1 所示。

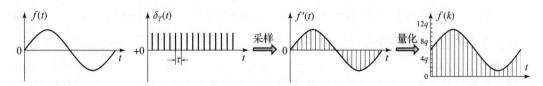

图 2 – 1　信号采样示意图

单位理想脉冲序列 $\delta_T(t)$ 的表达式为

$$\delta_T(t) = \sum_{k=-\infty}^{\infty} \delta(t - kT) \tag{2.51}$$

理想采样过程的数学表达式为

$$f^*(t) = f(t)\,\delta_T(T) = f(t) \sum_{k=-\infty}^{\infty} \delta(t - kT) \tag{2.52}$$

式中，$\delta(t-kT)$ 是出现在时刻 $t = kT$、强度为 1 的单位脉冲。

2. 采样周期

采样周期选得越小，对系统控制过程的信息了解得越多，控制效果越好，但周期太短将增加不必要的计算负担；而采样周期选取过长又有较大的误差，降低系统的动态性能，甚至导致系统不稳定。一般遵循香农采样定理选择合适的采样周期。

香农采样定理：如果采样器的输入信号 $e(t)$ 具有有限带宽，并且有直到 ω_h 的频率分量，则使信号 $e(t)$ 完整地从采样信号 $e^*(t)$ 中恢复过来的采样周期 T，需要满足下列条件：

$$T \leqslant 2\pi/2\omega_h \tag{2.53}$$

3. 信号保持

信号保持的任务是解决各采样点之间的插值问题。保持器把这个信号值放大后存储起来，保持一段时间，以供模数转换器转换，直到下一个采样时间再取出一个模拟信号值来代替原来的值。

2.3.2　*Z* 变换理论

Z 变换是从拉普拉斯变换中直接导出的一种变换方法，可将时域的离散时间序列变换为复频域的信号，是研究离散系统的一种重要数学分析工具。

当采样函数写为

$$f^*(t) = \sum_{k=0}^{\infty} f(t)\delta(t - kT) \tag{2.54}$$

对式（2.54）进行拉普拉斯变换，可得

$$L[f^*(t)] = F(s) = L\left[\sum_{k=0}^{\infty} f(kT)\delta(t - kT)\right] = \sum_{k=0}^{\infty} f(kT)\,\mathrm{e}^{-kts} \tag{2.55}$$

令 $z = e^{Ts}$，则式 (2.55) 变为 $Z[f^*(t)] = F(z) = \sum\limits_{k=0}^{\infty} f(kT) z^{-k}$。

此式成为采样函数 $f^*(t)$ 的 Z 变换。

2.3.3 Z 变换的求法

1. 级数求和法

直接根据 Z 变换的定义，写出其展开形式：

$$E(z) = \sum_{n=0}^{\infty} e(nT) z^{-n} = e(0) + e(T) z^{-1} + e(2T) z^{-2} + \cdots + e(nT) z^{-n} + \cdots \quad (2.56)$$

对这个无穷级数进行求和。

2. 部分分式法

采用部分分式法时，先求出已知连续函数 $e(t)$ 的拉普拉斯变换 $E(s)$，再将有理分式函数 $E(s)$ 展开成部分分式之和的形式，而每一部分分式对应简单的时间函数，其相应的 Z 变换是已知的，于是可以方便地求出 $E(s)$ 函数对应的 Z 变换 $E(z)$。

该方法需要了解一些常用的 Z 变换，如表 2 – 4 所示。

表 2 – 4 常用 Z 变换

序号	拉普拉斯变换 $E(s)$	时间函数 $e(t)$	Z 变换 $E(z)$
1	1	$\delta(t)$	1
2	e^{-nsT}	$\delta(t - nT)$	z^{-n}
3	$\dfrac{1}{s}$	$u(t)$	$\dfrac{z}{z-1}$
4	$\dfrac{1}{s^2}$	t	$\dfrac{Tz}{(z-1)^2}$
5	$\dfrac{1}{s^3}$	$\dfrac{t^2}{2!}$	$\dfrac{T^2 z(z+1)}{2(z-1)^3}$
6	$\dfrac{1}{s^4}$	$\dfrac{t^3}{3!}$	$\dfrac{T^3 z(z^2 + 4z + 1)}{6(z-1)^4}$
7	$\dfrac{1}{s+a}$	e^{-at}	$\dfrac{z}{z - e^{-aT}}$
8	$\dfrac{1}{(s+a)^2}$	te^{-at}	$\dfrac{Tze^{-aT}}{(z - e^{-aT})^2}$
9	$\dfrac{a}{s(s+a)}$	$1 - e^{-at}$	$\dfrac{(1 - e^{-aT})z}{(z-1)(z - e^{-aT})}$
10	$\dfrac{s}{s^2 + \omega^2}$	$\cos \omega t$	$\dfrac{z(z - \cos \omega T)}{z^2 - 2z\cos \omega T + 1}$
11	$\dfrac{\omega}{s^2 - \omega^2}$	$\sin \omega t$	$\dfrac{z\sinh \omega T}{z^2 - 2z\cosh \omega T + 1}$

2.3.4 离散化方法

1. Z 变换法

基本思想：数字滤波器产生的脉冲响应序列近似等于模拟滤波器的脉冲响应函数的采样值，即

$$D(z) = Z[u(kT)] = \sum_{i=1}^{n} \frac{A_i}{1 - \mathrm{e}^{-a_i T} z^{-1}} = Z[D(s)] \qquad (2.57)$$

设模拟控制器的传递函数为

$$D(s) = \frac{U(s)}{E(s)} = \sum_{i=1}^{n} \frac{A_i}{s + a_i} \qquad (2.58)$$

在单位脉冲作用下输出响应为

$$u(t) = L^{-1}[D(s)] = \sum_{i=1}^{n} A_i \mathrm{e}^{-a_i t} \qquad (2.59)$$

2. 差分变换法

差分变换法分为前向差分法和后向差分法。

（1）将连续域中的微分用前向差分替换，即

$$D(z) = D(s)\big|_{s = \frac{z-1}{T}} \qquad (2.60)$$

（2）将连续域中的微分用后向差分替换，即

$$D(z) = D(s)\big|_{s = \frac{1 - z^{-1}}{r}} \qquad (2.61)$$

第 3 章

建模仿真的常用软件

3.1 实体建模软件 SolidWorks

3.1.1 软件简介

SolidWorks 公司是一家专业从事三维机械设计、工程分析、产品数据管理软件研发和销售的国际性公司，其 SolidWorks 软件是世界上第一套基于 Windows 系统开发的三维 CAD（计算机辅助设计）软件，它有一套完整的三维 MCAD 产品设计解决方案，即在一个软件包中为产品设计团队提供了所有必要的机械设计、验证、运动模拟、数据管理和交流工具。该软件以参数化特征造型为基础，具有功能强大、易学、易用等特点，是当前最优秀的三维 CAD 软件之一。

SolidWorks 软件采用的是智能化的参变量式设计理念以及微软 Windows 图形化用户界面，具有卓越的几何造型和分析功能，它操作灵活，运行速度快，设计过程简单、便捷，被业界称为 "三维机械设计方案的领先者"，受到广大用户的青睐，在机械制图和结构设计领域已经成为三维 CAD 设计的主流软件。利用 SolidWorks 软件，设计师和工程师们可以更有效地为产品建模以及模拟整个工程系统，加速产品的设计、缩短生产周期，从而完成更加富有创意的产品制造。

3.1.2 界面功能介绍

SolidWorks 2016 用户界面包括菜单栏、工具栏、管理区域、图形区域、任务窗格以及状态栏。菜单栏包含了所有 SolidWorks 命令，工具栏可根据文件类型（零件、装配体、工程图）来调整、放置并设定其显示状态，而 SolidWorks 窗口底部的状态栏则可以提供设计人员正执行的有关功能的信息，操作界面如图 3 – 1 所示。

1. 菜单栏

菜单栏显示在界面的最上方，其中最关键的功能集中在 [插入] 与 [工具] 菜单中。对应于不同的工作环境，SolidWorks 中相应的菜单以及其中的选项会有所不同。当进行一定任务操作时，不起作用的菜单命令会临时变灰，此时将无法应用该菜单命令。

2. 工具栏

SolidWorks 2016 工具栏包括标准主工具栏和自定义工具栏两部分。其中 [前导视图] 工具栏以固定工具栏的形式显示在绘图区域的正中上方。

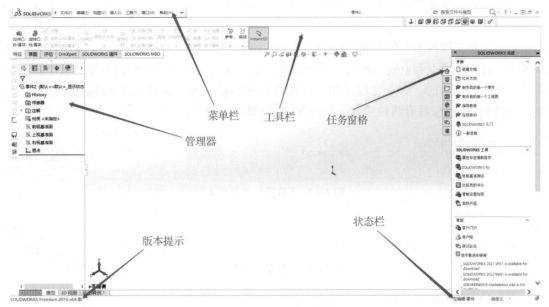

图 3 - 1 SolidWorks 操作界面

（1）自定义工具栏的启用方法为：单击菜单栏中的［视图］→［工具栏］命令，或者在视图工具栏中右击，将显示［工具栏］菜单项。

（2）CommandManager（命令管理器）是一个上、下文相关工具栏，它可以根据要使用的工具栏进行动态更新，默认情况下，它根据文档类型嵌入相应的工具栏。CommandManager下面有四个不同的选项卡：［特征］［草图］［评估］和［DimXpert］。

其中，［特征］［草图］选项卡提供［特征］［草图］的有关命令；［评估］选项卡提供测量、检查、分析等命令或在［插件］选择框中选择有关插件；［DimXpert］选项卡提供有关尺寸、公差等方面的命令。

3. 状态栏

状态栏位于图形区域底部，提供关于当前正在窗口中编辑的内容的状态以及指针位置坐标、草图状态等信息。

4. 管理区域

在文件窗口的左侧为 SolidWorks 文件的管理区域，也称为左侧区域。管理区域包括特征管理器（FeatureManager）设计树、属性管理器（PropertyManager）、配置管理器（ConfigurationManager）、标注专家管理器（DimXpertManager）和外观管理器（Display - Manager）。

5. 任务窗格

图形区域右侧的任务窗格是与管理 SolidWorks 文件有关的一个工作窗口，任务窗格带有［SolidWorks 资源］［设计库］和［文件探索器］等标签。通过任务窗口，用户可以查找和使用 SolidWorks 文件。

3.1.3 零件建模

1. 草图绘制

草图是大多数三维模型的基础。通常，创建模型的第一步是绘制草图；然后可以从草图生成特征，将一个或多个特征组合即生成零件；最后可以组合和配合适当的零件以生成装配体。从零件或装配体，就可以生成工程图。草图必须绘制在平面上，这个平面既可以是基准面，也可以是三维模型上的平面。初始进入草图绘制状态时，系统默认有三个基准面：前视基准面、右视基准面和上视基准面。由于没有其他平面，因此零件的初始草图绘制是从系统默认的基准面开始的。除了二维草图，还可以创建包括 X 轴、Y 轴和 Z 轴的三维草图。其中，［草图］工具栏具有两种形式，如图 3-2 和图 3-3 所示。

图 3-2　［草图］工具栏 1

图 3-3　［草图］工具栏 2

工具栏中各按钮含义如下：

草图绘制：在任何默认基准面或自己设定的基准上，单击该［工具］按钮，可以在特定的面上生成草图。

三维草图：单击可以在工作基准面上或三维空间的任意点生成三维草图实体。

智能尺寸：为一个或多个所选实体生成尺寸。

直线：单击并依序指定线段图形的起点以及终点位置，可在工作图文件里生成一条绘制的直线。

边角矩形：单击并依序指定矩形图形的两个对角点位置，可在工作图文件里生成一个矩形。

圆：单击并用左键指定圆形的圆心位置后拖动鼠标指针，可在工作图文件里生成一个圆。

基准面：单击可插入基准面到三维草图。

剪裁实体：单击可以剪裁一条直线、圆弧、椭圆、圆、样条曲线或中心线，直到它与另一条直线、圆弧、圆、椭圆、样条曲线或中心线的相交处。

镜像实体：单击可将工作窗口里被选取的二维像素对称于某个中心线草图图形，进行镜像操作。

绘制草图既可以先指定绘制草图所在的平面，也可以首先选择草图绘制实体，具体根据实际情况灵活运用。进入草图绘制状态的操作方法如下。

（1）在［FeatureManager 设计树］中选择要绘制草图的基准面，即前视基准面、右视基准面和上视基准面中的一个面。

（2）单击［标准视图］工具栏中的［正视于］按钮，使基准面旋转到正视于绘图者方向。

（3）单击［草图］工具栏上的［草图绘制］按钮，或者单击［草图］工具栏上要绘制的草图实体，进入草图绘制状态。

2. 拉伸凸台

（1）新建一个草图，在草图上绘制一个圆形，使用拉伸凸台的命令，将其拉伸为一个圆柱。拉伸凸台的属性可以在拉伸之后在左侧进行调整，其界面如图 3 - 4 所示。

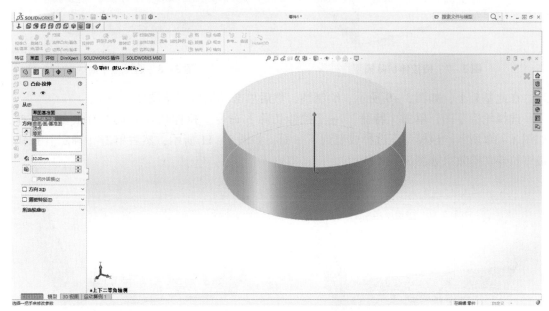

图 3 - 4　拉伸凸台属性设置

可以通过拉伸的深度来对拉伸凸台的厚度等进行调节，也可以通过勾选［方向］对拉伸方向进行调整（可以双方向同时以一个草图轮廓进行拉伸凸台，两个方向可以设置不同的拉伸的深度），其界面如图 3 - 5 所示。

从草图基准面和曲面拉伸的效果是相同的，草图的拉伸可以成型到点、面，界面如图 3 - 6 所示。

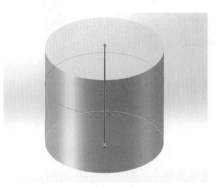

图 3 - 5　双向拉伸凸台

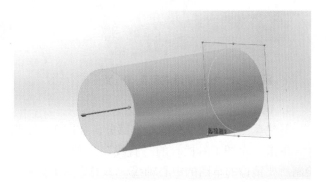

图 3 - 6　凸台拉伸到平面

3. 拉伸切除

如图 3 - 7 所示，新建零件。如图 3 - 8 所示，选择上表面绘制草图，作为拉伸切除的轮廓草图。

图 3 – 7　待拉伸切除模型

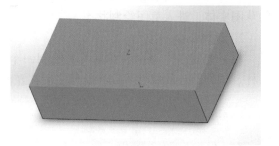

图 3 – 8　选择上平面

在此基础上，如图 3 – 9 所示，绘制圆，然后单击 [退出] 草图。

选择轮廓草图，单击 [特征] → [拉伸切除] 命令，拉伸切除方式上有很多种选择，如图 3 – 10 所示。该模型下选择成型到下一面，如图 3 – 11 所示，然后单击 [确定] 按钮。最终拉伸切除效果如图 3 – 12 所示。

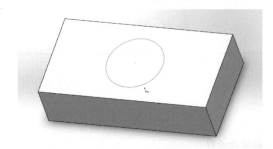

图 3 – 9　绘制圆

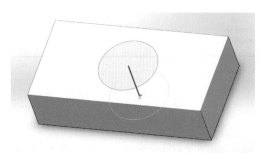

图 3 – 10　拉伸切除

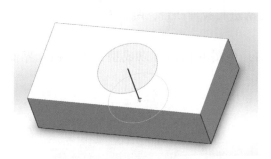

图 3 – 11　拉伸切除成型至下一面

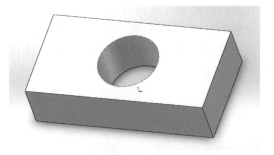

图 3 – 12　拉伸切除效果

4. 镜像对称

新建草图，绘制草图的右半部分，如图 3 – 13 所示。

单击 [草图工具栏] 的 "直线" 右侧的倒三角符号，在下拉菜单选择线型为中心线，绘制所要镜像的草图的中心轴线。单击草图工具栏的 [镜像实体]，如图 3 – 14 所示。

在镜像工具树，要镜像的实体栏里选择所要镜像的线条，即在镜像点一栏里选择刚才绘制的中心线，如图 3 – 15 所示。

然后单击 [确定] 按钮，即可利用镜像功能生成轴对称草图，如图 3 – 16 所示。

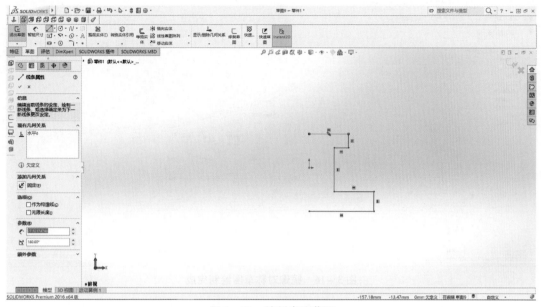

图 3 – 13　绘制半边草图

图 3 – 14　选择镜像实体

图 3 – 15　选择镜像点

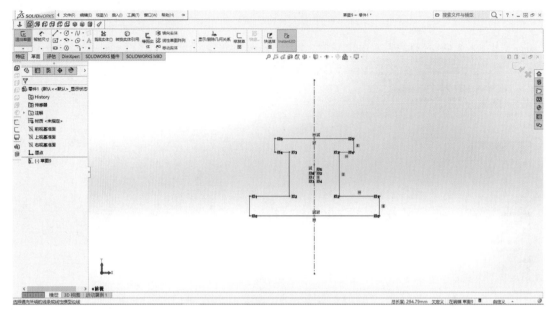

图 3 - 16 镜像对称草图绘制完成

3.1.4 装配体

1. 插入零件

打开 SolidWorks 软件，单击文件下拉菜单中的［新建］按钮，选择［装配体］，单击［确定］按钮，即建好一个新的装配体文件。在所打开的界面中，单击［插入零部件］，单击左侧的［浏览］按钮，选择要进行装配的零件（图 3 - 17）。在此添加一个底座以及圆柱体，其中，底座及圆柱体如图 3 - 18 所示。

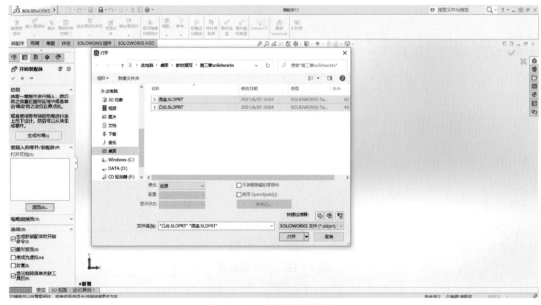

图 3 - 17 装配体零件添加

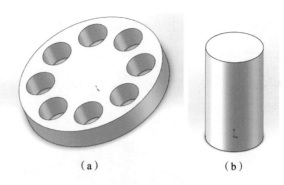

（a）   （b）

图 3 - 18 装配零件

（a）底座 （b）圆柱体

2. 添加配合

零件导入后，下一步就是对零件进行装配。单击［装配体］→［配合］，如图 3 - 19 所示。在弹出的左侧对话框中选择缸筒的内表面以及缸杆的外表面，选择［同心］，单击［锁定旋转］按钮，如图 3 - 20 所示，两个孔的轴线便在一条直线上了。

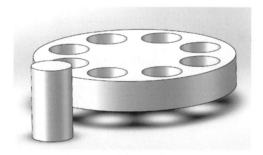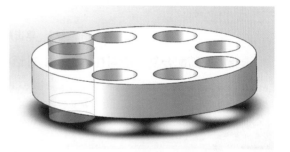

图 3 - 19 单击配合功能   **图 3 - 20 添加同轴心配合**

添加底面重合配合效果如图 3 - 21 所示，最终完成了两个装配体的配合，如图 3 - 22 所示。

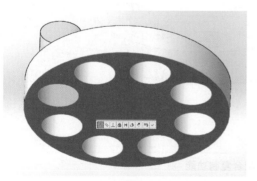

图 3 - 21 添加底面重合配合效果   **图 3 - 22 装配体效果图**

3. 随配合复制

如果按同样的操作添加其余 7 个圆柱体，并重复操作依次添加配合至各孔洞处，将会出现极大重复性工作。因此，本节介绍随配合复制功能，该功能可大大简化添加相同配合的零件的操作。

如图 3 - 23 所示，在现有模型基础上单击［插入零部件］→［随配合复制］。

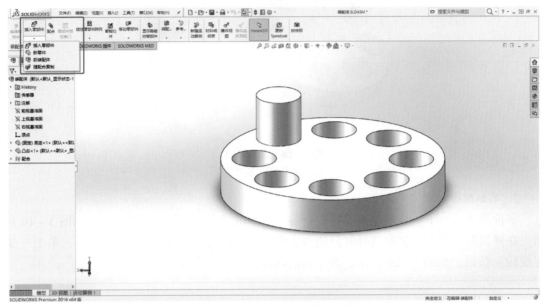

图 3 - 23　单击随配合复制功能

选择需要随配合复制的圆柱体，单击对话框中右上角的箭头，如图 3 - 24 所示。

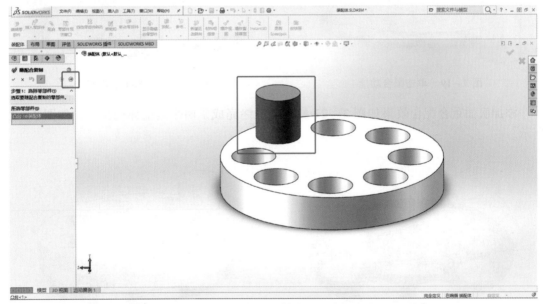

图 3 - 24　进入随配合复制功能

然后，按照第一次装配时选择的面的顺序重新选择，如图 3 - 25 所示。选择完后单击［确认］按钮，随配合复制最终效果如图 3 - 26 所示。

上述选取［平面］+ 单击［确定］按钮的步骤重复 7 次，即可通过随配合复制的功能快速实现其余模块的添加。

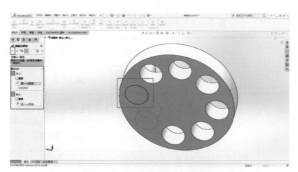

图 3-25　随配合复制操作

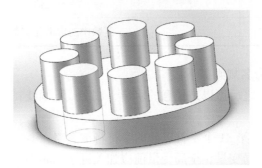

图 3-26　随配合复制最终效果

3.2　控制仿真软件 Matlab/Simulink

3.2.1　软件简介

在国内，目前使用 Matlab 的主要人群是学生和科研单位工作人员，其作用可总结为四个方面。

（1）高效的数值计算功能。目前其他编程语言以及其他类似的数学软件无可替代。

（2）完备的计算结果和编程可视化功能。

（3）友好完善的编程开发环境，以及接近数学表达式的自然化 m 语言，非常易于学习和掌握。

（4）功能丰富的应用工具箱，目前 Matlab 的工具箱总数已经超过 80 个，覆盖了数学、统计、仿真、电子、生物、信息学、金融、测试等各个方面。它的工具箱非常强大，每一个工具箱都包括与涵盖了行业内经典的一些算法和处理方法。省去了大量麻烦的事情，所以对于科研来说，可快速地验证自己的想法，实现算法并进行测试。

3.2.2　Matlab 基本操作

1. Matlab 数据类型与基本元素

1）数据类型

逻辑、数值、字符串、矩阵、元胞、Java、函数句柄、稀疏以及结构等类型。

2）基本元素

（1）常量。一些常见的特殊常量如表 3-1 所示。

表 3-1 一些常见的特殊常量

Ans	Matlab 中运行结果的默认变量名
Pi	圆周率
Eps	计算机中的最小数
Flops	浮点运算数
Inf	无穷大
NaN	不定值
i 或 j	复数中的虚部与实部单位

（2）变量。变量的命名规则如下：

①必须以字母开头，之后可以是任意的字母、数字或下画线；

②区分字母的大小写；

③不超过 31 个字符，第 31 个字符以后的字符将被忽略；

④区分局部变量和全局变量，全局变量前应加关键字 global；

⑤一般来说全局变量用大写字母来表示。

（3）赋值语句。

①直接赋值语句：赋值变量 = 赋值表达式。

注：若赋值语句后面没有分号";"，Matlab 命令窗口将显示表达式的运算结果；如果不想显示运算结果，则应该在赋值语句末尾加上分号。

若省略赋值语句左边的赋值变量和等号，则表达式运算结果将默认赋值给系统保留变量 ans。

若等式右边的赋值表达式不是数值，而是字符串，则字符串两边应加单引号。

②函数调用语句：[返回变量列表] = 函数名(输入变量列表)。

注：若返回变量个数大于一个，则它们之间应该用逗号或空格分隔开；若输入变量个数大于一个，则它们之间只能用逗号分隔开。

（4）矩阵及元素。

①矩阵的表示。矩阵的表示规则：

必须使用方括号"1"包括矩阵的所有元素；

矩阵不同的行之间必须用分号或"回车"键隔开；

矩阵同一行的各元素之间必须用逗号或空格隔开。

②矩阵元素表示与赋值。矩阵元素的表示：A(I,j)表示矩阵 A 的第 i 行第 j 列的元素。

2. 程序流程

程序流程包括顺序结构、循环结构和选择结构三类。

1）顺序结构

clear all；

num1 = 9；

num2 = 13;

disp（两个数的和为：s = num1 + num2）

% 末尾不加 "；" 直接输出

2）循环结构

（1）for 语句：

for index = values

　　program statements

　　…

End

注：index 为循环变量，values 一般为使用冒号进行步进的等差数列。[start：increment：end]，statements 为循环体，最后是关键字 End。使用 for 循环语句控制循环结构，其循环次数是一定的，由 values 列数决定，即（end – start）/increment。

（2）while 循环：while 循环的一般调用格式为

while expression

　　　　statement

End

注：当表达式 expression 的结果为真时，就执行循环语句，直到表达式 expression 的结果为假，才退出循环。若表达式 expression 是一个数组 A，则相当于判断 al（A）。注意空数组被当作逻辑假，循环不执行。

（3）break 语句和 continue 语句。

break 语句用于终止循环的执行。当在循环体内执行到该语句时，程序将跳出循环，继续执行循环语句的下一个语句。

continue 语句控制跳过循环体中的某些语句。当在循环体内执行到该语句时，程序将跳过循环体中所有剩下的语句，继续执行下一次循环。

3）选择结构

（1）if 条件选择结构。

①只有一种选择情况：

if 表达式

　　　　执行语句

End

②有两种选择情况：

if 表达式

　　　　执行语句 1

Else

　　　　执行语句 2

End

③有三种或者三种以上选择情况：

if 表达式 1

　　　　表达式 1 为真时的执行语句 1

Elseif 表达式 2

        表达式 2 为真时的执行语句 2

Elseif 表达式 3

        表达式 3 为真时的执行语句 3

Elseif … ….

… …

Else

        所有表达式为假的执行语句

End

（2）switch 条件选择结构。

语法格式：

switch 条件表达式

    Case 常量 1

        语句组 1

    Case ｛常量 1，常量 2｝

        语句组 2

… …

Otherwise

   语句组 n + 1

End

注：在 Matlab 中，switch 条件选择结构只执行第一个匹配的 case 对应的语句组，因此不需要 break。

3. M 文件

1）脚本文件

命令脚本文件包括两部分：注释部分（%）与程序部分。

2）函数文件

用户自定义的 M 函数有输入变量与输出变量，其一般格式为

function 返回变量 = 函数名(输入变量)

% 注释说明语句

程序段

注：M 函数文件第一行必须以关键字 function 作为引导，文件名必须为 *.m。程序中的变量不保存在工作空间中，只在函数运行期间有效。

3.2.3　Simulink 基本操作

Simulink 提供了一个动态系统建模、仿真和综合分析的集成环境，是 Matlab 最重要的组件之一。系统具有如下特点。

（1）以模块为功能单位，通过信号线进行连接；

（2）通过图形用户界面（GUI）调配每个模块的参数；

（3）仿真结果以数值和图像等形象化方式展现出来；

（4）融合了多种经典的数值分析思想和算法；

（5）无缝融合到 m 语言的大环境中。

Simulink 是一个动态系统建模工具，不仅可以进行数学模型和物理模型的仿真及综合性能分析，而且可以针对嵌入式硬件生成产品级代码并为用户提供自定义工具链的接口，功能十分强大。

1. 常用模块

（1）信号源：常见的信号源模块如图 3 – 27 所示。

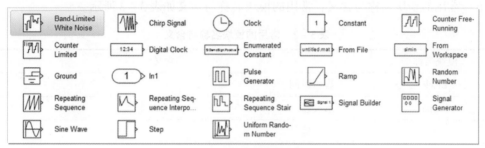

图 3 – 27　常见的信号源模块

（2）输出模块：常见的输出模块如图 3 – 28 所示。

图 3 – 28　常见的输出模块

（3）连续信号处理模块：常见的连续信号处理模块如图 3 – 29 所示。

图 3 – 29　常见的连续信号处理模块

（4）逻辑运算模块：常见的逻辑运算模块如图 3 – 30 所示。

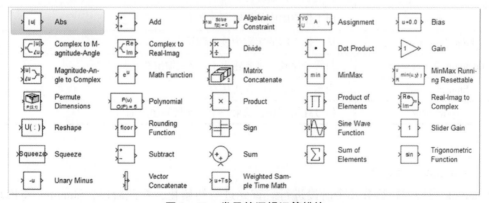

图 3 – 30　常见的逻辑运算模块

（5）非线性处理模块：常见的非线性处理模块如图3-31所示。

图3-31　常见的非线性处理模块

（6）常用的模块名称与含义：常用的模块名称与含义如表3-2所示。

表3-2　常用的模块名称与含义

模块名称	含义
Clock	显示时间
Scope	示波器
Step	阶跃信号
Signal Generator	信号发生器；产生 sine 正弦、square 方波、sawtooth 锯齿、random 随机波形
Ram	产生斜率为 Slope 的连续增大/减小的信号
Sine Wave	生成正弦波
Generator	以一定的间隔生成脉冲
In/Out	输入/输出
Mux	将多个单一输入转换为复合输入，复合显示
Gain	增益/放大信号，将模块的输入乘以一个数值
Product	产生模块各输入的积或商
Integrator	对信号进行积分
Derivative	输入对时间的导数
Transfer Fcn	实现线性传递函数 XY
Grath	图形窗口，显示信号的 X-Y 图
To workspace	向工作空间中的矩阵写入数据
From Workspace	从工作空间的矩阵中读取数据
Compare To Constant	与常量比较，真则输出1，假则输出0
Stop Simulink	当输入为非零时停止仿真
Terminator	信号终结模块，结束一个未连接的输出端口

2. 求解器设置

1）Simulink 仿真过程

Simulink 模型的执行分几个阶段进行。首先进行初始化，在此阶段，Simulink 将库块合并到模型中来，确定传送宽度、数据类型和采样时间，计算块参数，确定块的执行顺序，以及分配内存；然后 Simulink 进入"仿真循环"，每次循环可认为是一个"仿真步"。在每个仿真步期间，Simulink 按照初始化阶段确定的块执行顺序依次执行模型中的每个块。

2）Simulink 求解器分类

Simulink 求解器可分为两大类：定步长求解器和变步长求解器；也可细分为连续求解器与离散求解器、隐式求解器与显式求解器、单步求解器与多步求解器以及变阶式求解器与变步长求解器。

（1）定步长求解器与变步长求解器。定步长求解器的仿真步长为定制，没有误差控制机制；变步长求解器在仿真过程中需要计算仿真步长，通过增加/减小步长来满足所设定的误差宽容限。通常，定步长求解步长越小，仿真精度越高。

（2）连续求解器与离散求解器。连续求解器与离散求解器都是依靠模块来计算所有离散状态值。离散状态的模块负责在每个步长的时间点计算离散状态值，连续求解器是通过数值积分来计算定义连续状态的模块的状态值。模型中若没有连续状态模块，求解器采用连续、离散均可，若有连续状态模型则必须采用连续求解器。

（3）隐式求解器与显式求解器。隐式求解器的应用主要解决模型中的刚性问题，显式求解器的应用解决非刚性问题。对系统中的振荡现象，隐式求解远比显式求解稳定，但是计算的消耗比显式求解大。

（4）单步求解器与多步求解器。在 Simulink 求解库中提供了单步求解器与多步求解器。Simulink 提供了一个显式多步求解器 ode113 和一个隐式多步求解器 ode15s，这两个都是变步长求解器。

（5）变阶式求解器。Simulink 提供两种变阶式求解器，ode15s 求解器利用 1 阶到 5 阶仿真；ode113 应用 1 阶到 13 阶。对于 ode15s 可以设置最高阶次。

Simulink 提供的求解器如表 3 – 3 所示。

表 3 – 3　Simulink 提供的求解器

求解器	积分方法	精度等级
ode1	Euler's Method 欧拉法	1
ode2	Heun's Method Heun 法	2
ode3	Bogacki – Shampine 求解器	3
ode4	Fourth – Order Runge – Kutta（RK4）求解器	4
ode5	Dormand – Prince（RK5）求解器	5
ode8	Dormand – Prince RK8（7）求解器	8

这些求解器都没有误差控制机制，仿真精度和持续时间直接由仿真步长控制。表 3 – 3 中的求解器根据数值积分方法的复杂度（精度等级）将求解器由简单到复杂排序。在相同的仿真步长设置下，求解器计算越复杂，计算结果精度越高。

（6）变步长求解器。变步长求解器利用标准控制技术监视每一步长的局部误差。在每个仿真步长内，求解器计算步长时间点的状态的局部误差（包括绝对误差和相对误差），并与设置的可接受误差（绝对误差和相对误差）进行比较，若超出设定值，则减小步长重新计算。

3）Simulink 仿真参数设置界面 Solver 面板设置

（1）仿真时间设置。

①开始时间：仿真和生成代码为双精度值，单位为 s；参数名称为 StartTime，参数类型为 string。

②结束时间：仿真和生成代码为双精度值，单位为 s；参数名称为 StopTime，参数类型为 string；此值应不小于 Start Time（若相等，则只运行一步），可以设置为无穷大 inf。

（2）求解器设置。不同的求解器，具体设置参数也不尽相同，这里只说明共同部分。变步长求解器由下列构成。

①Max step size：设置最大步长，默认为 auto，即为仿真时间历程的 1/50；参数名称为 MaxStep。

②Min step size：设置最小步长，默认为 auto，即为不限制警告数量，最小步长近似机器精度；可以设置为一个大于零的实数，或者两个元素的数组，参数名称为 MinStep。

3. 回调函数

Callback functions（回调函数）是因某种操作而除法对其调用的函数，如按下按钮或双击操作等。

常用的 Simulink 回调函数可应用在以下场合。

（1）打开 Simulink 模型时自动加载变量到工作空间。

（2）双击模型时执行 Matlab 脚本。

（3）仿真开始前进行模型参数的初始化。

（4）仿真结束后将仿真出来的数据绘制图像。

（5）关闭模型时清除相关变量或关闭图像。

输入 command window 中，会在模型运行时，显示回调函数的类型和顺序：set_param(0, 'CallbackTracing','on')。

单击［File］→［Model Callbacks］→［Model Properties］，生成 Simulink 加载回调函数，如图 3-32 所示。

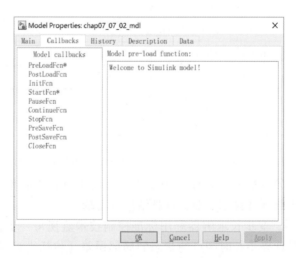

图 3-32　Simulink 加载回调函数

PreLoadFcn：在模型加载前调用。在 PreLoadFcn 回调函数中，命令 get_param 不能返回模型中模块的参数值，因为此时模型还没有加载完成。在 PreLoadFcn 回调函数中，get_param可以返回：①标准模型参数的默认值，如 solver；②模型参数的错误信息；③使用 add_param追加自定义参数到模型。

PostLoadFcn：模型加载后调用。在该回调函数中可以获取模型中模块的参数值，因为此时模型已经加载完成。

InitFcn：在模型仿真开始时调用。

StartFcn：在仿真开始前调用。

PauseFcn：在仿真暂停后调用。

ContinueFcn：在仿真继续时调用。

StopFcn：在仿真结束后调用，如果需要在 StopFcn 中写代码，则对已写入 Workspace 中的变量或文件里的数据进行操作，或者进行绘图等动作。

PreSaveFcn：在模型被保存前调用。

PostSaveFcn：在模型被保存后调用。

CloseFcn：在模型被关闭之前调用。

4. s – function

Simulink 为用户提供了许多内置的基本库模块，通过这些模块进行连接而构成系统的模型。对于那些经常使用的模块进行组合并封装可以构建出重复使用的新模块，但它依然是基于 Simulink 原来提供的内置模块。而 Simulink s – function 是一种强大的对模块库进行扩展的新工具。

1）s – function 的概念

s – function 是一个动态系统的计算机语言描述，在 Matlab 里，用户可以选择用 m 文件编写，也可以用 c 文件或 mex 文件编写。s – function 提供了扩展 Simulink 模块库的有力工具，它采用一种特定的调用语法，使函数和 Simulink 解法器进行交互，并且它的形式十分通用，能够支持连续系统、离散系统和混合系统。

2）建立 m 文件 s – function

使用模板文件 sfuntmpl. m 格式：[sys,x0] = function(t,x,u,flag)。该模板文件位于 Matlab 根目录下 toolbox/simulink/blocks 目录下。模板文件里 s – function 的结构十分简单，它只为不同的 flag 的值指定要相应调用的 m 文件子函数。例如，当 flag = 3，即模块处于计算输出这个仿真阶段时，相应调用的子函数为 sys = mdloutputs(t,x,u)。模板文件使用 switch 语句来完成这种指定，当然这种结构并不唯一，用户也可以使用 if 语句来完成同样的功能。而且在实际运用时，可以根据实际需要来去掉某些值，因为并不是每个模块都需要经过所有的子函数调用。模板文件只是 Simulink 为方便用户而提供的一种参考格式，并不是编写 s – function 的语法要求，用户完全可以改变子函数的名称，或者直接把代码写在主函数里，但使用模板文件的好处是比较方便，而且条理清晰。

使用模板编写 s – function，用户只需把 s – function 名换成期望的函数名称，如果需要额外的输入参量，还需在输入参数列表的后面增加这些参数，因为前面的 4 个参数是 Simulink 调用 s – function 时自动传入的。对于输出参数，最好不做修改。接下来的工作就是根据所编 s – function 要完成的任务，用相应的代码去替代模板里各个子函数的代码。

Simulink 在每个仿真阶段都会对 s – function 进行调用，在调用时，Simulink 会根据所处的仿真阶段为 flag 传入不同的值，而且还会为 sys 这个返回参数指定不同的角色。也就是说，尽管是相同的 sys 变量，但是在不同的仿真阶段其意义却不相同，这种变化由 Simulink 自动完成。

m 文件 s – function 可用的子函数说明如下：

①mdlInitializeSizes(flag = 0)：% 定义 s – function 模块的基本特性，包括采样时间、连续或者离散状态的初始条件和 sizes 数组；

②mdlDerivatives(flag = 1)：% 计算连续状态变量的微分方程；

③mdlUpdate(flag = 2)：% 更新离散状态、采样时间和主时间步的要求；

④mdlOutputs(flag = 3)：% 计算 s – function 的输出；

⑤mdlGetTimeOfNextVarHit(flag = 4)：% 计算下一个采样点的绝对时间，这个方法仅仅是为用户在 mdlInitializeSizes 里说明了一个可变的离散采样时间。

概括说来，建立 s – function 可以分成两个分离的任务。

①初始化模块特性包括输入输出信号的宽度、离散连续状态的初始条件和采样时间；

②将算法放到合适的 s – function 子函数中去。

3）定义 s – function 的初始信息

为了让 Simulink 识别出一个 m 文件 s – function，用户必须在 s – function 里提供有关 s – function 的说明信息，包括采样时间、连续或者离散状态个数等初始条件。这一部分主要是在 mdlInitializeSizes 子函数里完成。Sizes 数组是 s – function 信息的载体，它内部的字段意义如下：

①NumContStates(sys(1))：% 连续状态的个数（状态矢量连续部分的宽度）；

②NumDiscStates(sys(2))：% 离散状态的个数（状态矢量离散部分的宽度）；

③NumOutputs(sys(3))：% 输出变量的个数（输出矢量的宽度）；

④NumInputs(sys(4))：% 输入变量的个数（输入矢量的宽度）；

⑤DirFeedthrough(sys(5))：% 有不连续根的数量；

⑥NumSampleTimes(sys(6))：% 采样时间的个数，有无代数循环标志。

如果字段代表的矢量宽度为动态可变，则可以将它们赋值为 – 1。注意，DirFeedthrough 是一个布尔变量，它的取值只有 0 和 1 两种，0 表示没有直接输入，用户在编写 mdlOutputs 子函数时就要确保子函数的代码里不出现输入变量 u；1 表示有直接输入。NumSampleTimes 表示采样时间的个数，也就是 ts 变量的行数，与用户对 ts 的定义有关。需要指出的是，由于 s – function 会忽略端口，所以当有多个输入变量或多个输出变量时，必须用 mux 模块或 demux 模块将多个单一输入合成一个复合输入矢量或将一个复合输出矢量分解为多个单一输出。

4）输入参量和输出参量说明

（1）s – function 默认的 4 个输入参数为 t、x、u 和 flag，它们的次序不能变动，代表的意义如下：

①t：代表当前的仿真时间，这个输入参数通常用于决定下一个采样时刻，或者在多采样速率系统中，用来区分不同的采样时刻点，并据此进行不同的处理；

②x：表示状态矢量，这个参数是必需的，甚至在系统中不存在状态时也是如此，它具

有很灵活的运用；

③u：表示输入矢量；

④flag：是一个控制在每一个仿真阶段调用哪一个子函数的参数，由 Simulink 在调用时自动取值。

（2）s – function 默认的两个返回参数为 sys 和 x0，它们的次序不能变动，代表的意义如下：

①sys：是一个通用的返回参数，它所返回值的意义取决于 flag 的值；

②x0：是初始的状态值（没有状态时是一个空矩阵 []），这个返回参数只在 flag 值为零时才有效，其他时候都会被忽略。

3.3　多体动力学仿真软件 Adams

3.3.1　软件简介

Adams（Automatic Dynamic Analysis of Mechanical Systems），是由美国 MDI 公司（Mechanical Dynamics Inc.）开发的机械系统动力学自动分析软件。

在目前的动力学分析软件市场上，Adams 软件独占鳌头，拥有 70% 的市场份额，Adams 软件拥有 Windows 版和 Unix 两个版本。Adams 软件是以计算多体系统动力学（Computational Dynamics of Multibody Systems）为基础，包含多个专业模块和专业领域的虚拟样机开发系统软件，利用它可以建立起复杂机械系统的运动学和动力学模型，其模型可以是刚性体，也可以是柔性体，以及刚柔混合模型。如果在产品的概念设计阶段就采用 Adams 软件进行辅助分析，就可以在建造真实的物理样机之前，对产品进行各种性能测试，达到缩短开发周期、降低开发成本的目的。

Adams 软件使用交互式图形环境和零件库、约束库、力库，创建完全参数化的机械系统几何模型，其求解器采用多刚体系统动力学理论中的拉格朗日方程方法，建立系统动力学方程，对虚拟机械系统进行静力学、运动学和动力学分析，输出位移、速度、加速度和反作用力曲线。

Adams 软件的仿真可用于预测机械系统的性能、运动范围、碰撞检测、峰值载荷以及计算有限元的输入载荷等。

Adams 软件由基本模块、扩展模块、接口模块、专业领域模块及工具箱 5 类模块组成。用户不仅可以采用通用模块对一般的机械系统进行仿真，而且可以采用专用模块针对特定工业应用领域的问题进行快速有效的建模与仿真分析，还可以像建立物理样机一样建立任何机械系统的虚拟样机。首先建立运动部件（或者从 CAD 软件中导入）、用约束将它们连接、通过装配成为系统、利用外力或运动将它们驱动。

Adams/View 支持参数化建模，以便能很容易地修改模型并用于实验研究。

用户在仿真过程中或者当仿真完成后，都可以观察主要的数据变化以及模型的运动。这些就像做实际的物理实验一样。

1. Adams/View 界面

在新建项目或者新安装了 Adams 软件后，最好新建一个工作路径，将相关的文件放到该路径下，可以方便读存。如果在桌面上有 Adams/View 的快捷菜单，在该快捷菜单上：首先右击；然后在弹出的快捷菜单中选择［属性］项，在属性对话框中选择［快捷方式］；最后在［起始位置］的输入框中输入已经建立好的工作路径。在选择工作路径时，不要选择有空格和中文的路径，这样设置的工作路径不必每次启动 Adams/View 来设置工作路径。

图 3 - 33 所示为 View 模块的用户界面，主要由菜单、主工具栏、模型浏览区（也称图形区）和状态栏组成，其中菜单栏包含下拉式菜单，主工具栏中还有折叠工具包。建立模型的过程主要是用主工具栏、工具包、菜单和一些对话框建立模型的过程。另外，用户还可以直接输入命令来代替相应的操作，使用工具栏或菜单等的操作实际上也是引发一定的命令来修改数据库的过程。

图 3 - 33　设置 Adams 工作路径

主工具栏中包括几何模型工具包、运动副（铰链）工具包、载荷工具包、测量工具包、［仿真］按钮、［动画］按钮、颜色工具包和［后处理］按钮等，如图 3 - 34 所示。若主工具栏没有打开，可以通过［View］→［Toolbox］→［Toolbars］菜单打开主工具栏，然后选择 Main Toolbox，如图 3 - 35 所示。

在主工具栏上，有些工具按钮的右下角有个小三角形，说明这个按钮是［折叠］按钮，有些功能类似的按钮被"隐藏"起来，只要在这些按钮上右击，就可以将这些按钮显示出来。如果选择右下角的［戳］按钮，则会弹出新的工具栏，如图 3 - 36 所示。

2. 基本操作

在建立模型以前，一般需要首先设置工作环境，如选择坐标系、单位制、工作栅格等。如果单位制设置与几何模型的单位制不符，则会出现根本上的错误，这些都需要引起用户的注意，特别是要注意以下几点。

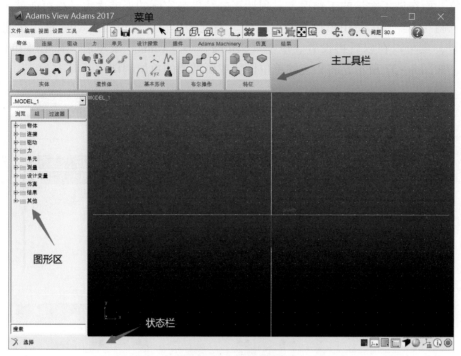

图 3-34　用户界面

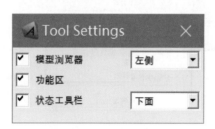

图 3-35　工具设置栏

图 3-36　工具栏中的［折叠］按钮

（1）将三维模型导出成 Parasolid 格式，在 Adams 中输入 Parasolid 格式的模型并进行保存。

（2）检查并修改系统的设置，主要检查单位制和重力加速度。

（3）修改零件名称（能极大地方便后续操作）、材料和颜色。首先在模型界面，使用线框图来修改零件名称和材料；然后使用 view partonly 来修改零件的颜色。

（4）添加运动副和驱动。

1）系统设置

对于初学者而言，一定要注意 Adams/View 中的单位制，经常会发生因为没有注意到系统的单位，而在做了大量的工作后，发现计算的结果与实际的误差太大，很可能就是因为系统的单位制与用户自己使用单位不同引起的。系统的单位，可以在启动时的［欢迎］对话框中设置，也可以在以后再设置。单击［Setting］→［Units］菜单后，弹出［单位设置］对话框，如图 3-37 所示，将相应的单位设置成所需要的单位制即可。

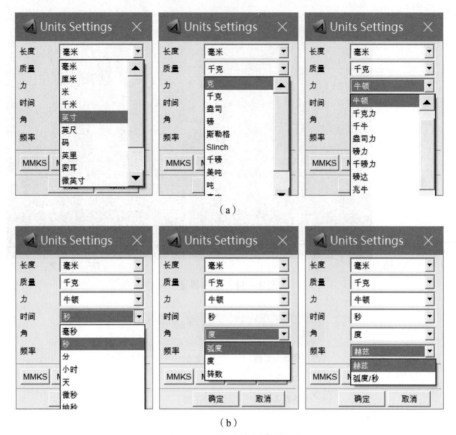

图 3-37 单位设置示意图

系统可以使用的单位制如表 3-4 所示，用户可以设定长度（Length）、质量（Mass）、力（Force）、时间（Time）、角度（Angle）和频率（Frequency）的度量单位。另外，还可以使用系统已经定义好的几个单位制的组合，如 MMKS、MKS、CGS 或 IPS 单位制。

表 3-4 Adams 中的单位制

序号	单位制	长度	质量	力	时间	角度	频率
1	MMKS	mm	kg	N	s	(°)	rad/s
2	MKS	m	kg	N	s	(°)	rad/s
3	CGS	cm	g	dgne	s	(°)	rad/s
4	IPS	in	1 b	1 b·f	s	(°)	rad/s

当刚体系统的自由度与驱动的数目相同时，系统会进行机构运动仿真，此时系统构件的

位置、速度和加速度等信息与重力加速度无关，完全由模型上定义的运动副和驱动决定；而当系统的自由度大于驱动的数目时，系统的位形还不能完全确定，系统对于还不能完全确定的自由度就会在重力的作用下进行动力学计算，因此需要设置重力加速度。

单击［Setting］→［Gravity］菜单后，弹出设置［重力加速度］对话框，如图 3 – 38 所示，用户可以输入重力加速度矢量在总体坐标系的 3 个坐标轴上的分量，系统默认为沿着 Y 轴负方向，在输入加速度值时，一定要注意当前使用的单位制。

图 3 – 38　重力设置示意图

2）坐标系设置

在 ADAM/View 的左下角，有一个原点不动但可以随模型旋转的坐标系，该坐标系用于显示系统的总体坐标系，默认为笛卡儿坐标系（Cartesian），另外在每个刚体的质心处，系统会固定一个坐标系，称为连体坐标系（局部坐标系，Adams/view 中称为 Marker），通过描述连体坐标系在总体坐标系中的方位（方向和位置），就可以完全描述刚体在总体坐标系中的方位。

在 Adams 中有三种坐标系，分别为笛卡儿坐标系、柱坐标系（Cylindrical）和球坐标系（Spherical）。空间一点在三种坐标系中的坐标分别表示为 (x,y,z)、(r,θ,z) 和 (ρ,ϕ,θ)，并且它们之间满足如下关系：

$$\begin{cases} x = r\cos\theta \\ y = r\sin\theta \\ z = z \end{cases} \quad \begin{cases} x = \rho\sin\phi\cos\theta \\ y = \rho\sin\phi\sin\theta \\ z = \rho\cos\phi \end{cases}$$

单击［Setting］→［Coordinate System］菜单后，弹出［坐标系设置］对话框，如图 3 – 39 所示，在对话框中选择相应的坐标系以及坐标系的旋转序列。另外，还可以设置相对于刚体坐标系（Body Fixed）还是空间坐标系（Spaced Fixed）旋转，若相对于刚体坐标系，是相对于刚体旋转后的位置，而相对于空间坐标系则是指相对于空间中总体坐标系进行旋转。在 Adams 中描述模型中各个构件的位置时，可以用局部坐标系，也可以用总体坐标系，Adams 最终建立的运动学方程和动力学方程都要过渡到总体坐标系中。

3）设置工作栅格

在建立几何模型、坐标系或者铰链时，系统会自动捕捉到工作栅格上，可以修改栅格的形式、颜色和方位等。单击［Setting］→［Working Grid］菜单后，弹出［设置工作栅格］对话框，如图 3 – 40 所示。可以将栅格设置成矩形坐标（Rectangular）形式或极坐标（Polar）形式，可以用点或者线的形式表示，可设置点或者线的大小或者粗细（Weight）、间距及其颜色，还可以将栅格的坐标原点放在总体坐标系的原点，也可以将其放在任意位置（Set Location），或将栅格放在其他工作面上（SetOrientation）等。

如果想使用 Adams/View 提供的建立几何模型的工具，则需要非常熟练地移动和旋转工作栅格。

3. 仿真实例

（1）曲柄连杆机构仿真。仿真条件：摆杆 1 长度为 0.2 m，直径为 0.01 m，质量为 1 kg，摆杆 2 长度为 0.5 m，直径为 0.01 m，质量为 2 kg，滑块质量为 1 kg，摆杆 1 绕 A 点做 100°/s 的匀速转动，仿真数据如下：

图 3-39　设置坐标系对话框

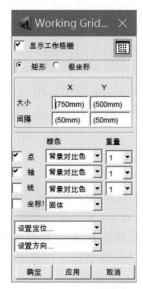

图 3-40　栅格设置示意图

①在 Adams 中观察 C 点的位移随时间的变化曲线;

②在 Adams 中观察 B 点和 C 点的受力随时间的变化曲线;

③在 Matlab 中完成上述仿真曲线,转动速度在 Matlab 中进行设置。

(2) 模型的创建。设置单位和重力,如图 3-41 所示。

图 3-41　设置单位和重力

(3) 创建摆杆模型。选择 [物体] → [刚体]:创建圆柱体,在弹出的对话框中填写长度和半径,单击模型窗口,生成如图 3-42 所示的摆杆。

(4) 设置摆杆转动角度,如图 3-43 所示。

重复上述步骤,按照要求搭建如图 3-44 所示的摆杆模型。

(5) 设置质量。双击 PART_2,按照图 3-45 的方式设置每个摆杆的质量。

重复上述步骤,按照仿真要求设置每个物体的质量。

(6) 添加约束。曲柄连杆中需要添加 4 个连接副,其中包含 3 个旋转副和 1 个移动副。

旋转副的添加方式如下:首先单击 [连接] 按钮,选择 [旋转副],出现 [构建方式] 对话框,按照两个物体、一个位置来构建,依次单击 3 个物体。其中,第一个物体选择 PART_2;

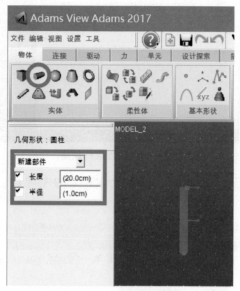

图 3 - 42　创建圆柱副

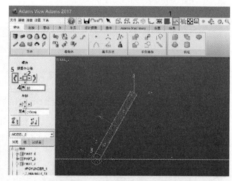

图 3 - 43　设置摆杆转动角度

图 3 - 44　摆杆模型示意图

图 3 – 45　设置摆杆质量

第二个物体选择大地；第三个旋转中心选择 PART_2 的左端点，即可建立如图 3 – 46 和图 3 – 47 所示的旋转副。

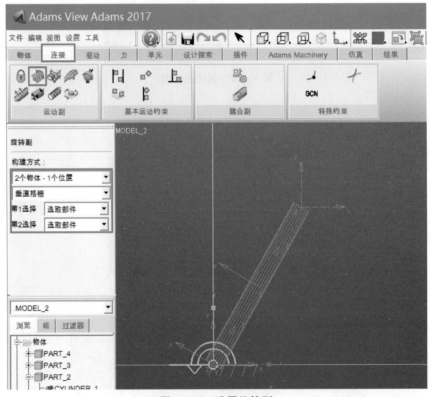

图 3 – 46　设置旋转副

第二个旋转副与第一个类似：第一个物体选择 PART_3；第二个物体选择 PART_2；旋转中心选择 PART_3 的左端点。同理，第三个旋转副的第一个物体选择 PART_3，第二个物体选择 PART_4，第三个旋转中心选择 PART_3 的右端点，如图 3 – 48 所示。

最后建立移动副，与旋转副相同，选择平移副后：第一个物体选择 PART_4；第二个物体选择大地；第三个平移中心选择 PART_4 的右端点，箭头指向右侧，如图 3 – 49 所示。

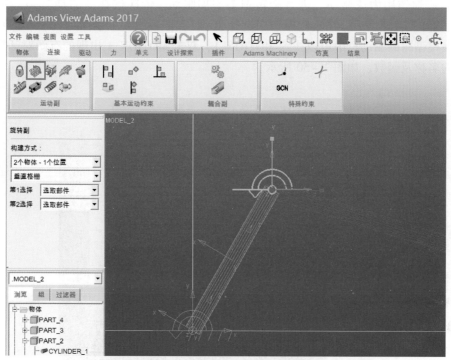

图 3 - 47　设置摆杆之间的旋转副

图 3 - 48　设置摆杆和滑块之间的旋转副

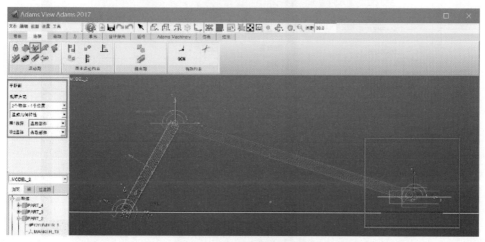

图 3 - 49　设置滑块移动副

（7）添加作用力或驱动。进行旋转副 1 添加驱动，依次选择［驱动］→［旋转副驱动］。设置好旋转速度后，在右侧模型中选择驱动 1，即可出现如箭头处的驱动图示。与此同时，在模型树的驱动栏中可以找到 MOTION_1，双击 MOTION_1 出现的有图对话框，可设置驱动的名称及函数，如图 3 – 50 所示。

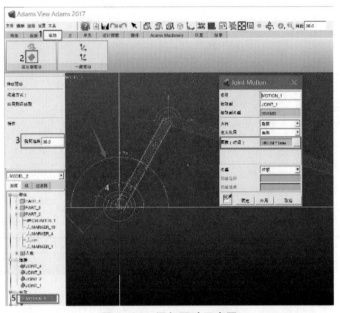

图 3 – 50　添加驱动示意图

（8）添加测量。如图 3 – 51 所示，右击 JOINT_2，选择［测量］，按照图中的方式设置，测量 JOINT_2 的转矩。另外，分别右击 JOINT_3 和 JOINT_4，按照图 3 – 52 和图 3 – 53 的方式设置测量，设置完成后，在模型书的测量栏中出现 3 行测量名称。双击该名称可进行更改。

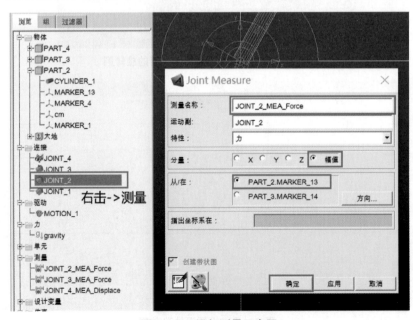

图 3 – 51　添加测量示意图

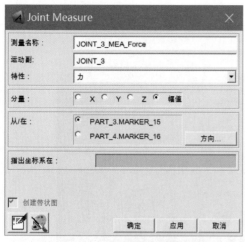

图 3-52　JOINT_3 测量设置

图 3-53　JOINT_4 测量设置

至此模型建立完毕，在建模的过程中应注意以下问题。

①添加运动副时，要留意构件的选择顺序，是第一个构件相对于第二个构件运动。

②对于要添加驱动的运动副，当使用垂直于网格来确定运动副的方向时，一定要注意视图定向是否对，使用右手法则进行判断。若视图定向错了，运动方向就错了，驱动函数要取负值。

③添加运动副时，应尽量使用零件的质心点，此时也应检查零件的质心点是否在其中心。

④因为在仿真中经常要修改驱动函数，所以应为驱动取一个有意义的名称，一般旋转驱动，取零件名称 MR1；平移驱动取零件名称 MT1。

⑤运动副数目很多，且后面用得比较少，所以运动副的名称可以不做修改。对于要添加驱动的运动副，在添加运动副后，应马上添加驱动，以免搞错。

⑥添加完运动副和驱动后，应对其进行检查。使用数据库导航器检查运动副和驱动的名称、类型和数量，使用 verify model 检查自由度的数目，此时要逐个零件进行自由度的检查和计算。

⑦进行初步仿真，再次对之前的工作进行验证。因为添加了材料，有重力，但没有定义接触，此时模型会在重力的作用下下掉。若没问题，则进行保存。

（9）仿真设置。按图 3-54 中的顺序依次选择，［仿真］→［齿轮］，设置时间和步数。注意，选择运行之前复位，之后单击绿色箭头即可进行仿真。

（10）数据分析处理。依次单击［结果］→［后处理］，选择需要查看的曲线，单击［添加］按钮，即可查看过程中的数据信息，如图 3-55 所示。

3.3.2　Adams/Matlab 联合仿真

以曲柄连杆机构为例，在 Adams 中建立 Controls_Plant，确定输入变量和输出变量，导出模型供给 Simulink 调用。

1. 添加状态变量

建立 4 个系统变量，其中驱动 MOTION_1 作为输入变量，3 个测量作为输出变量，如图 3-56 所示，依次命名为 speed、output1、output2、output3，建立过程如图 3-57 所示。

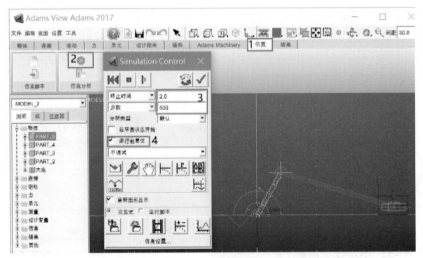

图 3 - 54　仿真设置

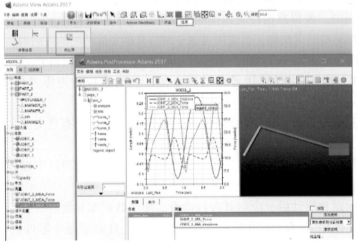

图 3 - 55　数据后处理设置

图 3 - 56　建立系统变量

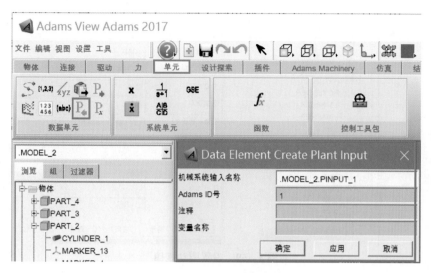

图 3 – 57　输入变量设置

在完成状态变量的设置后，进行 Adams 输入/输出变量设置，在主工具箱中选择 ［Elements］ → ［Create a Adams plant input］，在弹出对话框中的 ［Variable］栏中填写 speed 状态变量；在进行 Matlab 与 Adams 联合仿真时要观察 output1、output2 和 output3 3 个状态变量。同理，在主工具箱中选择 ［Elements］ → ［Create a Adams plant output］，在弹出对话框中的 ［Variable］栏中填写 output1、output2 和 output3，如图 3 – 58 所示。双击 MOTION_1，改变输入函数，如图 3 – 59 所示。

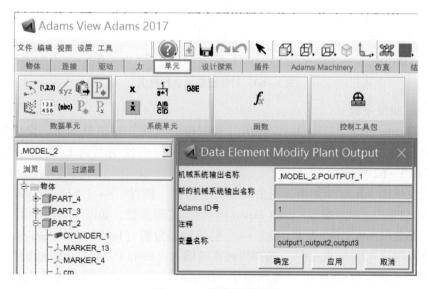

图 3 – 58　输出变量设置

对状态变量的 3 个输出进行赋值，依次双击图 3 – 59 工具栏中 output1、output2 和 output3，在弹出的对话框中将 F（time，…）的值改为 JOINT2_MEA_Force、JOINT_3_MEA_Force 和 JOINT_4_MEA_Displace，然后单击 ［确定］按钮，如图 3 – 60 所示。

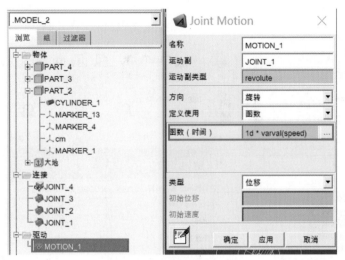

图 3 - 59　设置驱动规律

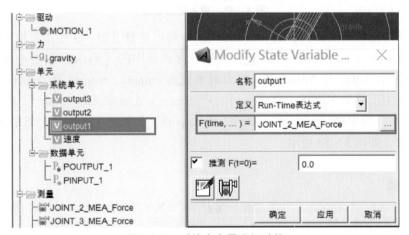

图 3 - 60　对输出变量进行赋值

2. Adams 模型导出

单击 [Plugins] → [Controls]，弹出 [控制模型输出] 对话框如下：设置输入信号、输出信号和目标软件后，输出 Matlab 控制模型，本例中模型名为 Controls_Plant_1，如图 3 - 61 和图 3 - 62 所示。

在创建完成的 Adams 模型中，在主工具栏中选择 [插件] → [Adams Control] → [机械系统导出 (Plugins – Controls – plant export)] 导出控制参数，如图 3 - 63 所示。选择 [新的控制机械系统 (New Controls Plant)] → [初始静态分析 (Initial State Analysis)] 选择否 (No)，[输入信号 (Input Signal)] 选择机械系统输入 (From Pinput)，弹出的对话框中双击之前建立的输入变量 PINPUT_1，[输出信号 (Output Signal (s))] 选择机械系统输出 (From Poutput)，弹出的对话框中双击之前建立的输出变量 POUTPUT_1，[目标软件 (Target Software)] 选择 [Matlab] → [分析类型 (Analysis Type)]，选择 [non_linear] → [Adams/Solver]，选项选择 C ++，单击 [OK] 按钮，之后在工作文件夹里会自动生成如图 3 - 63 所示的界面。

图 3 – 61　模型导出过程中设置系统输入

图 3 – 62　模型导出过程中设置系统输出

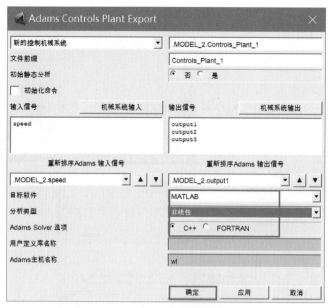

图 3 - 63　模型导出其他设置示意图

生成了 m 文件和一系列临时文件，如图 3 - 64 所示。

Adams_Matlab_1				
共享　查看				
> Adams_Matlab_1				
名称		修改日期	类型	大小
aviewAS.cmd		2021/9/11 10:58	Windows 命令脚本	0 KB
Controls_Plant_2.adm		2021/9/11 10:58	ADM 文件	5 KB
Controls_Plant_2.cmd		2021/9/11 10:58	Windows 命令脚本	16 KB
Controls_Plant_2.m		2021/9/11 10:58	M 文件	3 KB
Controls_Plant_2.xmt_txt		2021/9/11 10:58	XMT_TXT 文件	164 KB

图 3 - 64　模型导出的文件

打开 Matlab，单击工作栏中浏览文件，选择之前 Adams 的工作目录，将 Matlab 的工作目录与 Adams 进行统一便于操作。在命令行窗口输入控制参数文件名 Controls_Plant_2，弹出如图 3 - 65 所示的信息。

输入 Adams_sys，该命令是 Adams 与 Matlab 的接口命令。输入 Adams_sys 命令后，弹出的 Matlab/Simulink 仿真文件中橙色的方形框便是 Adams 模型的非线性模型，如图 3 - 66 所示。

对 Adams Plant 模型进行如下设置，在仿真过程中能够打开 Adams 查看运动动画。

接下来添加控制算法，进行联合仿真。将输入连接 clock 进行简单仿真测试，图 3 - 67 所示为加入任何控制直接进行仿真，显示了 output3 的输出变化曲线。

每次打开 Sim 模型时都需要提前运行 Controls_Plant_1.m，为了简化操作，可以将 Controls_Plant_1.m 放置在 Sim 模型的加载时间 Callback 中，具体操作在 Model Properties 设置中，如图 3 - 68 所示。

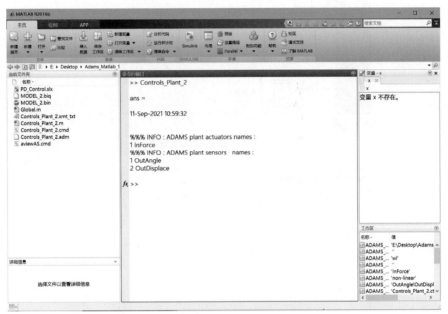

图 3 – 65　命令行窗口输入控制参数文件名

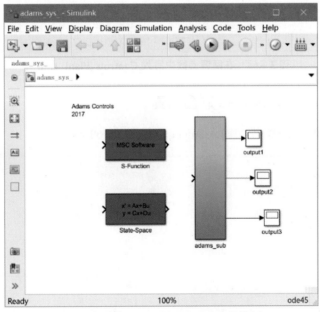

图 3 – 66　Adams 在 simulink 中的模型

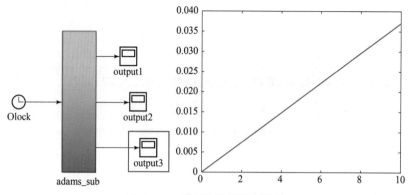

图 3 - 67   输出曲线测试示意图

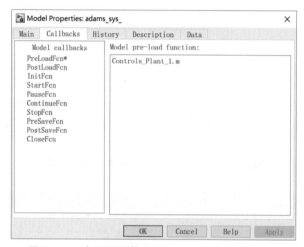

图 3 - 68   在回调函数中写入 Controls_Plant_1. m

3.3.3   Adams/SolidWorks 联合仿真

下面举例说明如何将 SW 模型输入 Adams，如图 3 - 69 所示。

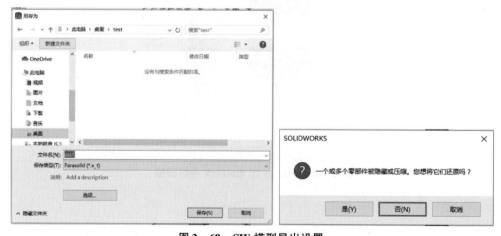

图 3 - 69   SW 模型导出设置

总体思路：在 SolidWorks 中生成 Parasolid 文件，由 Adams 导入。

打开 SolidWorks 的装配模型，将模型另存为 Parasolid 格式的文件（x_t），文件名和保存路径不能有中文字符。弹出的对话框要选择隐藏零件，将文件命名为 ass1. x_t。

打开 Adams 软件，新建一个 Database，单击 ［File］→［import］，弹出 ［模型导入］对话框，选择 ass1. x_t，Create 操作生成 model_2，然后单击 ［OK］ 按钮，如图 3 - 70 所示。

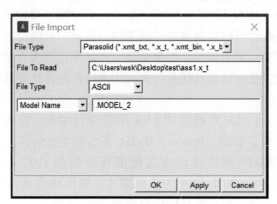

图 3 - 70　在 Adams 中导入 SW 模型

3.4　机器人仿真软件 V - REP

3.4.1　软件简介

V - REP（Virtual Robot Experimentation Platform）是一款拥有多种仿真功能、具有优良物理引擎且可广泛使用编程接口、全球领先的机器人及模拟自动化软件（最新版本已经更名为 CoppeliaSim，不过本书还是用旧名称 V - REP）。该软件可跨平台进行机器人仿真，功能灵活强大，操作便捷，便于开发者快速验证算法，实现低成本开发。其主要特点如下：

（1）跨平台（Windows、MacOS、Linux）；

（2）多种编程方法（嵌入式脚本、插件、附加组件、ROS 节点等）；

（3）多种编程语言（C/C ++ 、Python、Java、Lua、Matlab、Octave 等）；

（4）超过 400 种不同的应用编程接口函数；

（5）4 种物理引擎（ODE、Bullet、Vortex、Newton）；

（6）完整的运动学解算器（对于任何机构的逆运动学和正运动学）；

（7）嵌入图像处理的视觉传感器（完全可拓展）；

（8）数据记录与可视化（时距图、X/Y 图或三维曲线）；

（9）支持水/气体喷射的动态颗粒仿真；

（10）V - REP 具有很多有别于传统仿真软件的特点。

①物理引擎层面。V - REP 中 5 种物理引擎（Bullet 2. 78、Bullet 2. 83、ODE、Vortex、Newton）可以使其在多种计算精度、工程用途等条件下完成 "真实物理世界" 的仿真。现阶段物理引擎仿真已经广泛应用于各类行业，包括游戏行业、工程仿真、工业装配、电影特效、专业教学等。具有精确物理引擎的仿真软件也让工程师更容易采集并处理各类数据。

②仿真场景层面。该软件也具有丰富的对象及其属性设定。用户可以添加并设置模型、关节、虚拟节点、多类传感器、图、光源、路径等多种对象。以模型为例，用户可以添加并自由编辑模型，通过对物体质量、惯性、材料特性、碰撞等属性设置，精确地实现动力学模型的搭建及仿真。

③通信接口层面。使用集成开发环境，基于分布式控制结构，可通过内置 LUA 嵌入式脚本、插件、ROS 节点、远程 API（应用程序接口）客户端、自定义函数或联合编程仿真等多种控制方法，使得该软件可以实现多种环境下精确控制、精确反馈的机器人仿真，广泛应用于硬件控制、远程监控、参数调整、原型验证、产品模拟等多个领域。V – REP 既可作为一个独立的应用程序完成复杂的仿真任务，又可因多样性的 API 使其作为子程序良好地嵌入其他主应用程序。

④编程语言方面。V – REP 自身使用 LUA 语言进行编程。LUA 具有体积小、速度快、功能全面的特点，它集成了 C 库、Python、Matlab 等多种主流语言，这使得工程师非常容易进行工作。此外，通过 API 同样也可在其他编译器利用 C/C + + 、Python、Java、Lua、Matlab、Octave 或 Urbi 编写。由于 LUA 为内嵌脚本，在编程仿真过程中对比其他编译软件的控制方法，数据对接更加稳定，信息传递也更加迅速。

此外，V – REP 的一个特点就是对新用户友好，入门门槛较低：该软件十分简洁明了，功能全面但不冗余，界面丰富但不复杂；仿真软件原生提供大量的模型，并提供 Demo 程序和控制接口，便于用户针对实例进行学习；V – REP 文档齐全，EDU 版本也没有功能限制，同时还可跨平台联合仿真，故初学者可以选择自己熟悉的平台开始工作。

总而言之，该软件可以实现开源、快速、灵活、便捷、全面的建模和仿真。在多种物理引擎的支持下，初学者可以通过多种功能的应用非常快速地上手，实现较为复杂的仿真。

3.4.2　基本操作

1. 主要对象

本节简单介绍 V – REP 软件中可以添加的对象及其简单属性设置。该部分可在场景中，通过 ［Menu bar］→ ［Add］或场景中 ［右键］→ ［Add］的分页中添加。

（1）纯模型（Primitive shape）：一个表面由三角形组成的刚性物体（纯模型碰撞判定明确，计算方便，故通过搭建纯模型近似拟合机器人实体，可以快速精确地实现仿真）。

（2）关节（Joint）：关节是至少有一个固有自由度（DoF）的运动对象。V – REP 中有旋转关节（Revolute Joint）、伸缩关节（Prismatic Joint）和球关节（Spherical Joint）三种类型。

（3）图（Graph）：用来记录和可视化模拟数据。

（4）虚拟点（Dummy）：虚设一个定位点，针对不同的对象有不同的应用，必要的时候可以较为简单地实现极多的功能。

（5）接近传感器（Proximity sensor）：用于检测在其检测体积内的对象。

（6）视觉传感器（Vision sensor）：相机式传感器，可用于获取图像。

（7）力传感器（Force sensor）：测量力及扭矩。可通过设定 threshold 使其具有过冲能力。

（8）相机（Camera）：安装相机以实现不同的视角下观看场景。

（9）灯光（Light）：用于提供光源。

2．主界面

图 3－71 所示为软件打开效果图，即 V－REP 主界面。其中红框为菜单栏、蓝框为工具栏、绿框为模型库、黑框为结构层、橙框为场景层。

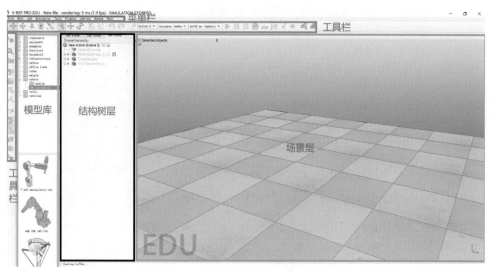

图 3－71　V－REP 主界面

（1）菜单栏。菜单栏允许访问软件的几乎所有功能。在大多数情况下，该部分选项都会激活一个对话框。菜单栏内容大多依赖于软件当前仿真状态。该部分大多数功能也可以通过弹出菜单、双击场景层次视图中的图标或单击［工具栏］按钮来访问。

（2）模型库。图 3－72 的上半部分显示 V－REP 官方模型库文件夹；下半部分显示所选文件夹中模型的缩略图。缩略图可以拖曳到场景中，自动加载官方开源给读者的模型。其具体包括多种机械臂、移动机器人、地形以及多种模块等。用户可以打开结构树查看机器人结构，单击脚本界面查看机器人运动驱动程序。

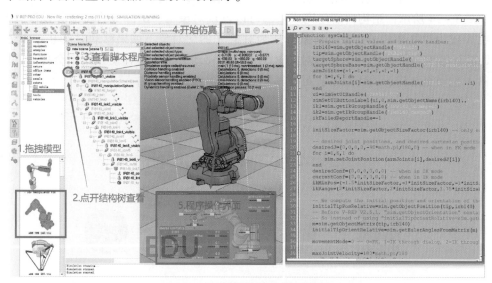

图 3－72　从模型库中调用模型

（3）结构层。如图3-73所示，该部分显示当前场景的内容（组成一个场景的所有对象）。由于场景对象基于结构的关联进行搭建，故模型在场景层中以结构树的形式展现，而且模型的结构树可以通过单击图标前的加号或减号进行展开或折叠。此外，双击对象图标可打开［属性］对话框，双击对象名称可对其进行编辑。

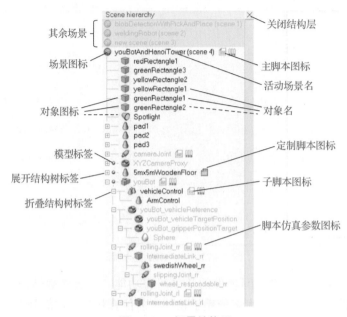

图3-73　场景结构层

搭建结构树有两种方式。

①Shift选择多个对象，通过右击［Menu bar］→［Edit］→［Make last selected object（s）parent］，按选择顺序，将先选择的所有对象并列绑定至最后一个对象上。

②结构层中，通过鼠标拖动对象A至对象B上，实现结构树的搭建。

如图3-74所示，结构树搭建完成后，可以发现对象A、B自身的属性配置没有改变。而对象A成为对象B的子对象，对象B成为对象A的父对象。如果移动对象B，对象A会自动跟随，因为对象A已经附属到对象B之上。但移动对象A，对象B则不会移动。同理，将对象A拖回至结构层的场景下，可使其从对象B的结构中脱离。

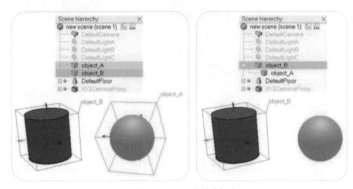

图3-74　结构树

（4）场景层。用户可观看仿真场景。V – REP 中允许存在多个场景，可通过［Menu bar］→［File］→［New Scene］进行新场景的添加。各场景间独立，对象在场景中复制不会改变其属性，因此用户可跨场景进行模型的搭建（在图 3 – 75 绿框中切换场景），很大程度上便于模型的装配。

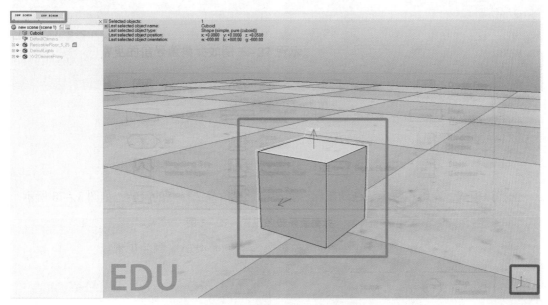

图 3 – 75　仿真场景层（书后附彩插）

注：场景中涉及三类坐标系，即绝对坐标系、自身坐标系及父坐标系。其中绝对坐标系可通过场景界面右下角的 3 个箭头查看，如图 3 – 75 中红框所示；同理，选择对象后，也可通过虚线箭头进行自身坐标系的查看，而且坐标轴颜色与绝对坐标系相同，如蓝框所示；父坐标系指结构树中父对象的坐标系。

（5）工具栏。工具栏主要包含常用的功能（如场景视角的调整、模型的平移旋转、仿真的启停及速度调整等），该部分功能也可通过菜单栏进行访问。因此，这里对工具栏主要功能，也是 V – REP 软件的主要功能展开介绍。

3. 场景常用操作

仿真场景常用功能基本包含在软件工具栏中，其中工具栏包括视角变换（包括平移、旋转、远近、特写等）、对象选择、对象的位姿调整（空间位置及姿态共 6 个自由度的调整）、软件环境配置以及仿真控制等。工具栏如图 3 – 76 所示。

图 3 – 76　工具栏

1）视角变换

（1）视角平移：

选择该模式，左键点住场景拖动鼠标，实现场景视角的平移，如图 3 – 77 所示。

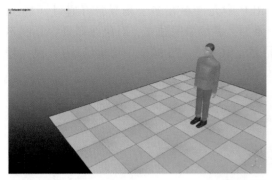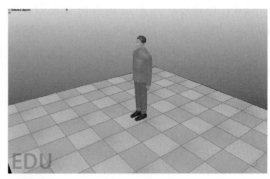

图 3 - 77　视角平移

（2）视角旋转：

选择该模式，左键点住场景拖动鼠标，实现场景视角绕选择点的旋转，如图 3 - 78 所示。

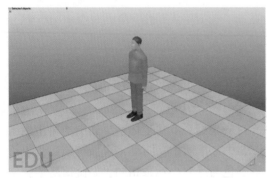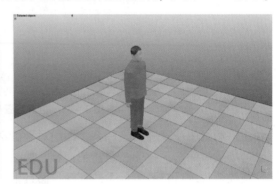

图 3 - 78　视角旋转

（3）视角远近：

选择该模式，左键点住场景上下拖动鼠标，实现场景视角的远近调整，如图 3 - 79 所示。

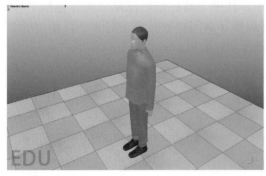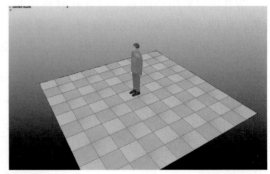

图 3 - 79　视角远近

注：推荐选取平移模式，鼠标左键即为视角平移，鼠标中键（滚轮）即为场景旋转，

鼠标滚轮即为视角远近。

（4）物体特写：

选择物体，单击［特写］即可自动适应物体，便于找到观察物体的角度，如图 3 - 80 所示。

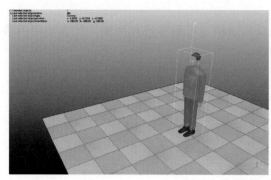

图 3 - 80　物体特写

2）对象选择

选择该模式，单击场景中的对象，则会选择该对象，如图 3 - 81 所示。

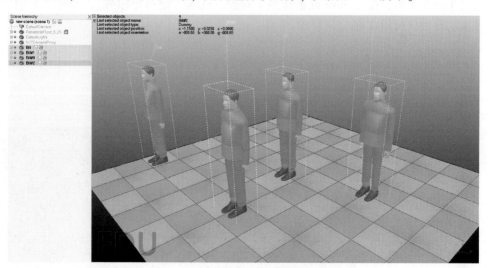

图 3 - 81　对象选择

注：按住 Shift 键，可在场景层或结构层中通过单击或画出区域选取多个对象。

3）对象的位姿调整

该部分功能负责调整对象空间 6 个自由度，具体包括 X、Y、Z 轴的平移以及旋转，因此仿真软件中也同样包括平移设置与旋转设置。其中两类设置的相关操作基本相同，均具体包括"鼠标拖动、绝对位置/角度设定以及相对位置/角度设定"，且对应操作的子功能也基本一致。因此，本节针对平移设置展开介绍，读者可同等进行旋转设置的操作：

平移设置可以实现场景中对象的 X、Y、Z 三自由度的平移运动。本节主要介绍鼠标拖动、绝对位置设置及相对位置移动三部分功能。

注：选择一个或多个物体，才可进行位置调节。如果没有选择任何对象/项目，对话框是无效的。

（1）鼠标拖动。选择物体后，选取坐标系及移动轴（可最多选择两轴，代表平面内移动），进行鼠标拖动，实现对物体的移动，如图 3 – 82 所示。

图 3 – 82　鼠标拖动平移物体界面

图 3 – 82 中：Relative to 为相对坐标系；Translation step size 为鼠标拖动位移的单位；Preferred axe 为移动轴。

如图 3 – 83 所示，按住 Shift 键选择多个对象，选取［绝对坐标系］，勾选［X 轴移动］，用鼠标拖动模型仅可沿 X 轴方向移动。

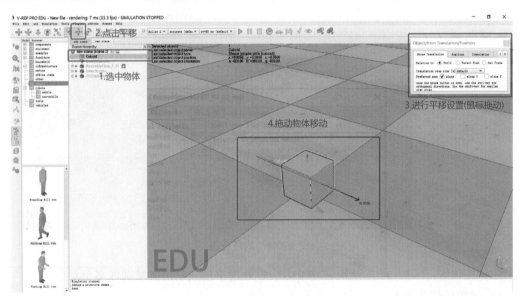

图 3 – 83　拖动平移物体

（2）绝对位置。选择物体后，选取坐标系，输入参数，实现各轴位置的绝对式移动，如图 3 – 84 所示。

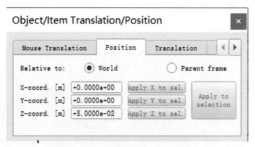

图 3 - 84　绝对位置平移界面

如图 3 - 85 所示，对象位于绝对坐标系下（0，0，0.05 m）的位置，将 X 位置输入 1，按下"回车"键，则物体运动至（1 m，0，0.05 m）的位置。

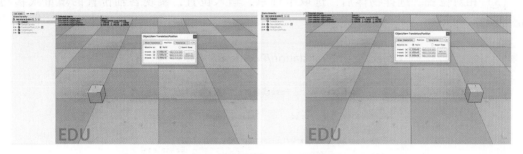

图 3 - 85　绝对位置平移效果

此外，［Apply X/Y/Z to selection］及［Apply to selection］为对象到对象单轴或三轴的位置移动，可将待移动对象平移至目标对象的位置上。该功能非常常用，本书将其称为适定，操作如图 3 - 86 所示。

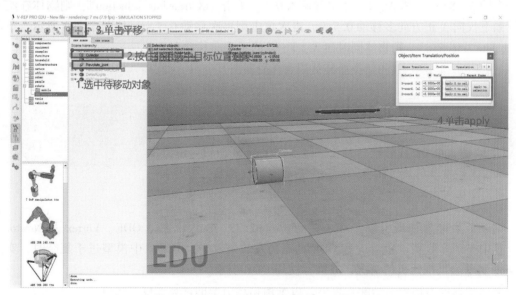

图 3 - 86　适定操作效果

按住 Shift 键选中多个对象，单击［Apply to selection］，即可按选取的先后顺序，将先选择的全部对象位置适定于最后选择的对象上；单击［Apply X/Y/Z to selection］则是单一方向的位置适定，如图 3 – 87 所示。

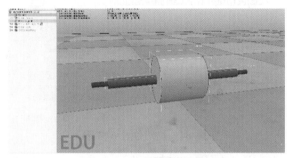

图 3 – 87　位置适定效果

（3）相对位置。选择物体后，选取坐标系，输入位置，实现各轴位置的增量式移动，如图 3 – 88 所示。

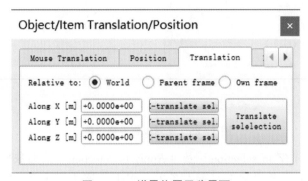

图 3 – 88　增量位置平移界面

在图 3 – 88 中，将 X、Y、Z 位置输入 0.5，单击［X translate selection］，则物体在绝对坐标系下仅向 X 正方向多移动 0.5 m，再次单击则再次移动 0.5 m，如图 3 – 89 所示。单击［Translate selection］，则物体同时向 X、Y、Z 的正方向移动 0.5 m。

图 3 – 89　增量位置平移效果

4. 软件环境配置

第一个菜单为物理引擎菜单，共有 Bullet2.73、Bullet2.83、ODE、Vortex 及 Newton 5 种，其中 Vortex 收费、Newton 和 ODE 动态仿真效果较好，但场景中模型过于复杂时，实测 Newton 引擎会出现死机的情况，故推荐使用 ODE 引擎。

第二个菜单为物理引擎配置菜单，可平衡物理引擎的计算速度及精度。

第三个菜单为仿真步长菜单，dt – 50 ms 即为仿真时间间隔，默认 50 ms，减少间隔会增加计算量，使软件输出频率加快。

上述三个菜单如图 3 – 90 所示。

图 3 - 90　物理引擎菜单、物理引擎配置菜单配置和仿真步长菜单

5. 仿真控制

V - REP 仿真界面按键功能如表 3 - 5 所示。

表 3 - 5　V - REP 仿真界面按键功能

图标	功能	效　果
▷	Start/resume simulation	仿真开始
❚❚	Suspend simulation	仿真暂停
■	Stop simulation	仿真结束
🕐	Toggle real - time mode	实时仿真，选择后仿真运动速度与实际速度相匹配
🐢	Slow down simulation	减慢仿真速度
🐇	Speed up simulation	加快仿真速度
👁	Toggle visualization	可视化开关，仿真开始后设定场景是否可见
▦	Page selector	页面选择，单击后通过八个方式呈现场景
▦	Scene selector	场景选择，多个场景下选择后并列显示场景

3.4.3　模型导入

V - REP 为仿真软件，其零件绘制功能较为薄弱，若在该平台上搭建较为复杂的模型，为保证零件绘制的便捷、美观、精确，需要借助 SolidWorks 软件画出各装配零件，并导入 V - REP 中，实现平台零件的初步搭建。该小节包括 SolidWorks 模型导出和 V - REP 模型导入两个部分。

1. SolidWorks 导出

需要在 SolidWorks 中将模型转成 stl 格式：单击 ［另存为］ → ［保存类型（stl）］，并在选项里选择 ［精细］ 选项，如图 3 - 91 所示。

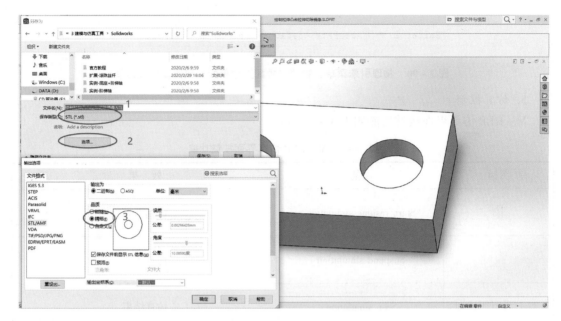

图 3 – 91　SolidWorks 模型导出

选择各装配模块并输出 stl 格式之后，会在文件夹中生成一系列 stl 文件（每个零件单独一个文件），至此即可实现模型的导出。

2. 模型导入

V – REP 中单击菜单栏中的［File］→［Import］→［Mesh］。找到输出的 stl 文件目录，快捷键 Ctrl + a 选择所有的 stl 文件，单击［确定］。此时会弹出一个对话框，一般不需要改变，选择［auto］并单击［Import］即可，如图 3 – 92 所示。

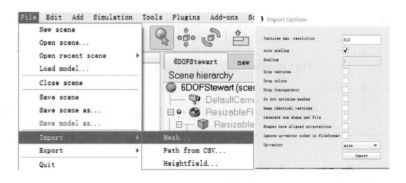

图 3 – 92　V – REP 模型导入

此时场景中即可导入一系列图标为 的可视图模型，至此完成了从 SolidWorks 至 V – REP 的模型导入，如图 3 – 93 所示。

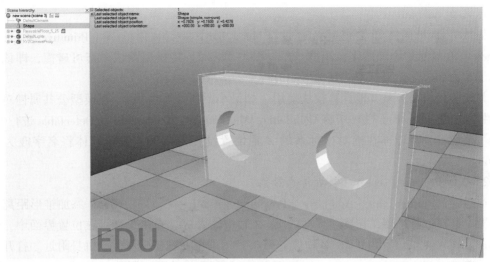

图 3 - 93 模型输入场景

3.4.4 仿真实例——气泡机器人

本节介绍如何搭建并编程控制 BubbleRob 移动机器人,并根据实例展开介绍 V - REP 部分具体功能。该机器人为官方例程,可在 V - REP 安装路径 (C:\Program Files\V - REP3\V - REP_PRO_EDU\tutorials\BubbleRob) 下找到。该模型通过 V - REP 内置的 LUA 脚本编程,实现机器人对障碍物的检测以及简单的避障动作。该机器人结构较为简单,主要通过场景中添加简单的形状实现机器人主体及车轮的搭建,通过关节实现车轮的转动,通过接近传感器感知机器人前方是否存在障碍物,并通过图形实现对数据的显示。图 3 - 94 所示为机器人最终搭建场景。

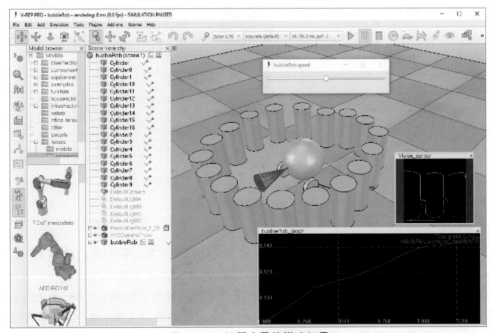

图 3 - 94 机器人最终搭建场景

1. 添加 bubbleRob

先从机器人身体开始搭建：通过［Menu bar］→［Add］→［Primitive shape］→［Sphere］在场景中添加球体，调整［X – size］为 0.2。纯模型默认动态可碰撞，即该球体会由于重力而下落，且能够对其他可响应模型的碰撞发生反应。

为便于该模型可被其他计算模块使用（如最小距离计算模块），在模型公共属性对话框（属性栏中的 common 子栏）中将 Collidable、Measurable、Renderable 及 Detectable 进行勾选。打开平移设置，将球体在绝对坐标系的 Z 轴位置设置为 0.02。双击球体将名字改为 bubbleRob。

2. 添加 Proximity sensor（接近传感器）

通过［Menu bar］→［Add］→［Proximity sensor］→［Cone type］添加锥形距离感知传感器。选择该传感器，在旋转界面的 Y、Z 轴中输入 90，单击旋转；在位置界面中，绝对坐标系下输入 X 轴位置为 0.1，Z 轴位置为 0.12。即可发现传感器位于机身附近。打开属性界面，单击［Show volume parameter］打开传感器范围界面，调整［偏移量（Offset）］为 0.005，［角度（Angle）］为 30，［范围（Range）］为 0.15；单击［Show detection parameters］，打开检测属性界面，取消勾选［Don't allow detections if distance smaller than］并关闭界面。完成设置后双击名字改为 bubbleRob_sensingNose。

在结构层中将传感器绑定至机身结构下，即有如图 3 – 95 所示的界面。

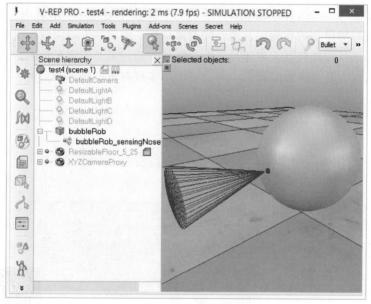

图 3 – 95　添加接近传感器

3. 添加车轮

下面添加 BubbleRob 的轮子。为方便可视化及处理特定对象，我们进行跨场景工作。通过［Menu bar］→［File］→［New scene］添加新场景，通过［Menu bar］→［Add］→［Primitive shape］→［Cylinder］添加圆柱体，将其尺寸设置为（0.08，0.08，0.02），在绝对坐标系下将其位置调整至（0.05，0.1，0.04），角度调整至（– 90，0，0）。为便于该模型可被其他计算模块使用，同样在属性对话框 common 栏中将 Collidable、Measurable、

Renderable及 Detectable 进行勾选，并将其更改为 bubbleRob_leftWheel。复制粘贴轮子，将 Y 轴坐标设置为 -0.1，并命名为 bubbleRob_rightWheel，至此即可完成两个轮子的搭建。选择两个轮子，复制，切换回场景 1，粘贴。

4. 添加关节

至此完成机器人主体模型的搭建，为下面添加关节实现车轮转动。通过［Menu bar］→［Add］→［Joint］→［Revolute］添加旋转关节，将其位置及角度适定于 bubbleRob_left-Wheel。并调整其属性，单击［Show dynamic parameters］，勾选［motor enabled］和［Lock motor when target velocity is zero］，完成旋转关节的属性设置。右轮操作步骤同上，将其改名为 bubbleRob_rightMotor。此外，将左轮绑定至左关节上，右轮绑定至右关节上，并将两个关节绑定至 bubbleRob 主体上，即可得到如图 3 - 96 所示的界面。

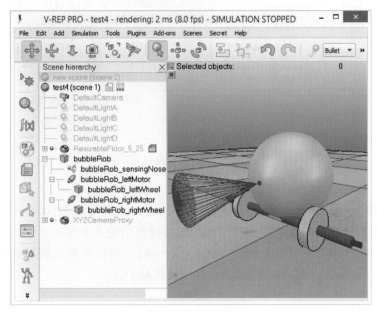

图 3 - 96　添加关节

5. 添加滑块

单击［start simulation］，小车会向后倾斜，故添加车身第三个接触点。在场景中添加无摩擦球体作为滑块，直径为 0.05，在［属性对话框（common）］栏中的［object special properties］将 Collidable、Measurable、Renderable 及 Detectable 进行勾选。将其重命名为 bubbleRob_slider。打开其属性对话框，单击［Show dynamic properties dialog］，在［Body is respodable］栏中单击［Edit Material］打开材料属性界面，单击［Apply predefined settings］下拉菜单，选择 noFrictionMaterial，实现无摩擦属性的设置。为了将滑块与机器人的其余部分刚性连接，我们通过［Menu bar］→［Add］→［Force sensor］添加力传感器，将其重命名为 bubbleRob_connection，将其向上移动 0.05 个单位。将滑块绑定至力传感器上，复制两个对象，切换回场景 1 并粘贴它们。将力传感器沿绝对 X 轴移动 -0.07，将其连接到机器人身体上。如果我们现在开始仿真，可以注意到滑块相对于机器人身体的轻微移动：这是因为对象 bubbleRob_slider 和 bubbleRob 相互碰撞。为了在动力学仿真中避免不必要的碰撞，需要对两个物体进行碰撞层设置：在［shape dynamics properties dialog］中，将 bubbleRob_slider 的

［local respondable mask］设置为 00001111，将 bubbleRob 设置为 11110000。再次开始仿真即可发现两物体不再发生碰撞，如图 3 - 97 所示。

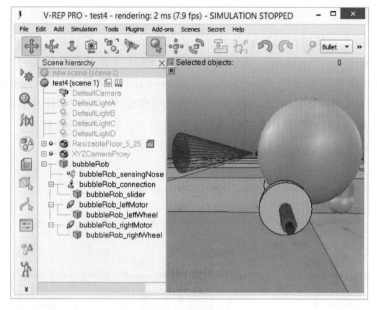

图 3 - 97　添加滑块

6. 使 bubbleRob 稳定

再次运行模拟，注意到即使锁定关节运动，机器人也会产生轻微移动。而动态仿真的稳定性与非静态模型的质量和转动惯量密切相关。选择两个轮子和滑块，在［shape dynamics properties dialog］中，单击三次 M = M * 2（for selection）。可将所有选定形状的质量乘以 8，转动惯量同理。再次运行仿真会发现机器人稳定性提高了。

7. 创建 bubbleRob collection

此时机器人搭建完成，该机器人也是后续模型控制的基础。因此，对其进行定义，通过［Menu bar］→［Tools］→［Collections］打开［集合］对话框，或单击图标：

集合对话框中，单击［Add new collection］添加新的空集合对象（未定义）。选择 bubbleRob 机器人，单击［Add］，即可创建包含层次结构树中从 bubbleRob 对象开始的所有对象。双击［Collection list］栏中集合的名字将其重命名为 bubbleRob_collection，关闭对话框。

8. 创建 calculation module

为获取机器人与其他物体间的最小距离，通过［Menu bar］→［Tools］→［Calculation module properties］打开［计算］对话框，打开 distance 窗口，或单击图标：

在［距离］对话框中，单击［Add new distance object］添加新的距离对象，选择［collection］bubbleRob_collection - all other measurable objects，该步骤可测量集合 bubbleRob_collection 与场景中任何其他可测量对象之间的最小距离。双击新建的对象名改为 bubbleRob_distance。

9. 创建 graph

添加图形对象以便实现数据的显示：通过［Menu bar］→［Add］→［Graph］在场景中添加图形对象，将其重命名为 bubbleRob_graph。将图形对象位置设置为 (0, 0, 0.005)，并将该对象绑定至 bubbleRob 上。打开［图形属性］对话框，取消勾选［Display XYZ - planes］，单击［Add new data stream to record］，在［Data stream type］下拉菜单中选取 Object：absolute X - position，在［Object/item to record］中选择 bubbleRob_graph，即可测量图形对象在绝对坐标系下的 X 轴位置，由于图形对象绑定至机器人主体上，故该数据即为机器人实际位置。同理，添加 Y、Z 轴的绝对位置数据。此外，为测量机器人与环境之间的最小距离，添加 Distance：segment length - bubbleRob_distance。依次对 4 个数据流命名：bubbleRob_x_pos、bubbleRob_y_pos、bubbleRob_z_pos 以及 bubbleRob_obstacle_dist。

选择 bubbleRob_x_pos，取消勾选［Visible］。并对 bubbleRob_y_pos 和 bubbleRob_z_pos 做同样的操作。仅使 bubbleRob_obstacle_dist 在时间图中可见，如图 3 - 98 所示。

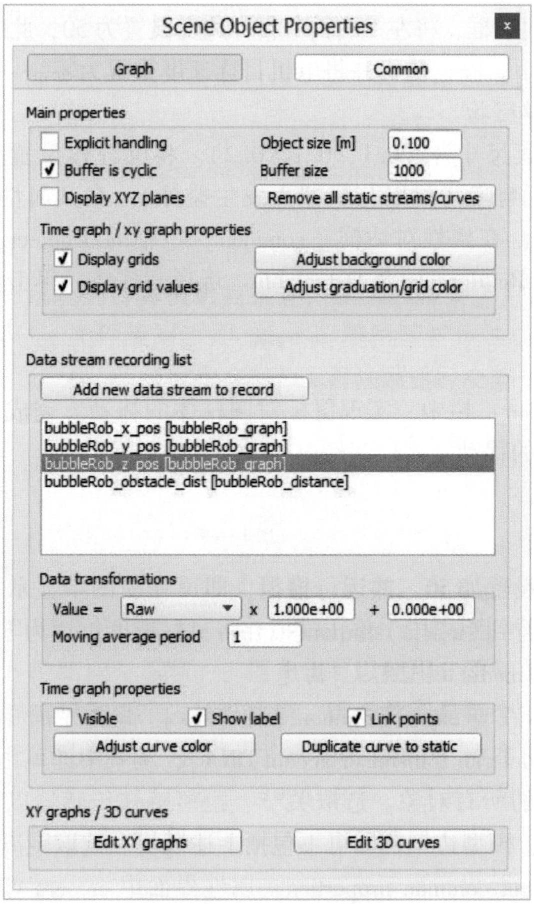

图 3 -98　Graph 设置

下面绘制机器人运动轨迹的 3D 曲线（图 3 - 99）：在图形对象的属性对话框中单击［Edit 3D curves］，单击［Add new curve］添加新曲线，依次在 X - value、Y - value 及 Z -

value 中选取 bubbleRob_x_pos、bubbleRob_y_pos 以及 bubbleRob_z_pos。添加完成后，双击曲线名称改名为 bubbleRob_path。勾选［Relative to world］，并将 Curve width 设置为 4。

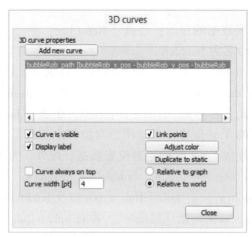

图 3－99　3D 曲线绘制设置

关闭所有图形相关对话框，将左、右关节目标速度设置为 50，此时开始仿真，BubbleRob 的轨迹即可显示在场景中。停止仿真并将电机目标速度重置为零。

10. 添加 obstacles 障碍物

添加圆柱体模型，其尺寸为（0.1，0.1，0.2）。将圆柱体设置为静态（不受重力或碰撞的影响而倒塌），但可响应（可以与机器人发生碰撞）。在其属性中勾选［respondable］，禁用［Body is dynamic］。在属性对话框［common］栏中的［object special properties］勾选 Collidable、Measurable、Renderable 及 Detectable。选择圆柱体，单击位置界面：

在［Mouse Translation］栏中，实现鼠标对圆柱体的拖动。完成后，再次选择［视角平移］按钮才可实现场景的移动：

将电机的目标速度设置为 50，并运行模拟，即可在视图中显示机器人到最近障碍物的距离，在场景中也可以看到距离段。停止模拟并将目标速度重置为零。

11. 完成 bubbleRob model 模型定义/构建

选择机器人模型，在［object common properties］属性界面中勾选［Object is model base］以及［Object/model can transfer or accept DNA］，场景中即可出现一个点画线边框，其包含了模型层次结构中的所有对象。选取关节、距离感知传感器以及图表，勾选［Ignored by model bounding box］，模型边框框即可不包括上述模块。选取距离感知传感器、两个关节以及图形模块，将［object common properties］属性界面中 camera visibility layer 第一排的对勾取消，第二排对应位置勾选，即可将各模块进行隐藏（场景默认可见层仅有第一排全部打钩。各模块若勾选的位置与场景的可见层重叠，即可见）。选择视觉传感器、两个轮子、滑块及图表，在属性界面中勾选［Select base of model instead］。此时如果选择上述模型，整个模型都将被选择，该设定便于处理和操作整个模型作为一个单独的对象。最终在场景层次结构中折叠模型树，如图 3 - 100 所示。

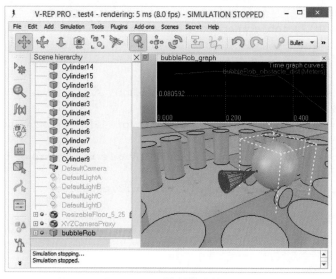

图 3 - 100　模型搭建效果

12. 添加 vision sensor

通过［Menu bar］→［Add］→［Vision sensor］→［Perspective type］进行添加，将其绑定至距离感知传感器上，并将视觉传感器的位置和方向设置为（0，0，0）。同样，勾选［Ignored by model bounding box］，使模型边框不包括该部分。打开［视觉传感器属性］对话框，将 Far clipping plane 设置为 1，Resolution X 及 Resolution Y 设置为 256，打开［vision sensor filter dialog］单击 Show filter dialog，选取 Edge detection on work image 并单击［Add filter］添加，选择新的 filter 将其调整至第二个位置，双击，将其阈值改为 0.2。场景中通过［Menu bar］→［Add］→［floating view］在场景中添加一个浮动视图，在新添加的浮动视图上，右击［Popup menu］→［View］→［Associate view with selected vision sensor］即可与视觉传感器绑定，实现图像的显示。

13. 添加代码

添加控制 BubbleRob 机器人行动的子脚本。选择 BubbleRob 机器人，右击打开［Menu bar］→［Add］→［Associated child script］→［Non threaded］，即可向其添加一个非线程化的子脚本。此外我们也可以通过［Menu bar］→［Tools］→［Scripts］打开脚本对话框添加、删除或修改脚本，或单击图标：

来实现上述功能。

双击出现在场景层次结构中 bubbleRob 名字旁边的子脚本图标，打开添加的子脚本。复制并粘贴以下代码到脚本编辑器中，如图 3 - 101 ~ 图 3 - 104 所示。

```
function sysCall_init()
    -- This is executed exactly once, the first time this script is executed
    bubbleRobBase = sim.getobjectAssociatedwithScript(sim.handle_self) -- this
is bubbleRob's handle
    leftMotor = sim.getobjectHandle("bubbleRob_leftMotor") -- Handle of the
left motor
    rightMotor = sim.getobjectHandle("bubbleRob_rightMotor") -- Handle of the
right motor
    noseSensor = sim.getobjectHandle("bubbleRob_sensingNose") -- Handle of the
proximity sensor
    minMaxSpeed = {50 * math.pi/180, 300 * math.pi/180}  -- Min and max speeds for
each motor
    backUntilTime = -1 -- Tells whether bubbleRob is in forward or backward mode
    -- Create the custom UI:
    xml = '<ui title = "'.. sim.getobjectName(bubbleRobBase) ..'speed" closeable = "
false" resizeable = "false" activete
            <hslider minimum = "0" maximum = "100" on-change = "speedChange_
callback" id = "1"/>
        <label text = "" style = "★ {margin-left: 300px;}"/>
        </ui>
    ]]
    ui = simUI.create(xml)
    speed = (minMaxSpeed[1] + minMaxSpeed[21]) * 0.5
    simUI.setSliderValue(ui, 1,100 * (speed - minMaxSpeed[1])/(minMaxSpeed[2] -
minMaxSpeed[1]))
end
```

图 3 – 101   LUA 脚本初始化程序

```
function speedChange_callback(ui, id, newVal)
    speed = minMaxSpeed[1] + (minMaxSpeed[2] - minMaxSpeed[1]) * newVal/100
    -- Calculate the speed of the car through the UI interface parameters
end
```

图 3 – 102   LUA 脚本 UI 界面回调函数

```
function sysCall_actuation()
    result = sim.readProximitySensor(noseSensor) -- Read the proximity sensor
    -- If we detected something, we set the backward mode:
    if (result > 0) then backUntilTime = sim.getSimulationTime() + 4 end

    if (backUntilTime < sim.getSimulationTime()) then
        -- When in forward mode, we simply move forward at the desired speed
        sim.setJointTargetVelocity(leftMotor, speed)
        sim.setJointTargetVelocity(rightMotor, speed)
    else
        -- When in backward mode, we simply backup in a curve at reduced speed
        sim.setJointTargetVelocity(leftMotor, -speed/2)
        sim.setJointTargetVelocity(rightMotor, -speed/8)
    end
end
```

图 3 – 103   LUA 脚本主函数

```
function sysCall_ cleanup ()
 simUI. destroy (ui)
 -- destoroy the UI interface
end
```

图 3 - 104　LUA 脚本结束程序

运行模拟，可以发现 BubbleRob 在尝试避开障碍的同时向前移动。仿真过程中拖动界面的速度条可以更改 BubbleRob 的移动速度。

注：根据环境的不同，最小距离计算功能可能会严重减慢模拟速度。可以在距离对话框中通过选择/取消选择"启用所有距离计算"打开或关闭该功能。

第4章
倒立摆建模与仿真

4.1 倒立摆介绍

倒立摆就是将摆杆倒置，其质心在转轴的上方，呈现自然不稳定的特性。若不施加外界控制，它很难保持住这种先天不稳定的平衡态。倒立摆系统的控制原理和我们所熟知的顶杆杂技表演技巧有异曲同工之妙，极富趣味性，而且诸多抽象的控制理论概念如系统稳定性、能控性、能观性和稳健性等，都可以通过倒立摆实验直观地表现出来，所以基于倒立摆的控制理论研究更为引人注目。

早在20世纪60年代，人们就开始了对倒立摆系统的研究。1966年，Schaefer和Cannon应用Bang2Bang控制理论，将一个曲轴稳定于倒置位置。20世纪60年代后期，倒立摆作为一个典型不稳定、非线性的例证被提出。自此，对于倒立摆系统的研究便成为控制界关注的焦点。倒立摆的种类有很多，按其形式可分为悬挂式倒立摆、平行式倒立摆、环形倒立摆和平面倒立摆；按级数可分为一级、二级、三级、四级、多级等；按其运动轨道可分为水平式、倾斜式；按控制电机又可分为单电机和多级电机。倒立摆是一个绝对不稳定、高阶次、多变量、强耦合的非线性系统，对倒立摆的控制涉及控制科学中处理非线性、高阶次、强耦合对象的关键技术，一旦实现了倒立摆的高品质控制，就等于解决了控制领域中的一系列难题。因此，倒立摆被誉为"控制领域中的明珠""控制理论的试金石"，倒立摆可以作为一个典型的控制对象对其进行研究。最初的研究开始于美国麻省理工学院控制论专家根据火箭发射助推器原理设计出的一级倒立摆实验设备。现在，倒立摆系统成为一种用来检验控制方法是否有较强的处理非线性和不稳定性能力的比较理想的实验手段图4-1展示的是基于倒立摆原理的平衡车。

图4-1 基于倒立摆原理的平衡车

从工程应用的角度看，倒立摆的动态过程与人类的行走姿态类似，其平衡与火箭的发射姿态调整类似，因此倒立摆在研究双足机器人直立行走、火箭发射过程的姿态调整、海上钻井平台的稳定控制和飞行器着陆过程等领域有重要的现实意义，相关的科研成果已经应用于航天、机器人等诸多领域。在日常生活中，两轮或独轮电动车已经飞入寻常百姓家，由此系统研究产生的方法和技术在半导体及精密仪器加工、机器人控制技术、人工智能、导弹拦截控制系统、航空对接控制技术、火箭发射中的垂直度控制、卫星飞行中的姿态控制和一般工业应用等方面具有广阔的应用前景。

4.2 倒立摆的机理建模与 Matlab 仿真

4.2.1 机理建模

一阶倒立摆系统的结构示意图如图 4 - 2 所示。

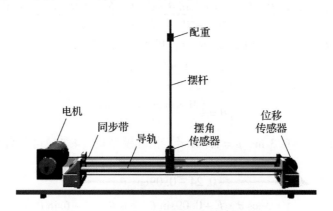

图 4 - 2 一阶倒立摆系统的结构示意图

倒立摆简化结构示意图如图 4 - 3 所示。已知：摆杆长度 $2l$，车体质量 M，摆杆质量 m，摆杆转动惯量 $J = \dfrac{ml^2}{3}$，施加的力 F，车体位置 x，摆杆与 y 轴正方向的夹角 θ。可得如下方程。

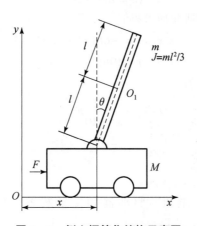

图 4 - 3 倒立摆简化结构示意图

（1）摆杆绕其质心的转动方程：

$$J\ddot{\theta} = F_y l\sin\theta - F_x l\cos\theta \tag{4.1}$$

（2）摆杆质心的运动方程：

$$F_x = m\frac{d^2}{d^2 t}(x + l\sin\theta) \tag{4.2}$$

$$F_y = mg - m\frac{d^2}{d^2 t}(l\cos\theta) \tag{4.3}$$

（3）车体水平方向的运动方程：

$$F - F_x = M\frac{d^2 x}{d^2 t} \tag{4.4}$$

联立上述方程，可得一阶倒立摆的精确模型：

$$\begin{cases} \ddot{x} = \dfrac{(J + ml^2)F + lm(J + ml^2)\sin\theta \cdot \dot{\theta}^2 - m^2 l^2 g \cdot \sin\theta \cdot \cos\theta}{(J + ml^2)(M + m) - m^2 l^2\cos^2\theta} \\[3mm] \ddot{\theta} = \dfrac{ml\cos\theta \cdot F + m^2 l^2 \cdot \sin\theta \cdot \cos\theta \cdot \dot{\theta}^2 - (M + m)mlg\sin\theta}{m^2 l^2\cos^2\theta - (M + m)(J + ml^2)} \end{cases} \tag{4.5}$$

当 $\theta \leqslant 5°$ 时，$\dot{\theta}^2 \approx 0$，$\sin\theta \approx \theta$，$\cos\theta \approx 1$，可得简化模型：

$$\begin{cases} \ddot{x} = \dfrac{(J + ml^2)F - m^2 l^2 g\theta}{J(m + M) + Mml^2} \\[3mm] \ddot{\theta} = \dfrac{(M + m)mlg\theta - mlF}{J(m + M) + Mml^2} \end{cases} \tag{4.6}$$

设 $M = m = 1$ kg，$l = 0.3$ m，$g = 10$ m/s^2，精确模型式（4.5）可化简为

$$\begin{cases} \dfrac{0.12F + 0.036\sin\theta \cdot \dot{\theta}^2 - 0.9\sin\theta \cdot \cos\theta}{0.24 - 0.09\cos^2\theta} \\[3mm] \dfrac{0.3\cos\theta \cdot F + 0.09\sin\theta \cdot \cos\theta \cdot \dot{\theta}^2 - 6\sin\theta}{0.09\cos^2\theta - 0.24} \end{cases} \tag{4.7}$$

此时简化模型式（4.6）可化简为

$$\begin{cases} \ddot{x} = -6\theta + 0.8F \\ \ddot{\theta} = 40\theta - 2F \end{cases} \tag{4.8}$$

对式（4.8）进行拉普拉斯变换可得

$$\begin{cases} s^2 x(s) = -6\theta(s) + 0.8F(s) \\ s^2\theta(s) = 40\theta(s) - 2F(s) \end{cases} \tag{4.9}$$

将式（4.9）进一步化简为

$$\begin{cases} \theta(s) = \dfrac{-2}{s^2 - 40}F(s) \\[3mm] x(s) = \dfrac{-0.4s^2 + 10}{s^2}\theta(s) \end{cases} \tag{4.10}$$

可得一阶倒立摆模型框图如图 4-4 所示。

倒立摆系统还包括伺服电机、驱动器和传动装置，其模型可以描述为伺服电机 $\dfrac{Kv}{T_m T_l s^2 + T_m s + 1}$、驱动器 K_d 以及传动装置 K_m。

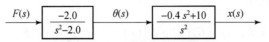

图 4 - 4　一阶倒立摆模型框图

由于电机时间常数小，整个传动系统可以等效为比例环节：

$$\begin{cases} G(s) = K_d K_v K_m = K_s \\ K_s = \dfrac{F_{max}}{U_{max}} = \dfrac{16}{10} = 1.6 \end{cases} \tag{4.11}$$

因此一阶倒立摆系统模型框图如图 4 - 5 所示。

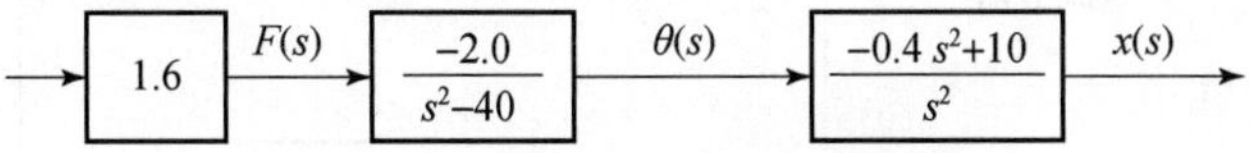

$$\xrightarrow{\quad} \boxed{1.6} \xrightarrow{F(s)} \boxed{\dfrac{-2.0}{s^2-40}} \xrightarrow{\theta(s)} \boxed{\dfrac{-0.4\,s^2+10}{s^2}} \xrightarrow{x(s)}$$

图 4 - 5　一阶倒立摆系统模型框图

对于内环的角度控制，采用 PD（比例微分）结构的反馈控制器可简化系统结构并使原本不稳定的系统稳定，则

$$\begin{cases} D_2(s) = K \\ D'_2(s) = K_{p2} + K_{d2}s \end{cases} \tag{4.12}$$

进行参数整定，取 $K = -20$，此时内环的传动函数为

$$W_2 = \frac{1.6K\,G_2(s)}{1 + 1.6K\,G_2(s)D'_2(s)} = \frac{64}{s^2 + 64K_{d2}s + 64K_{p2} - 40} \tag{4.13}$$

设阻尼比 $\xi = 0.7$，闭环增益 $K = 1$，此时有

$$\begin{cases} 64K_{p2} - 40 = 64 \\ 64K_{d2} = 2 \times 0.7 \times \sqrt{64} \end{cases} \tag{4.14}$$

可解得

$$W_2(s) = \frac{64}{s^2 + 11.2s + 64} \tag{4.15}$$

即

$$\begin{cases} D_2(s) = -20 \\ D'_2(s) = 0.175s + 1.625 \end{cases} \tag{4.16}$$

对于外环的位置控制，同样采用比例微分结构的反馈控制器：

$$\begin{cases} D_1(s) = K_p(\tau s + 1) \\ D'_1(s) = K \end{cases} \tag{4.17}$$

进行参数整定，取 $D'_1(s) = 1$。因为 $\omega_c^2 \leqslant \dfrac{64}{10}$，则

$$W_2 \approx \frac{64}{11.2s + 64} = \frac{1}{0.175s + 1} \tag{4.18}$$

因为 $0.4\omega_c^2 \leqslant \dfrac{10}{10}$，则

$$G_1(s) \approx \frac{10}{s^2} \tag{4.19}$$

系统的开环传递函数为

$$W(s) = W_2(s) \cdot G_1(s) \cdot D_1(s) = \frac{57}{s^2(s+5.7)} \cdot K_p(\tau s + 1) \qquad (4.20)$$

取 $\omega_c = 1.2$，有

$$D_1(s) = 0.12(s+1) \qquad (4.21)$$

得到经参数整定后的一阶倒立摆控制系统，控制系统框图如图 4 – 6 所示。

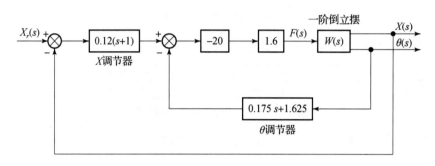

图 4 – 6 一阶倒立摆控制系统

4.2.2 Matlab 仿真

设 $F = u(1)$，$\dot{\theta} = u(2)$，$\theta = u(3)$，$\ddot{x} = Fcn1$，$\ddot{\theta} = Fcn2$。精确模型可以表示如下。

（1）Fcn1_pre：

$$(0.12 * u(1) + 0.036 * \sin(u(3)) * u(2)^2$$
$$-0.9 * \sin(u(3)) * \cos(u(3))) / (0.24 - 0.09 * (\cos(u(3)))^\wedge 2) \qquad (4.22)$$

（2）Fcn2_pre：

$$(0.3 * \cos(u(3)) * u(1) + 0.09 * \sin(u(3)) * \cos(u(3)) * u(2)^2$$
$$-6 * \sin(u(3))) / (0.09 * (\cos(u(3)))^\wedge 2 - 0.24) \qquad (4.23)$$

简化模型可以表示为

$$Fcn1\_smp：-6 * u(3) + 0.8 * u(1) \qquad (4.24)$$

$$Fcn2\_smp：40 * u(3) - 2 * u(1) \qquad (4.25)$$

在 Matlab 中用 Simulink 搭建系统模型如图 4 – 7 所示。

在输入为持续 0.1 s、大小为 0.1 N 的冲击力的作用下，两种模型的位移 x、角度 θ 分别如图 4 – 8 和图 4 – 9 所示，其中黑色线为力的脉冲信号，蓝线为精确模型，红线为简化模型。

由图 4 – 9 可以看到，在冲击力的作用下摆杆倒下，θ 由零逐渐增大，车体位置 x 逐渐增加，这一结果符合实际情况，故可以在一定程度上确认该数学模型是有效的。同时，由图 4 – 9 可以看出近似模型在 0.9 s 以前与精确模型非常接近。因此，也可以认为近似模型在一定条件下可以表示原系统模型的性质。

由第 2 部分的分析与计算中设计的双闭环 PD 控制系统框图可以搭建如图 4 – 10 所示的仿真图。

位移 x 和角度 θ 的控制曲线分别如图 4 – 11 和图 4 – 12 所示（给定输入 $x = 0.5$）。

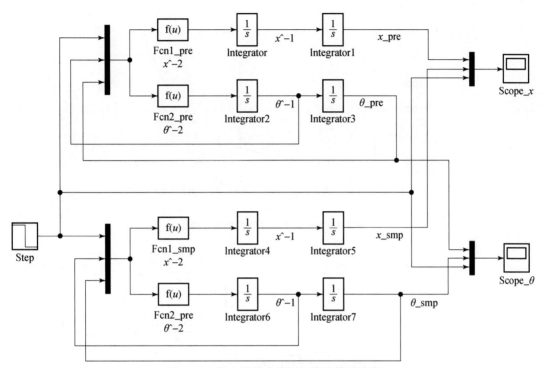

图 4 - 7　倒立摆精确模型与简化模型仿真

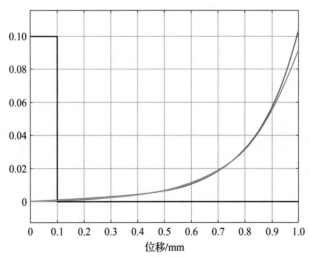

图 4 - 8　倒立摆两种模型位移 x 对比

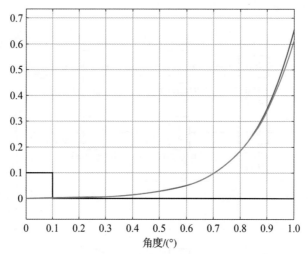

图 4 - 9　倒立摆两种模型角度 θ 对比

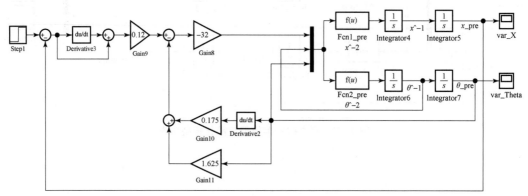

图 4 - 10　PD 控制系统框图

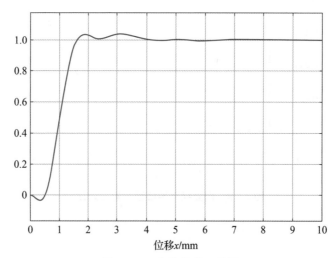

图 4 - 11　车体位移 x 曲线

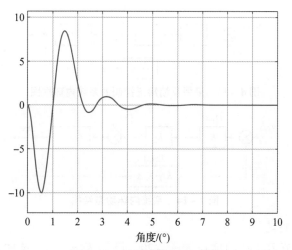

图 4 – 12　倒立摆角度 θ 曲线

由图 4 – 11 和图 4 – 12 可以看出，在 4 s 时间内的车体的位移和摆杆的角度都趋近稳定，控制效果令人满意。

4.3　双闭环控制器设计与 Matlab 仿真

4.3.1　摆角内环控制器设计

由于一阶倒立摆系统位置伺服控制的核心是"在保证摆杆不倒的条件下，使车体位置可控"。因此，依据负反馈闭环控制原理，将系统车体位置作为"外环"，而将摆杆角度作为"内环"，则摆角作为外环内的一个扰动，能够得到闭环系统的有效抑制（实现其不倒的自动控制）。

1. 控制器结构的选择

考虑到对象为一个非线性的自不稳定系统，因而拟采用反馈矫正，这是因为其具有如下特点。

（1）削弱系统中非线性等不希望特性的影响。

（2）降低系统对参数变化的敏感性。

（3）抑制扰动。

（4）减小系统的时间常数。

图 4 – 13 所示为采用反馈矫正控制的系统内环框图。其中，K_s 为伺服电机与减速机构的等效模型（已知 $K_s = 1.6$），反馈控制器 $D_2'(s)$ 可有比例微分、比例积分（PI）、比例积分微分（PID）三种形式，根据控制理论闭环系统的根轨迹方法进行分析，我们得出结论：采用 PD 结构的反馈控制器可以使系统结构简单，使原先不稳定的系统稳定，所以将采用 PD 结构的控制器。

综上所述，有 $D_2'(s) = K_{p2} + K_{d2}s$，同时为了加强对干扰量 $D(s)$ 的抑制能力，我们在前向通道上添加比例环节 $D_2(s) = K$，从而有系统内环动态结构如图 4 – 14 所示。

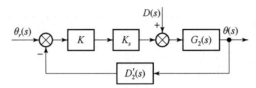

图 4-13　采用反馈矫正控制的系统内环框图

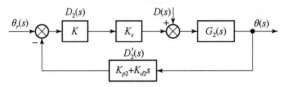

图 4-14　系统内环动态结构

2. 控制器参数的整定

首先设定比例环节 $D_2(s)$ 的增益 $K = -20$，已知 $K_s = 1.6$，这样可以得出闭环传递函数为

$$
\begin{aligned}
W_2 &= \frac{KK_sG_2(s)}{1 + KK_sG_2(s)D_2'(s)} \\
&= \frac{-20 \times 1.6 \times \dfrac{-2.0}{s^2 - 40}}{1 + (-20) \times 1.6 \times \dfrac{-2.0}{s^2 - 40}(K_{p2} + K_{d2}s)} \\
&= \frac{64}{s^2 + 64K_{d2}s + 64K_{p2} - 40}
\end{aligned}
\tag{4.26}
$$

由于内环系统的特性并无特殊的指标要求，因此对于这个典型的二阶系统，采取典型参数整定，即以保证内环系统具有"阻尼特性"（使阻尼比 $\zeta = 0.7$，闭环增益 $K = 1$ 即可）为条件来确定反馈控制器的参数 K_{p2} 和 K_{d2}，则

$$
\begin{cases}
64K_{p2} - 40 = 64 \\
64K_{d2} = 2 \times 0.7 \times \sqrt{64}
\end{cases}
\tag{4.27}
$$

由式（4.27）得

$$
\begin{cases}
K_{p2} = 1.625 \\
K_{d2} = 0.175
\end{cases}
\tag{4.28}
$$

系统的闭环传递函数为

$$
W_2(s) = \frac{64}{s^2 + 11.2s + 64}
\tag{4.29}
$$

4.3.2　位移外环控制器设计

外环系统前向通道为

$$
\begin{aligned}
W_2(s)G_1(s) &= \frac{64}{s^2 + 11.2s + 64} \cdot \frac{-0.4s^2 + 10}{s^2} \\
&= \frac{64(-0.4s^2 + 10)}{s^2(s^2 + 11.2s + 64)}
\end{aligned}
\tag{4.30}
$$

由式（4.30）可见，系统开环传递函数为一个高阶且带有不确定零点的"非最小相位系统"。对内环等效闭环传递函数做近似处理，则系统内环闭环传递函数为

$$W_2(s) = \frac{64}{s^2 + 11.2s + 64} \approx \frac{64}{11.2s + 64} = \frac{1}{0.175s + 1} \tag{4.31}$$

经过对象模型 $G_1(s)$ 的近似处理，我们知道对于 $G_1(s) = \dfrac{-0.4s^2 + 10}{s^2}$，如果可以将最高项 $-0.4s^2$ 忽略掉，则环节可以近似为二阶环节，即 $G_1(s) = 10/s^2$。经过式（4.31）处理后，系统的开环传递函数被简化为

$$W_2(s)G_1(s) \approx \frac{57}{s^2(s + 57)} \tag{4.32}$$

综上所述，我们得到完整的系统仿真结构图，如图 4 – 15 所示。

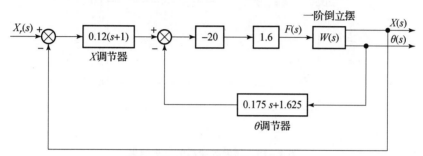

图 4 – 15　完整的系统仿真结构图

4.3.3　双闭环控制器 Matlab 仿真

图 4 – 16 所示为倒立摆 Simulink 仿真系统结构图，需要强调的是，其中的对象模型为精确模型的封装子系统形式。

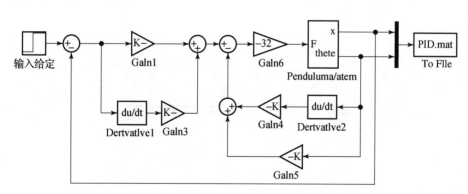

图 4 – 16　倒立摆 Simulink 仿真系统结构图

双闭环 PID 仿真结果如图 4 – 17 所示，其中 $M = 1$ kg，$M_0 = 1$ kg，$2l = 0.6$ m。

由图 4 – 17 可以看出，双闭环 PID 的控制方案是有效的。当把倒立摆摆杆质量改为 $M = 1.1$ kg 时，其仿真结果如图 4 – 18 所示。

从仿真结果可以看到，控制系统仍能有效控制，保持倒立摆直立，并使得车体移动到指定位置，说明系统控制是有效的。

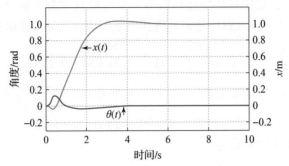

图 4 – 17　双闭环 PID 仿真结果

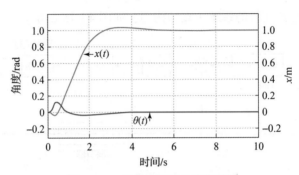

图 4 – 18　质量改变后的仿真结果

　　为了进一步验证控制系统的稳健性，并便于进行比较，不妨改变倒立摆的质量和长度多做几组实验，部分仿真结果如图 4 – 19 和图 4 – 20 所示。

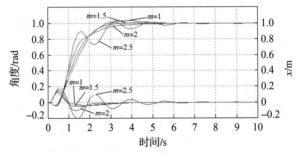

图 4 – 19　不同摆杆质量下的倒立摆仿真结果

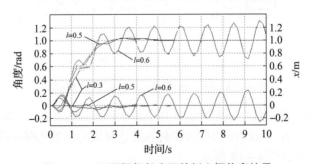

图 4 – 20　不同摆杆长度下的倒立摆仿真结果

　　由此可见，所设计的双闭环 PID 控制器在系统控制参数一定变化范围内能有效地工作，保持摆杆直立，并使车体有效定位，而且控制系统具有一定的稳健性。

4.4　SolidWorks 建模

4.4.1　倒立摆零件

使用 SolidWorks 建立简化的一阶倒立摆模型，模型由摆杆、车体、车轮三部分零件组成，零件和装配成的模型如图 4 − 21 所示。

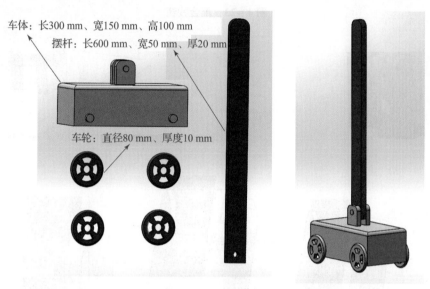

图 4 − 21　车体零件

4.4.2　装配

1. 导入零件

车体装配过程：新建装配体，浏览三部分并选择，将三个部分放到一个视图里，如图 4 − 22 所示。

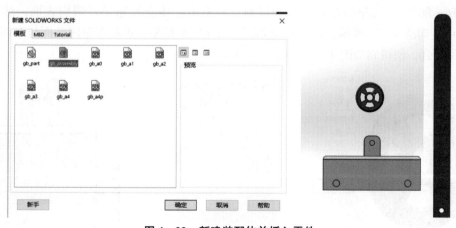

图 4 − 22　新建装配体并插入零件

2. 车体与摆杆装配

先配合摆杆与车体，如图 4-23 所示。单击［配合］，步骤如图 4-24（a）～（f）所示，第一步单击摆杆下部圆柱体表面，第二步单击车体顶部圆柱体表面，第三步选择两个圆柱体面同轴心，便可以将摆杆与车体配合起来，如图 4-24（d）所示。

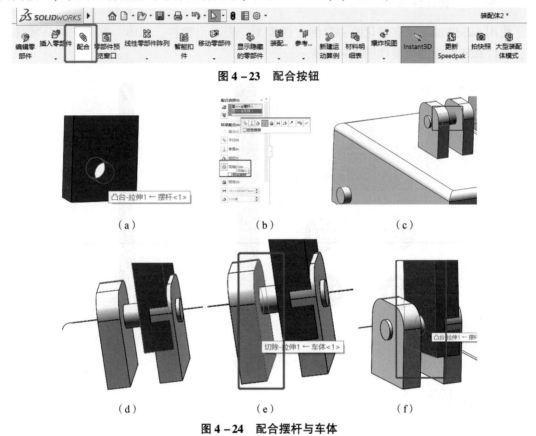

图 4-23　配合按钮

（a）　　　　　　　（b）　　　　　　　（c）

（d）　　　　　　　（e）　　　　　　　（f）

图 4-24　配合摆杆与车体

（a）～（f）摆杆与车体装配步骤

3. 车体与车轮装配

单击［配合］，先单击车轮轴心圆柱面，再单击车体安装轮子处圆周表面，然后选择［同轴心］，如图 4-25 所示，此时得到如图 4-26 所示结果。再将车轮内表面与车体外表面的面重合配合，便得到如图 4-27 的装配结果。

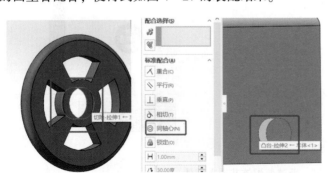

图 4-25　配合车轮和车体

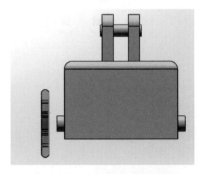

图 4-26　配合同轴心后结果

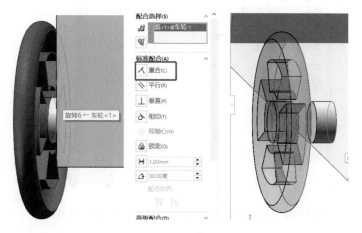

图 4 - 27　配合面重合

单击［插入零部件］→［随配合复制］。第一步单击车轮，根据提示右击，此时出现如图 4 - 28 所示状态；第二步单击车体安装车轮处的轴心圆柱表面；第三步单击车身侧面，实现了车轮的配合和复制的过程，如图 4 - 29 和图 4 - 30 所示。图 4 - 31 和图 4 - 32 所示为完成了车体倒立摆的装配。

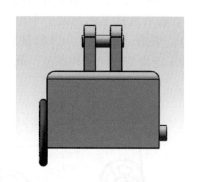

图 4 - 28　车轮配合完成

图 4 - 29　随配合复制

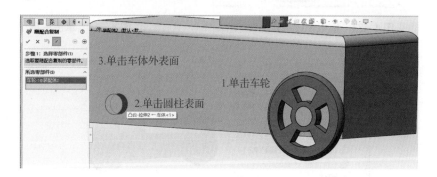

图 4 - 30　随配合复制过程

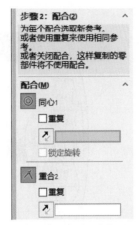

图 4 - 31　随配合复制　　　　　图 4 - 32　配合成功

4.4.3　模型导出

1. 车体与车轮连接重组

为了减少模型数量，将 SolidWorks 模型导出到 Adams 的过程中，需要对模型进行连接重组，将一些没有相对运动、可整合为一个刚体的零件进行合并。单击［插入］→［零部件］→［新零件］，默认模板无效选项（图 4 - 33）选择时，鼠标右下方出现绿色箭头，单击［车身］，可以发现车身变成透明（图 4 - 34）。随后选择车体与四个车轮，模型将变成蓝色（图 4 - 35），接下来退出草图（图 4 - 36），单击［插入］→［特征］→［连接重组］，连接重组便已经完成，可以看出车身与 4 个车轮均变成同一种颜色，单击［退出编辑零部件］按钮。

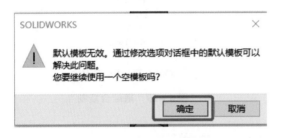

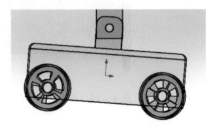

图 4 - 33　模板无效选项　　　　　图 4 - 34　单击车身

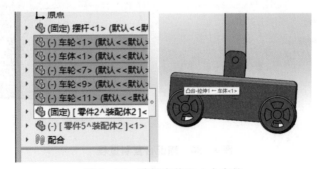

图 4 - 35　选择车体和 4 个车轮

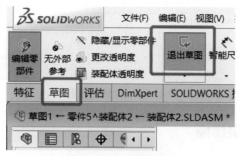

图 4 – 36　退出草图

2. Parasolid 模型

将 SolidWorks 模型导出成 Adams 可以打开的文件格式，单击 ［文件］ → ［另存为］，格式选择 Parasolid 类型（图 4 – 37），后缀为 . x_t，并将模型命名为英文（注：Adams 不能识别中文路径或者中文名称）。当提示一个或多个零部件被隐藏或压缩，选择否（图 4 – 38），防止连接重组的零件被解开。

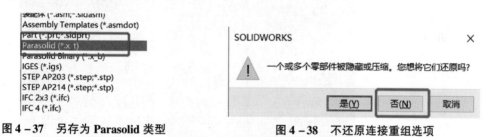

图 4 – 37　另存为 Parasolid 类型　　　　图 4 – 38　不还原连接重组选项

4.5　倒立摆 Adams 建模与仿真

4.5.1　SolidWorks 模型导入

导入 . x_t 文件。打开 Adams 仿真软件，单击 ［File］ → ［Import］，如图 4 – 39 所示，选择 Parasolid 文件选项，选择之前 SolidWorks 另存为的 . x_t 文件，并赋予 Model 名字，如图 4 – 40所示。导入模型后模型的名字为乱码，此时可以将其重命名为英文。

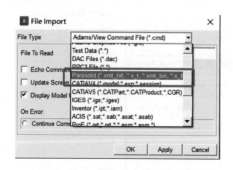

图 4 – 39　导入 Parasolid 文件

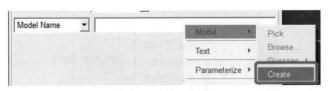

图 4 - 40　创造文件名

4.5.2　Adams 直接建模

如图 4 - 41 所示，首先建立基座和摆杆，将基座中心移动至坐标系中心后建立摆杆，将其与底座中心对齐，长度 60 cm，半径 2 cm；然后添加转动副，将摆杆和基座间添加 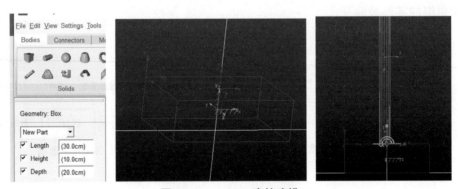 旋转符，第一个点单击 [底座]，第二个点单击 [摆杆]，旋转点选在摆杆与基座的中心点，并在大地和基座之间添加移动副 ，最后在基座上添加作用力 ，并单击 将摆杆旋转 2°。

图 4 - 41　Adams 直接建模

4.5.3　属性设置

如图 4 - 42 所示，双击图 4 - 42 中 Bodies 的车体底座，设置模型的质量和转动惯量：将车体底座的质量设置为 1 kg，转动惯量不做设置；将摆杆的质量设置为 1 kg，转动惯量设置为 0.03，如图 4 - 42 所示。此外设置重力方向：单击 [Settings] → [Gravity]，勾选 [Gravity]，单击 [-Y *] 设置重力方向为 Y 轴的负方向。

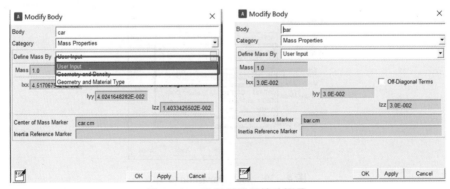

图 4 - 42　设置质量及转动惯量

如图 4-43 所示，右击 Bodies 的物体名称，单击［Appearance］，可以通过设置红、绿、蓝（RGB）三原色数值来设置摆杆和车体的颜色。

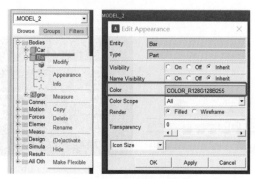

图 4-43 设置颜色属性

4.5.4 设置约束

为摆杆添加转动副。使用［Connectors］ → ［Joints：Create a Revolute joint］，分别单击［摆杆］ → ［车体］ → ［摆杆和车体］的连接点，可将摆杆的运动约束为绕连接点 X 方向上的转动，如图 4-44 所示。

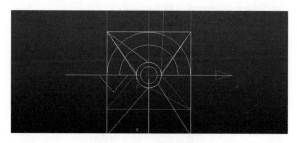

图 4-44 添加转动符

为车体添加平移副，如图 4-45 所示。使用［Connectors］ → ［Joints：Create a Translation joint］，分别单击［车体］ → ［地］ → ［车体重心］，指定 X 正方向为运动方向，可将车体的运动约束为沿 X 方向的直线运动。

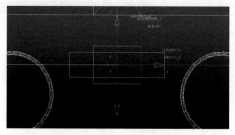

图 4-45 添加平移副

4.5.5 设置作用力和测量变量

为模型添加一个力，使用［Forces］ → ［Applied Forces：Create a Force（Single - Component）Applied Force］，分别单击［车体］→［车体重心］，指定 X 正方向为力的作用方向，这样就为倒立摆模型施加了一个力，此时模型如图 4 - 46 所示，添加转动副的过程如 4.5.2 节所述。

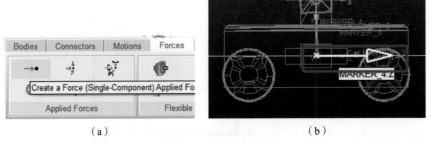

|(a)|(b)|

图 4 - 46　添加控制力

最后，添加需要测量的参数并仿真，如图 4 - 47 和图 4 - 48 所示。选择转动副右击，单击［Characteristic］→［Ax/Ay/Az Projected Rotation］，并设置［Component］→［Z］；选择移动副右击，单击［Characteristic］→［Displacement］，并设置［Component］→［X］，在［Simulation］→［Simulate］中进行仿真。

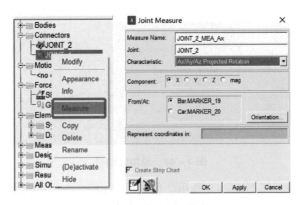

图 4 - 47　添加测量角度

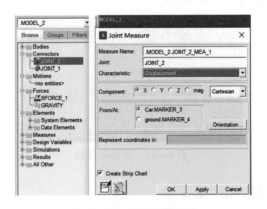

图 4 - 48　添加测量位移

4.5.6　车体脉冲力仿真

为 SFORCE 添加一个大小为 0.1 N 的力，持续时间为 0.1 s 的阶跃输入。［Function］选项输入 STEP(time,0,0.1,0.1,0)。其仿真结果如图 4 - 49 所示（其中虚线表示位置 x，实线表示角度 θ）。

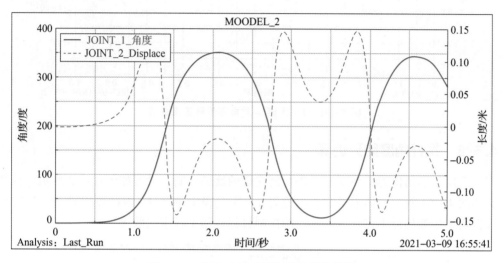

图 4 - 49　添加力脉冲摆角位移仿真曲线

4.5.7　摆杆倾角仿真

给摆杆一个初始 2° 的角度，其 5 s 内仿真图线如图 4 - 50 所示（其中虚线表示位置 x，实线表示角度 θ）。

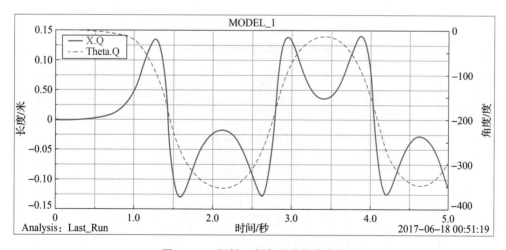

图 4 - 50　倾斜 2° 摆角位移仿真曲线

特别提取出 1 s 内的仿真图线，可以看到 Adams 和 Matlab 仿真的结果是相同的并符合实际情况，说明两种方法建立的模型是正确的，如图 4 - 51 所示。

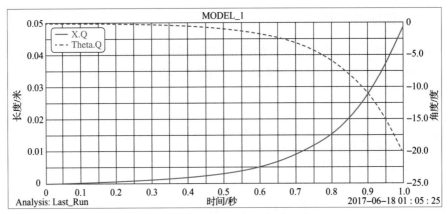

图 4-51　1 s 内倾斜 2°摆角位移仿真曲线

4.5.8　摆杆角度闭环仿真

　　将倒立摆的摆角作为反馈变量，进行倒立摆的反馈控制，设置如图 4-52 所示，控制结果仿真如图 4-53 所示，其中虚线表示位置 x，实线表示角度 θ。由图可以看到，角度和位置都在振荡中逐渐趋近于零，说明我们的控制目标达到了既定的效果。

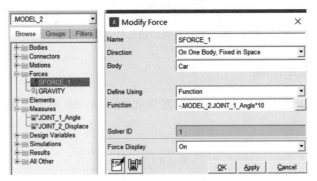

图 4-52　添加角度反馈控制

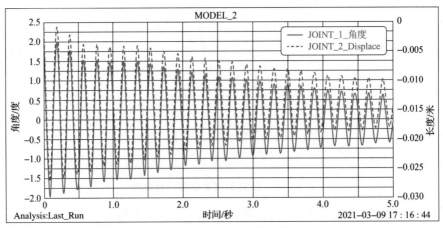

图 4-53　角度闭环后摆角位移仿真曲线

4.5.9　输出 Simulink 模型

在 Adams 中［Elements］→［System Elements］→［Create a State Variable defined by an Algebraic Equation］添加状态变量 Theta_VAR、X_VAR、F_VAR，其中 Theta_VAR、X_VAR 为 Theta、X 的测量值。将摆杆添加的力［Function］由 STEP(time,0,0.1,0.1,0)改为 VARVAL (F_VAR)，再在［Elements］→［Data Elements］→［Createan ADAMS plantoutput］中将 Theta_VAR、X_VAR 设置为输出变量，最后在［Elements］→［Data Elements］→［Createan ADAMS plantinput］中将 F_VAR 设置为输入变量。单击［Plugins］→［Controls］→［Plant Export］，对话框中［Input Signal(s)］→［From Pinput］选择 F，［Output Signal(s)］→［From Poutput］选择 X 和 Theta，Target Software 选择 Matlab，完成 Adams 模型的导出。

将模型输出，如图 4 – 54 所示，输入变量选择 Fx 和 Fz，输出变量选择 Ax 和 Az，选择 C ++ 模式，便可以将 Control Plant 输出到工作空间下。

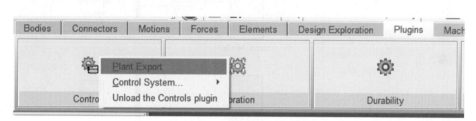

图 4 – 54　输出 Simulink 模型

在 Matlab 中，当前工作路径 cd 到 Adams 导出的模型所在的文件夹在命令行窗口输入模型的名字，Matlab 会检测 Adams 模型中的输入变量与输出变量并将其导入工作区中；再输入 Adams_sys，自动创建相应的 Simulink 模型，如图 4 – 55 所示。

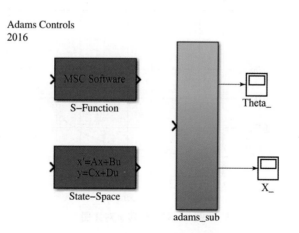

图 4 – 55　导出 Simulink 模型

将 Adams_sub 模块复制到一个新的 Simulink 文件中，双击［Adams_ sub］→［MSC Software］→［Animationmode］选择 interactive，即可在 Simulink 中设计控制器对 Adams 导出模型进行控制，同时可以在 Adams 中直观地看到模型的具体运动方式。

4.6 Adams/Matlab 联合控制仿真

4.6.1 联合仿真平台搭建与模型验证

图4-56所示为 Matlab 下倒立摆的精确模型、简化模型与 Adams 模型的仿真对比图，其仿真结果如图4-57和图4-58所示，分别用黄色线、蓝色线与橙色线代表。

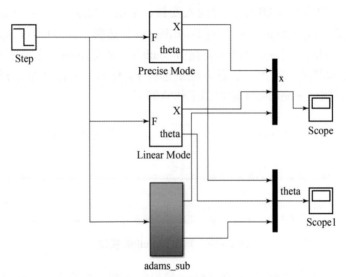

图4-56 联合仿真模型

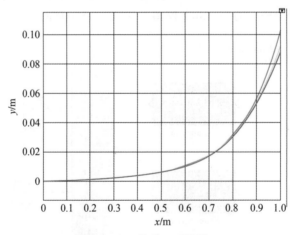

图4-57 位移 x 对比图

4.6.2 摆角闭环控制仿真

为达到摆杆不倒的条件下车体位置可控的目的，采用单闭环 PID 控制，搭建如图4-59所示的控制系统，其仿真结果如图4-60所示，其中蓝色与黄色分别代表倒立摆的角度和位移。

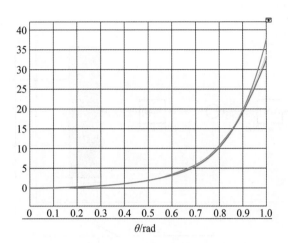

图 4 – 58　角度 θ 对比图

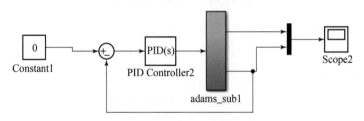

图 4 – 59　摆角闭环控制仿真

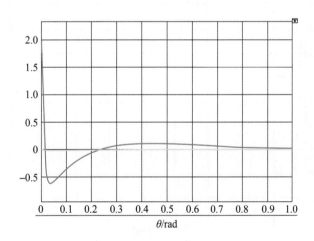

图 4 – 60　单闭环仿真结果

4.6.3　双闭环控制仿真

为了达到摆杆不倒的条件下车体位置可控的目的，采用双闭环 PID 控制，搭建如图 4 – 61 所示的控制系统。

采用试凑法进行参数的整定。首先调内环（角度环），PID 仿真模型参数和控制曲线分别如图 4 – 62 和图 4 – 63 所示。

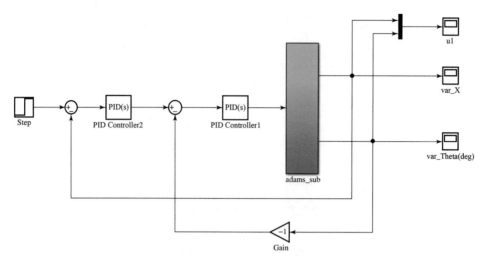

图 4 – 61　双闭环仿真模型

Proportional (P):	10.5
Integral (I):	100
Derivative (D):	1.1

图 4 – 62　PID 仿真模型参数

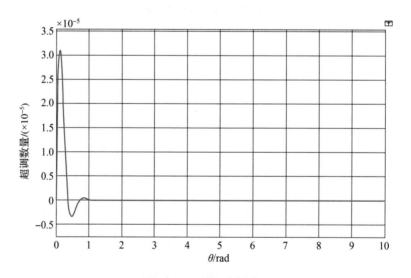

图 4 – 63　角度 θ 曲线

由图 4 – 63 可以看出，调节时间约为 1 s，超调的数量级为 10^{-5}，控制效果令人满意。

确定了内环参数后进行外环（位置环）的 PID 仿真模型参数整定，得到参数和系统最终的控制曲线如图 4 – 64 和图 4 – 65 所示（分别为 x、θ）。

由图 4 – 64 和图 4 – 65 可以看出，调节时间为 3 s，超调的数量级分别为 10^{-6} 和 10^{-4}，虽然 2 s 之前有振荡，但幅值很小，因此控制效果也是比较不错的。

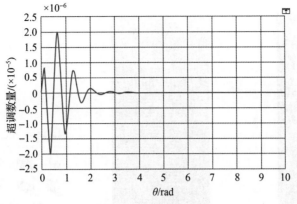

图 4 – 64　角度曲线

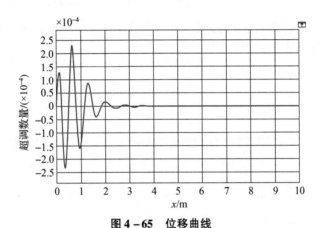

图 4 – 65　位移曲线

4.7　双自由度倒立摆建模与仿真

4.7.1　Adams 模型建立

上面详细描述了倒立摆的原理、建模及其控制方法。但是，所提到的倒立摆仅涉及一个平面内单自由度的旋转运动，针对此特性对倒立摆承载物施加单一方向的力，便可以实现倒立摆的竖直控制。下面将详细介绍平面内任意角度的一阶倒立摆控制和联合仿真方法，如图 4 – 66（a）和图 4 – 66（b）所示，分别为该一阶倒立摆的正视图和侧视图，说明倒立摆存在双自由度的旋转运动。

添加对两个底座的控制力。单击［Force］→［Creat a Force］按钮，分别沿 X 方向和 Z 方向对底座构建控制力，控制力的作用点分别单击大地和底部基座，施加力的作用点在底座中心，方向分别沿基座指向 X 方向和 Z 方向，对底座施加沿 X 方向与 Z 方向的控制力。

构建好对水平基座的控制力后，添加测量角度的模块。右击球面转动符号，单击［Measure］，如图 4 – 68 所示。［Characteristic］选择 Ax/Ay/Az Projected Rotation，［Component］分别选择 X 方向和 Y 方向，对两个角度的测量分别起不同的名字，在之后的使用过程中不容易混淆。

（a）　　　　　　　　　（b）

图 4 - 66　双自由度倒立摆

（a）正视图；（b）侧视图

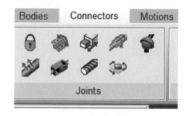

图 4 - 67　设置旋转符

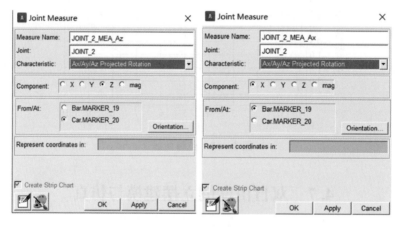

图 4 - 68　添加角度测量变量

建立 4 个变量，为 Adams 和 Matlab 联合仿真做铺垫。单击 ［Elements］ → ［Creat a State Variable define by an Algebraic Equation］，分别建立 Fx、Fz、Ax、Az 4 个变量，其中 Ax 和 Az 的值为测量旋转符的旋转角度。

将基座受到的两个方向的控制力进行赋值，分别给 X 方向和 Z 方向所受到的力赋为 Fx、Fz，如图 4 - 69 所示，为之后跟 Matlab 联合仿真做铺垫。之后建立输入/输出变量 Pin 和 Pout，输入变量为 Fx 和 Fz，输出变量为 Ax 和 Az，如图 4 - 70 所示。

4.7.2　Adams/Matlab 联合仿真

Adams 只适合做小规模的仿真，当变量较多、运算较为复杂时，就会出现局限性。此时往往采用 Adams/Matlab 联合仿真的方法，将需要数学计算的变量或公式用 Matlab 中的 m 语言或者 Simulink 组建出来，进行联合仿真。

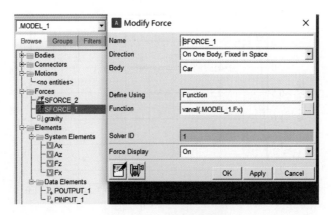

图 4 - 69　设置力的读取

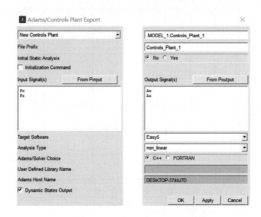

图 4 - 70　Simulink 模型输出

如图 4 - 71 所示，构建角度闭环控制，分别建立 Ax 和 Az 角度的 PID 闭环控制，Fx 和 Fz 分别为操纵变量。角度变化如图 4 - 72 和图 4 - 73 所示，*X* 和 *Z* 的角度分别从 - 2°、2° 的初始位置开始进行控制，在控制力 Fx 和 Fz 的作用下，两个方向上的角度分别在 0.2 s 左右归零，倒立摆达到竖直于水平面的效果。

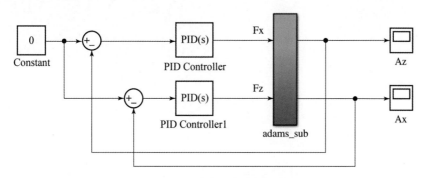

图 4 - 71　双自由度联合仿真

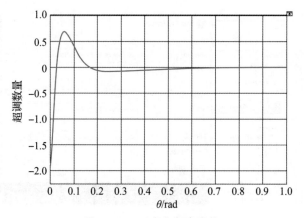

图 4 – 72　X 方向角度变化

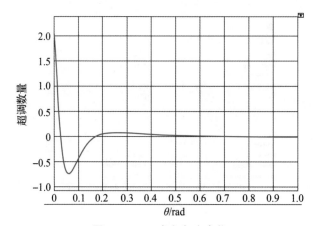

图 4 – 73　Z 方向角度变化

第 5 章
基于阻抗原理的柔顺控制

5.1　阻抗控制介绍

　　机器人对环境顺从的能力通常被称为柔顺性。因此存在一个问题：机器人在约束空间内针对环境作用力的柔性运动和在自由空间内针对位置伺服及机械机构的刚性运动之间的矛盾。总的来说，机器人能从两种途径获得柔顺性：一种是通过柔性机构实现，使机器人在与环境接触时能够对外部作用力产生自然的顺从，这种方法称为被动柔顺；另一种则是利用力的反馈作用，根据某些控制方法去主动地控制作用力，称为主动柔顺。图 5 - 1（a）~（d）所示分别为机器人的柔性机构和汽车的主动悬架系统。人类通过长期学习拥有了完善调节自身骨骼肌肉结构、改变自身阻抗特性，以达到平衡稳定控制效果的能力，很好地结合了刚性和柔顺性的特点。在需要对位置进行精确的跟踪时，通过肌肉收缩增加自身刚性；在需要稳定且安全地执行接触式任务时，通过放松肌肉增加柔顺性。如果机器人能模仿人类的这种阻抗调节策略，则也可以像人类一样完成很多复杂的任务动作。

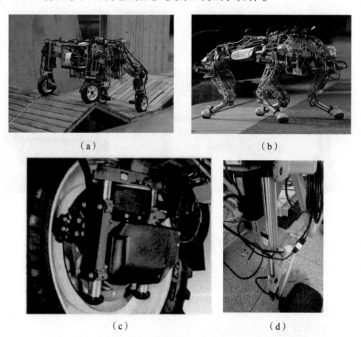

（a）　　　　　　　　　　　　（b）

（c）　　　　　　　　　　　　（d）

图 5 - 1　机器人的柔性机构和汽车的主动悬架系统

（a）Hylos 机器人；（b）StarlETH 机器人柔性机构；（c）空气主动悬挂；（d）电动主动悬挂

当高精度位置伺服控制直接应用在机器人控制中时，会使机器人表现为高刚度特性，这种特性将使得机器人触碰到其他物体时产生较大的冲击力。尽管加入弹簧等一些被动柔性机构能够起到缓冲作用，但当机器人负载或者环境变化时，该类被动机构无法迅速变化以达到理想的缓冲效果。因此，如何利用执行器本身特性，设计出能够提高机器人稳定性的柔顺控制器成为机器人伺服控制的一大课题。阻抗控制不直接控制执行器末端与环境接触力，通过分析执行器末端与环境之间的动态关系，将力控制和位置控制综合起来考虑，用相同的策略实现对二者的控制。

本章针对机器人行走过程中足端冲击力过大问题对电动执行器——电动缸的柔顺控制进行研究。以电动缸从一定高度自由下落来模拟机器人单腿触地过程，进行主被动柔顺控制的仿真，可以减少机器人触地的冲击力，提高整个机器人系统的稳定性。借助动力学仿真软件 Adams 与数值软件 Matlab 详细介绍模型的建立、装配、添加约束、编写控制算法等全套控制流程，并分析不同方法的特点与优劣。

5.2 阻抗控制基本原理

5.2.1 主动柔顺与被动柔顺

电动缸的触地柔顺控制主要分为被动柔顺控制与主动柔顺控制。

（1）被动柔顺控制。被动柔顺控制是指使用一些机械装置、伺服机构或者特殊的具有缓冲作用的装置来调节机器人末端与环境之间的接触力以达到柔顺性的目的，一般由弹簧阻尼等组成的不可调节柔顺性机构，如图 5 – 2 所示。

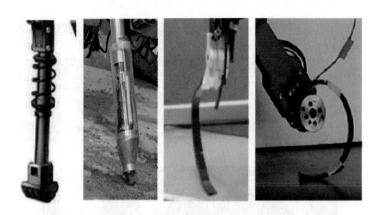

图 5 – 2 被动柔顺性机构设计

（2）主动柔顺控制。主动柔顺控制是指当机器人与环境接触时，通过机器人执行器的控制来实现对冲击力的响应。其通常分为两类：一类是力控制，另一类是阻抗控制。力控制形式的柔顺控制也称为力位控制，将机器人与环境接触时的冲击力引入反馈进行闭环控制，属于直接控制。阻抗控制是一种间接的控制方式，通过控制机器人末端位置与接触力之间的动态关系，来实现期望的接触力动态响应。

5.2.2　阻抗控制及其形式

阻抗控制将执行机构接触力与末端位置的动态关系看作一个等效的弹簧 – 质量 – 阻尼系统，如图 5 – 3 所示。通过调整惯性、阻尼、刚度系数以实现人们所期望的机器人动态特性。较为常用的阻抗模型有三种形式，即

$$M_d\ddot{X} + B_d\dot{X} + K_d(X - X_d) = -F_e \tag{5.1}$$

$$M_d\ddot{X} + B_d(\dot{X} - \dot{X}_d) + K_d(X - X_d) = -F_e \tag{5.2}$$

$$M_d(\ddot{X} - \ddot{X}_d) + B_d(\dot{X} - \dot{X}_d) + K_d(X - X_d) = -F_e \tag{5.3}$$

式中，M_d、B_d、K_d 分别为质量系数、阻尼系数、刚度系数；X、$\dot{X}$、$\ddot{X}$ 分别为执行机构的实际运动位移、速度和加速度；X_d、$\dot{X}_d$、$\ddot{X}_d$ 分别为执行机构的期望运动位移、速度和加速度；F_e 为机构与环境的接触力。

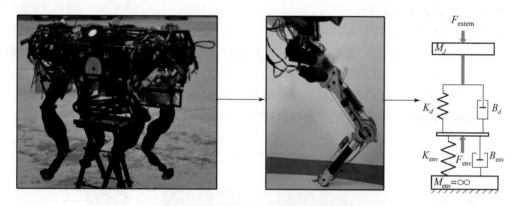

图 5 – 3　等效的弹簧 – 质量 – 阻尼模型

此外，国外学者在基本阻抗模型的基础上进行了改进，实现了期望力的跟踪。与上述三种形式相对应表示为

$$M_d\ddot{X} + B_d\dot{X} + K_d(X - X_d) = -F_e + F_r \tag{5.4}$$

$$M_d\ddot{X} + B_d(\dot{X} - \dot{X}_d) + K_d(X - X_d) = -F_e + F_r \tag{5.5}$$

$$M_d(\ddot{X} - \ddot{X}_d) + B_d(\dot{X} - \dot{X}_d) + K_d(X - X_d) = -F_e + F_r \tag{5.6}$$

式中，F_r 为期望接触力。

按照控制激励的不同，阻抗控制可以分为两种形式：力闭环和位置闭环。

1. 基于力闭环的阻抗控制

力闭环柔顺控制器由内环的力闭环和外环的阻抗控制共同组成，如图 5 – 4 所示。根据系统期望的运动状态、实际运动状态以及目标阻抗参数，通过外环计算出实现目标运动所需要的期望力，并通过内环的力控制器保持机器人与环境间实际作用力对该力的跟踪，从而实现机器人的目标动力学特性。该控制器中，内环的力闭环控制是基础。它的控制精度对系统柔顺性具有巨大的影响。

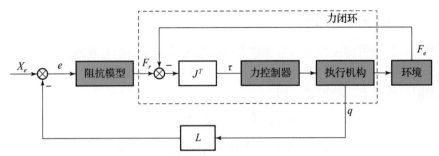

图 5 - 4　基于力闭环的阻抗控制原理图

该控制方法通过直接控制作用力来实现机器人的柔顺控制，只有具备精确的机器人动力学模型才能实现期望的柔顺控制，而在实际工程应用中想要获取机器人精确的动力学模型或准备的模型参数是非常困难的。因此，此种方法很难在实际中得到应用，故本书采用的是基于位置闭环的阻抗控制。

2. 基于位置闭环的阻抗控制

基于位置闭环的阻抗控制器的结构如图 5 - 5 所示，由内环的位置闭环和外环的阻抗环共同组成。通过目标阻抗模型将机器人与环境接触时产生的相互作用力转换为对位置的修正量。参考位置、位置修正量和实际位置相比之后的结果作为内环位置控制器的输入，使实际机器人运动轨迹跟踪期望位置，从而实现机器人的柔顺控制。在位置闭环柔顺控制器中，内环的位置闭环是控制基础。位置闭环的控制精度将影响柔顺控制器的效果。

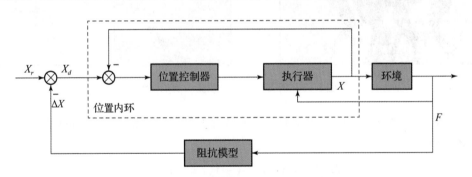

图 5 - 5　基于位置闭环的阻抗控制器的结构

位置闭环柔顺控制器使接触力经过阻抗模型产生相应的位移偏差来实现机器人的柔顺控制。该方法建立在成熟的位置闭环基础上，对机器人的动力学模型要求不高，具有较高的稳健性。因此，与力闭环柔顺控制器相比较，位置闭环柔顺控制器具有易于实现、可靠性高等优点。

基于位置内环的柔顺控制方案在频域下的表达式为

$$H(s) = \frac{E(s)}{F(s)} = \frac{1}{M_d s^2 + B_d s + K_d} \tag{5.7}$$

在此模型中，质量系数 M_d 能够影响接触过程中的稳定性；阻尼系数 B_d 能够改变接触过程中的能量消耗，刚度系数 K_d 能够影响位移控制精度。

5.3　阻抗控制的 Adams 仿真

5.3.1　被动柔顺控制

1. 电动缸模型建立

在三维建模软件 SolidWorks 中将装配好的电动缸三维模型另存为后缀为 . x_t 格式的文件，打开 Adams 软件将模型文件输入，如图 5 –6 所示。

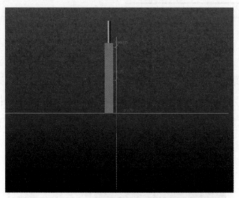

图 5 –6　三维模型导入 Adams 环境

默认输入的电动缸模型位置与期望位置不同，调整电动缸的位置和姿态如图 5 –7 所示，使其缸筒竖直向上并关于坐标轴对称，在 Adams 全局坐标系中添加沿 Y 轴竖直向下的重力（图 5 –8），设置缸杆与地面的距离为 30 cm。添加一个基座模拟地面，将其放置在电动缸的正下方，长、宽、高分别为 20 cm、20 cm、10 cm，如图 5 –9 所示。

图 5 –7　调整位置　　　　图 5 –8　设置重力　　　　图 5 –9　底部添加基座

2. 属性设置

默认建立的缸筒和缸杆是没有任何质量与密度参数的，在缸筒与缸杆的属性界面将 ［Define Mass By］ 选择为 User Input，修改缸筒和缸杆的质量分别为 7 kg 与 3 kg，如图 5 –10 所示。

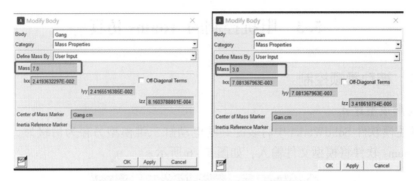

图 5 – 10　分别修改缸筒与缸杆的质量

3. 设置约束

Adams 中新添加的三维模型默认是没有任何装配关系的，所以需要在各个部件之间添加相应的约束副使其按照指定的规律运动：添加基座与大地之间的固定副（图 5 – 11），缸筒与大地之间添加竖直方向的滑动副（图 5 – 12），缸筒与缸杆之间添加竖直方向的滑动副（图 5 – 13）。

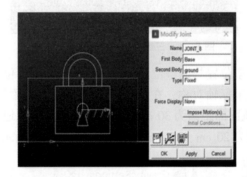

图 5 – 11　基座与大地之间的固定副

图 5 – 12　缸筒与大地之间的滑动副

图 5 – 13　缸筒与缸杆之间的滑动副

4. 添加运动

缸与杆之间添加运动关系，单击［Motions］→［Point Motion］，如图 5 – 14 所示。

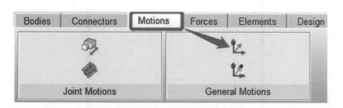

图 5 - 14　添加运动关系

选择缸与杆并将运动的基点选择在缸或者杆的坐标轴上，弹出如图 5 - 15 所示的对话框。方向选择竖直方向，[Function(time)]设置为零代表不施加任何外力的自由落体运动。

图 5 - 15　设置运动方向与规律

5. 设置接触

为检测杆与基座撞击时的冲击力，在杆与基座之间添加接触力。选择如图 5 - 16 所示的接触力，接触类型选择为 Solid to Solid，接触物体分别选择为缸杆和基座，并设置接触力参数如图 5 - 17 所示。

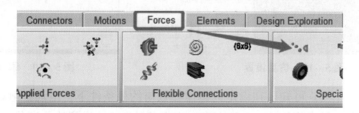

图 5 - 16　添加接触力

图 5 - 17 中，[Penetration Depth]为撞击厚度，其值太小可能会导致物体穿过撞击面；[Damping]为撞击面的阻尼系数，模拟实际场景中的阻尼作用，其值大小决定了碰撞时的能量消耗快慢；[Stiffness]为撞击面的刚度系数，可类比弹簧的刚度，决定了接触的软硬程度，分别将其设置为 0.1、200、10^8。

图 5 - 17　设置接触力参数

6. 硬着地仿真

完成以上设置后在不添加任何柔性装置的情况下进行电动缸自由落体的硬着地仿真，设置仿真时间为 1 s，仿真步长为 1 000 步，如图 5 - 18 所示。添加电动缸触地时的冲击力如图 5 - 19所示，仿真结果如图 5 - 20 所示。

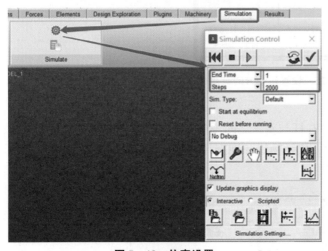

图 5 - 18　仿真设置

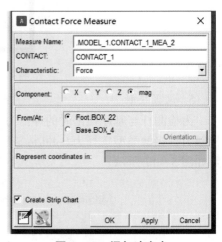

图 5 - 19　添加冲击力

由仿真结果图 5 - 20 可知：在设定的碰撞参数与约束条件下，电动缸触地后发生几次反弹且触地时的冲击力最大值为 4 400 N 左右，在振荡约 0.9 s 后到达稳定状态。

7. 加入弹簧

为减小落地冲击，首先考虑在缸杆末端添加缓冲装置即弹簧阻尼器，添加一个长宽高分别为 10 cm、10 cm、2 cm 的长方体代表弹簧阻尼器并将其放置在图 5 - 21 所示的位置。在缸杆与长方块之间添加弹簧阻尼力，选择 ［Forces］ → ［Create a Translational Spring］ → ［Damper］（图 5 - 22），分别选择长方块质心与缸杆，设置接触力参数（图 5 - 23）。

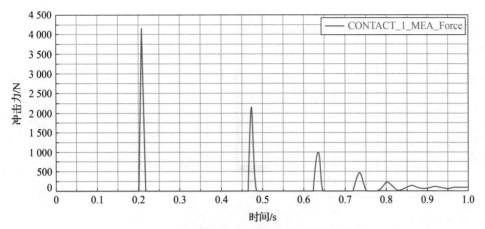

图 5 – 20　不施加任何控制时自由落体的冲击力

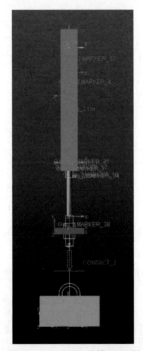

图 5 – 21　添加弹簧阻尼器

图 5 – 22　设置弹簧阻尼力

图 5 – 22 中，［Stiffness Coefficient］为刚度系数；［Damping Coefficient］为阻尼系数，分别设置为 100 000 和 200。右击选择添加的弹簧阻尼力如图 5 – 23 所示，单击［Measure］，选择 Force，如图 5 – 24 所示。

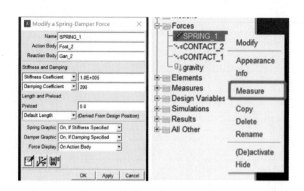

图 5 - 23　设置弹簧阻尼力参数

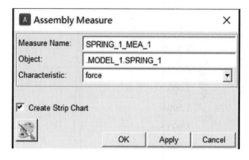

图 5 - 24　添加力测量

8. 软着地仿真

设置仿真时间为 1. 5 s，步长为 2 000 步，进行电动缸的自由落体实验并测量弹簧阻尼冲击力，结果如图 5 - 25 所示。

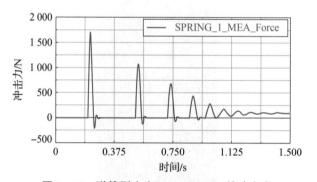

图 5 - 25　弹簧刚度为 100 000 N/m 的冲击力

由图 5 - 25 可知，电动缸在触地之后会反弹 4 次，但冲击力的峰值明显逐步减小，缓冲装置起到了明显的作用，减小了电动缸落地的冲击力。

减小弹簧刚度至 80 000 N/m 进行仿真实验，结果如图 5 - 26 所示。

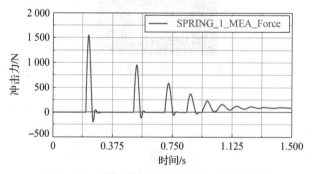

图 5 - 26　弹簧刚度为 80 000 N/m 的冲击力

由图 5 - 26 可知，电动缸在触地之后仍会反弹 4 次，但冲击力的峰值相比大刚度的弹簧减小。

减小弹簧的刚度至 50 000 N/m 进行实验，实验结果如图 5 - 27 所示。可知电动缸落地之后仍会反弹 4 次，冲击力的峰值继续减小。

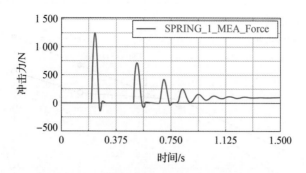

图 5 - 27　弹簧刚度为 50 000 N/m 的冲击力

继续减小弹簧刚度至 10 000 N/m 进行实验，结果如图 5 - 28 所示。

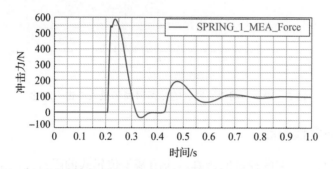

图 5 - 28　弹簧刚度为 10 000 N/m 的冲击力

由图 5 - 28 可以发现，此时的落地冲击力的峰值已经降低至不到 600 N 了，而且第一次落地之后，几乎没有弹跳，被动柔顺的效果已经很好了。表 5 - 1 为不同弹簧刚度下的振荡时间和最大冲击力对比，图 5 - 29 所示为数据对比的折线图。

表 5 - 1　不同弹簧刚度下的振荡时间和最大冲击力对比

弹簧刚度/(N·m⁻¹)	100 000	80 000	50 000	10 000
振荡时间/s	1.5	1.35	1.25	0.84
最大冲击力/N	1 750	1 545	1 250	586

考虑到实际情况，这里的电动缸实际应用场景为六轮足式机器人单腿 Stewart 平台的执行机构，该机器人的承重负载在 400 kg 左右，加上机器人的自重，单腿的承重量应在 200 kg 以上。因此，为不影响机器人的正常行驶，单腿上连接的被动减振机构的弹簧刚度不能太小，实际中采用的弹簧刚度在 100 000 N/m 以上。但是，当弹簧刚度为 100 000 N/m 的时候，落地后仍会反弹 4 次，而且每次的冲击力还很大，还存在优化的空间，故后续将详细介绍主被动联合柔顺控制。

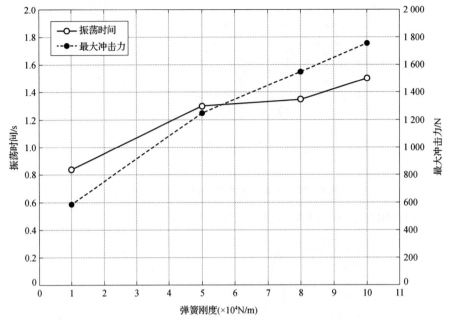

图 5-29　不同弹簧刚度的振荡时间和最大冲击力对比

5.3.2　主动柔顺控制

在 Adams 中进行主动柔顺控制的仿真。采用基于位置式的阻抗控制策略,将电动缸的落地冲击力通过阻抗模型转换为相应的位置修正量,结合弹簧阻尼装置作为缓冲机构,实现基于阻抗原理的柔顺控制。在上述模型的基础上进行修改。选择 [Elements] 选项下的创建变量选项如图 5-30 所示,添加变量 Force 代表弹簧阻尼力,如图 5-31 所示,此时将弹簧刚度设置为 100 000 N/m。

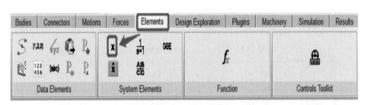

图 5-30　添加变量

图 5-31　添加变量 Force

修改电动杆与电动缸之间的运动规律如图 5 – 32 所示，将［Funtion(time)］一栏修改为弹簧阻尼力经过系数修正后的位置补偿量，正、负号由所添加的力方向决定，刚度系数大小改变修正量，图 5 – 32 中设置的刚度系数为 30 000。

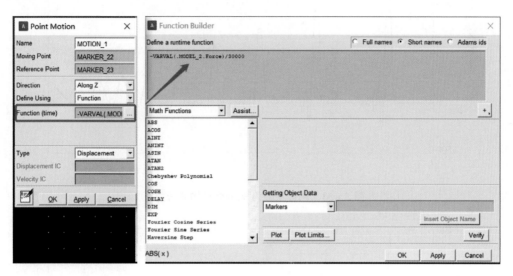

图 5 – 32　添加位置修正量

设置仿真时间为 2 s，仿真步长为 2 000 步时进行落地冲击实验，测量弹簧阻尼装置力如图 5 – 33 所示。

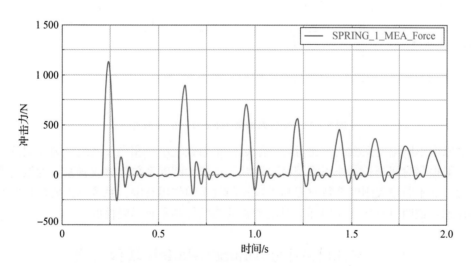

图 5 – 33　刚度系数为 30 000 时的冲击力

由图 5 – 33 可知，电动缸在落地之后反弹次数增加，但冲击力峰值减小。

系数为 50 000 时进行仿真，其结果如图 5 – 34 所示。

由图 5 – 34 可知，峰值有所增大，但反弹次数减少。

系数为 100 000 时进行仿真实验，结果如图 5 – 35 所示。

由图 5 – 35 可知，冲击力峰值继续增大，而稳态时间缩短。

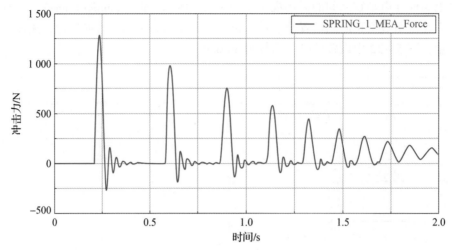

图 5 - 34   刚度系数为 50 000 时的冲击力

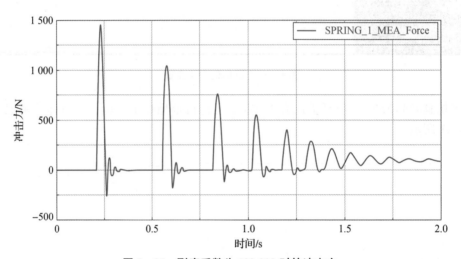

图 5 - 35   刚度系数为 100 000 时的冲击力

通过以上不同刚度系数的对比可知：给定修正系数较小时相当于系统触地变柔软，减小了冲击力但振荡时间延长，修正系统稳定性减弱；增大刚度系数能够改善系统的振荡性但冲击力增大，而不断增大刚度系数对提高柔顺控制效果的作用有限，系统仍需要较长的时间才能达到稳态。说明只靠弹性作用环节对电动缸的柔顺控制是有局限性的。

5.4   阻抗控制的 Adams/Matlab 联合仿真

5.4.1   生成 Simulink 模型

为搭建 Matlab/Adams 联合仿真平台，在前述模型的基础上进行修改。添加变量 Displace 代表电动缸位移量，如图 5 - 36 所示。修改电动杆与电动缸之间的运动规律如图 5 - 37 所示，将［Funtion(time)］一栏修改为 VARVAL（Displace） 即可与新添加的变量 Displace 建立联系。

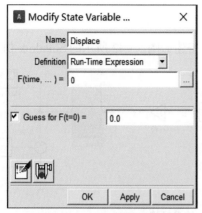

图 5 – 36　添加变量 Displace

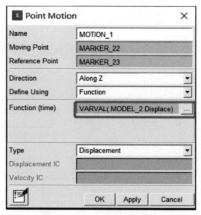

图 5 – 37　修改运动规律

添加输出变量为 Force，如图 5 – 38 所示；添加输入变量为 Displace，如图 5 – 39 所示；导出 Adams/Matlab 的联合仿真模型，导出模型参数设置如图 5 – 40 所示。［输入信号］选择 Displace，［输出信号］选择 Force，其中［Adams Host Name］与自己的主机名有关。

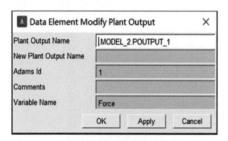

图 5 – 38　输出变量

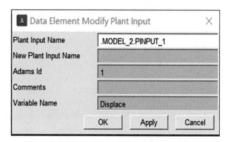

图 5 – 39　输入变量

打开 Matlab 选择工作路径为 Adams 的路径，在命令行输入导出的 Adams 模型文件名称 Controls_Plant_1，输入 Adams_sys 弹出 Matlab 与 Adams 联合仿真的接口如图 5 – 41 所示。其中黄色方块即为 Adams/Matlab 联合仿真的接口，该模块输出为弹簧受力，输入为电动缸的伸缩量。

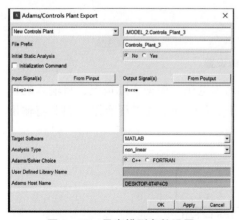

图 5 – 40　导出模型参数设置

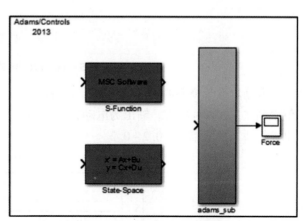

图 5 – 41　联合仿真模型文件

5.4.2 联合仿真平台搭建

在前面介绍的导出模型的基础上，在 Matlab 中搭建如图 5 - 42 所示的 Simulink 仿真模块。

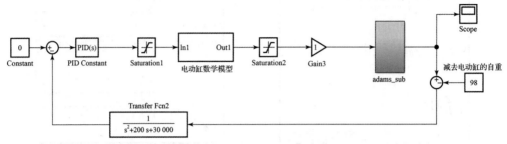

图 5 - 42　Simulink 仿真模块

图 5 - 42 中，Transfer Fcn2 为阻抗模块，将期望的力偏差转换为位置偏差。

位置环 PID 控制参数设置如图 5 - 43 所示，其中 PID 控制参数分别设置为 3、0、0.3，读者也可自行调整 PID 控制参数以达到满意的控制效果。

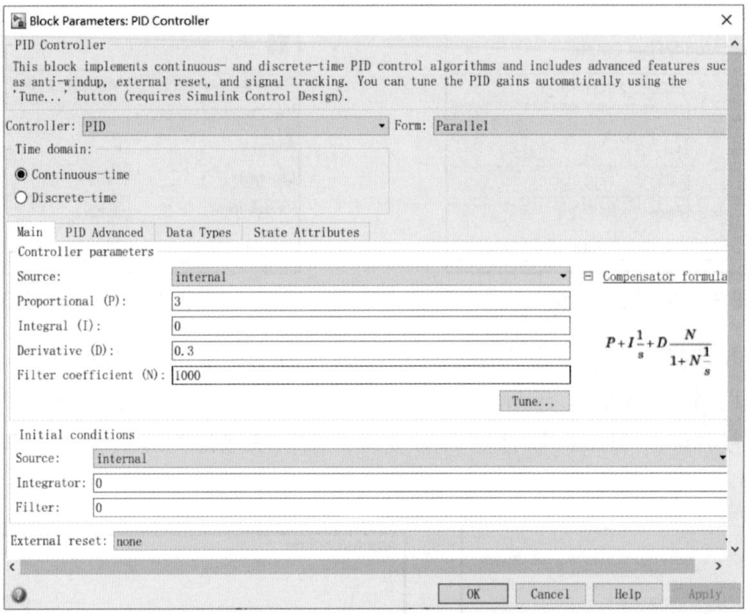

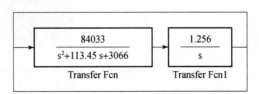

图 5 - 43　PID 控制参数设置

电动缸数学模型的内部结构如图 5 - 44 所示，输入为电压，根据实际情况，将输入的幅值限制在 - 10 V ~ 10 V。输出为电动缸的位移量，由于实际电动缸的量程有限，因此将输出也进行适当的限幅至 - 0.2 ~ 0.2。

$$\boxed{\dfrac{84033}{s^2+113.45\,s+3066}} \rightarrow \boxed{\dfrac{1.256}{s}}$$

Transfer Fcn　　　　　Transfer Fcn1

图 5 - 44　电动缸数学模型的内部结构

　　由于每次在打开 Matlab 进行仿真时均需要先建立 Adams/Matlab 的变量环境，可以通过直接输入导出的模型文件名称的方式，也可以在 Simulink 文件中做如图 5 - 45 所示的设置。

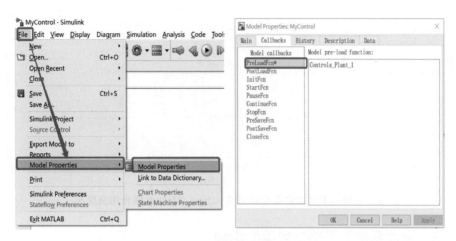

图 5 - 45　设置 Simulink 文件

　　双击 Matlab 软件中 Adams/Matlab 联合仿真模块，单击黑色方块，Adams 导出模型参数设置如图 5 - 46 所示。

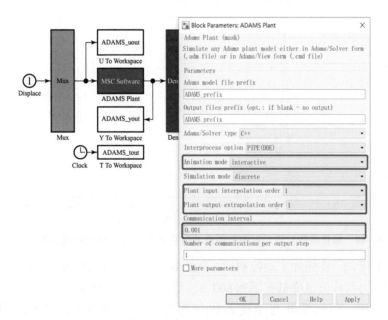

图 5 - 46　Adams 导出模型参数设置

　　首先验证不加阻抗控制的结果（因为是联合仿真，所以与 Adams 单独仿真结果有些许差异，在此将联合仿真的输入去掉即为被动柔顺单独作用），仿真结果如图 5 - 47 所示。

　　从图 5 - 47 可以看出，Adams 单独仿真与 Matlab 联合仿真的结果基本一致，后面调整阻抗模型的参数来达到更好的控制效果。

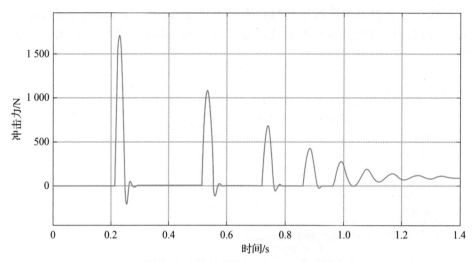

图 5 – 47   不施加主动控制时的 Adams/Matlab 联合仿真结果

5.4.3   弹性系数对于阻抗效果的影响

设置质量系数、阻尼系数与刚度系数分别为 0、0、30 000 时进行实验，实验结果如图 5 – 48 所示。

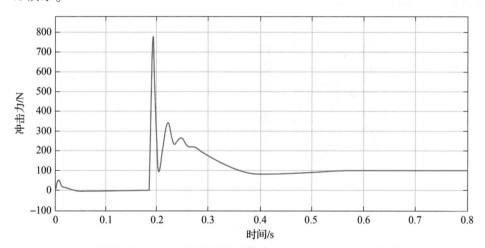

图 5 – 48   质量系数、阻尼系数与刚度系数分别为 0、0、30 000 时的落地冲击力

由图 5 – 48 可知，在施加主动控制后，碰撞效果得到了极大的改善。第一次触地后基本没有反弹，冲击力的峰值也降低至不到 800 N，稳定时间缩短至 0.6 s。

设置质量系数、阻尼系数与刚度系数分别为 0、0、50 000 时进行实验，实验结果如图 5 – 49 所示。

与刚度系数为 30 000 相似，触地一次之后，基本没有反弹，但第一次冲击力的峰值比刚度系数为 30 000 时大，而振荡较小，稳定时间也进一步缩短至 0.5 s。

设置质量系数、阻尼系数与刚度系数分别为 0、0、10 000 时进行实验，实验结果如图 5 – 50 所示。

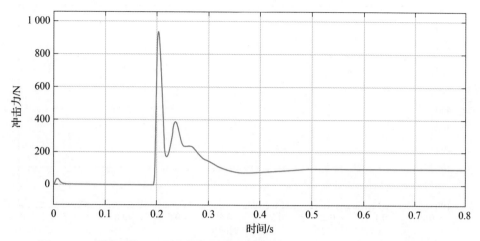

图 5 - 49　质量系数、阻尼系数与刚度系数分别为 0、0、50 000 时的落地冲击力

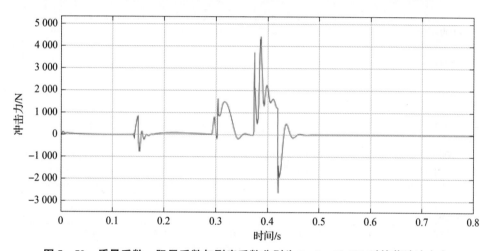

图 5 - 50　质量系数、阻尼系数与刚度系数分别为 0、0、10 000 时的落地冲击力

由图 5 - 50 可知，系统会发生几次较为激烈的振荡后才会稳定下来。此时控制效果变差，综合以上三个刚度系数的实验结果，选定刚度系数为 30 000，加入阻尼环节。

5. 4. 4　阻尼系数对于阻抗效果的影响

设置质量系数、阻尼系数与刚度系数分别为 0、10、30 000 时进行实验，实验结果如图 5 - 51 所示。

由图 5 - 51 可以看出，此时的落地冲击力与刚度系数单独作用相比略有增大，稳态时间相近，控制效果无明显变化。

设置质量系数、阻尼系数与刚度系数分别为 0、50、30 000 时进行实验，实验结果如图 5 - 52 所示。

此时的冲击力与参数设置为 0、10、30 000 相比发生了明显变化。电动缸落地之后，有轻微的弹跳，峰值冲击力增大，到达稳态时间缩短。

设置质量系数、阻尼系数与刚度系数分别为 0、100、30 000 时进行实验，实验结果如图 5 - 53 所示。

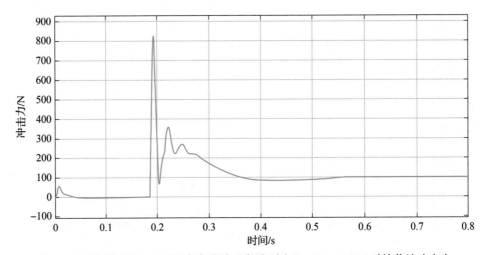

图 5-51　质量系数、阻尼系数与刚度系数分别为 0、10、30 000 时的落地冲击力

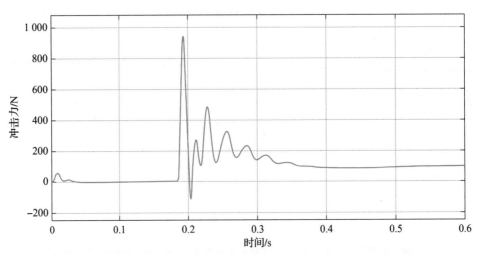

图 5-52　质量系数、阻尼系数与刚度系数分别为 0、50、30 000 时的落地冲击力

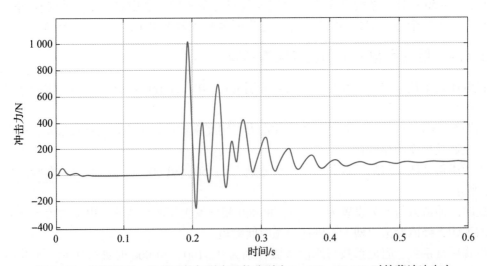

图 5-53　质量系数、阻尼系数与刚度系数分别为 0、100、30 000 时的落地冲击力

由图 5 – 53 可知振荡变大，稳定时间变长。

继续增大阻尼系数，设置质量系数、阻尼系数与刚度系数分别为 0、200、30 000 时进行实验，实验结果如图 5 – 54 所示。

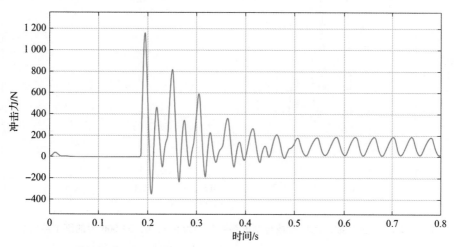

图 5 – 54　质量系数、阻尼系数与刚度系数分别为 0、200、30 000 时的落地冲击力

由图 5 – 54 发现，触地之后，振荡更加剧烈，冲击力的峰值变大，系统最后一直处于小幅振荡的状态，无法稳定下来。

5.4.5　质量系数对于阻抗效果的影响

下面加入惯性环节，设置质量系数、阻尼系数与刚度系数分别为 0.1、0、30 000 时进行实验，实验结果如图 5 – 55 所示。

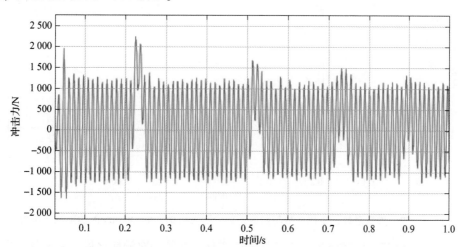

图 5 – 55　质量系数、阻尼系数与刚度系数分别为 0.1、0、30 000 时的落地冲击力

从 Adams 的实时动画中我们可以看到电动缸在没有落地时就开始剧烈振荡，在第一次落地之后，电动缸强大的冲击力使电动缸飞入高空中，系统完全失控。

设置质量系数、阻尼系数与刚度系数分别为 0.5、0、30 000 时进行实验，实验结果如图 5 – 56 所示。

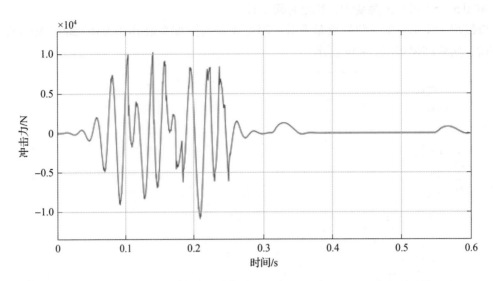

图 5 – 56　质量系数、阻尼系数与刚度系数分别为 0.5、0、30 000 时的落地冲击力

由图 5 – 56 可知，此时系统已完全失控，从仿真动画也可看出电动缸在空中开始振荡，接触到地面以后弹簧完全压缩且缸杆全部缩回到缸筒内。

设置质量系数、阻尼系数与刚度系数分别为 0.01、0、30 000 时进行实验，实验结果如图 5 – 57 所示。

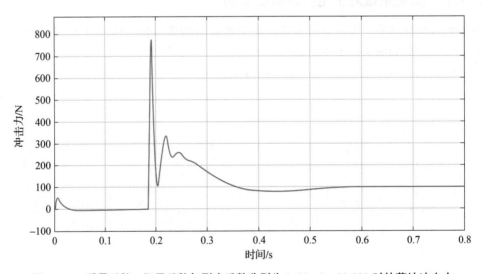

图 5 –57　质量系数、阻尼系数与刚度系数分别为 0.01、0、30 000 时的落地冲击力

由图 5 –57 可知，控制效果发生了显著的变化，在第一次触地之后，系统就基本趋于稳定，而且冲击力的峰值也很小，稳定时间也很短。

下面对系统的仿真结果进行分析：加入惯性环节后，控制效果变差，极易导致系统不可控，严重时系统会发散；加入阻尼系数后，控制效果无明显改善，随着阻尼系数的增大，响应速度变慢，振荡也变得严重；单独刚度系数作用时，控制效果较好。从实验结果看出，随着刚度系数的减小，系统的响应速度会变快，但振荡会剧烈，在实际控制中，需要在快速性与稳定性之间做出选择。从以上实验可以看出，主被动协同柔顺控制会比单独被动柔顺控制的效果好一些，但是阻抗模型的参数如果选取不当，反而会使控制效果变差，甚至让系统发生振荡，不可控。

5.4.6　最优系数仿真

综合以上内容，考虑质量系数、阻尼系数和刚度系数同时作用的情况，选取惯性系数、阻尼系数和刚度系数分别为 0.01、50、30 000 时进行实验，实验结果如图 5 – 58 所示。

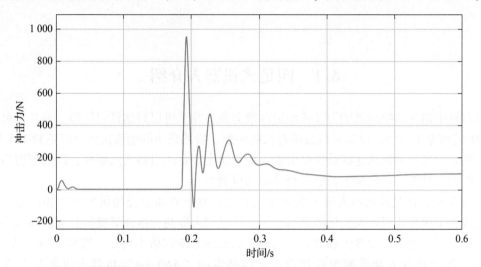

图 5 – 58　惯性、阻尼和刚度系数分别为 0.01、50、30 000 时的落地冲击力

由图 5 – 58 可以看出，三个环节共同作用时的电动缸振荡幅度减小且稳定时间较短，其中刚度环节对于减小落地冲击力起到主要作用，惯性参数需要设置得很小，否则极易导致系统发散，读者也可自行尝试寻求更多的参数组合以验证不同环节的作用效果。

第6章

四足式机器人的建模与仿真

6.1　四足式机器人介绍

自然界中四足动物运动能力及环境适应能力强，几乎可以到达任何地形。如羚羊可以在接近 90°的峭壁上运动，可以跳跃数倍身长的沟壑；猎豹最快的运动速度可以达到 115 km/h 等。自然界中四足动物的这些特性吸引着人们对仿生四足式机器人的研究，以期望能够获得与之类似的运动能力、负载能力和复杂地形适应能力。

2000 年后，四足式机器人进入快速发展阶段，波士顿动力公司研发的"BigDog"系列机器人代表了四足式机器人发展的最高水平。该机器人即使在冰面等极易打滑的环境中也可以快速调整保持稳定。除波士顿动力公司外，麻省理工学院仿生机器人实验室研究的"MIT Cheetah"系列机器人和苏黎世联邦理工学院研发的"ANYmal"机器人也都具有很高的水平。

（a）　　　　　　　　　（b）　　　　　　　　　（c）

图 6 - 1　国外四足机器人

（a）"BigDog"；（b）"MIT Cheetah"；（c）"ANYmal"

近年来，国内四足机器人发展速度加快。在电动四足式机器人方面，2016 年浙江大学和南江机器人公司联合发布了"赤兔"机器人，该机器人具备爬楼梯以及适应一定程度的崎岖地形的能力；2017 年浙江大学四足机器人研究团队发布了"绝影"系列机器人，是国内首个实现动步态上台阶的四足机器人，具有多种步态运动能力，能够对外力扰动做出快速响应恢复稳定；杭州宇树科技有限公司研发的小型纯电驱机器人"Laikago"也可实现多种灵活步态（图 6 - 27）。

足式移动机器人的最大优点是对各种复杂地面的灵活适应性，这在跨越障碍物以及在松软地面行走中可以发挥十分有效的作用，有助于广泛应用于受灾地区、星球表面等种种落足点不稳定的环境中。足式步行机器人的研究和设计来源于多足动物，而多足动物在自然界的演化已有亿万年的历史，在复杂多变环境下有很强的生存能力。模仿与借鉴多足动物的运动

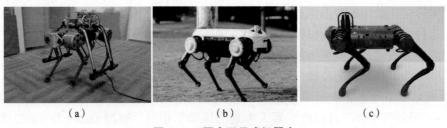

图 6 - 2　国内四足式机器人

（a）"赤兔"；（b）"绝影"；（c）"Laikago"

控制行为方式，研究其仿生控制原理，构建多足生物仿生控制体系，对于提高足式步行机器人对行走环境的适应能力具有极大的意义。

6.2　理论基础

6.2.1　机器人静步态行走

静步态是指四足动物以该步态行走时具有静态稳定性，即机身保持静止时整个躯干仍能保持平衡。在选取最优静步态时首先要考虑的因素就是稳定性，即保证在整个步态周期中，重心始终落在支撑多边形以内。在稳定性的基础上还需要提高机器人行走的运动效率，即行走过程中不能存在重心位置的后移，这样会导致重心位置前后反复移动，不仅引起机身的晃动，而且会造成能量无谓的损耗。因此，基于上述原则，本仿真选用迈腿顺序为 RH - RF - LH - LF，即右后腿（Right Hind）- 右前腿（Right Front）- 左后腿（Left Hind）- 左前腿（Left Front）的迈腿顺序，同时，迈腿顺序完成后躯干再前移 S，如图 6 - 3 所示。

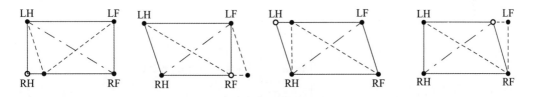

图 6 - 3　机器人静步态迈腿次序

6.2.2　机器人单腿的足端轨迹规划

四足式机器人足端轨迹规划是实现机器人行走的基础，因此首先在确定四足式机器人行走步态的情况下，再对机器人的足端轨迹进行规划。目前，主流的足端轨迹生成方法主要分为两类：一类为基于步态参数的离线足端轨迹曲线设计方法；另一类为基于实际运动状态的步态生成和切换方法。

离线设计方法是指事先将机器人足端轨迹曲线规划出来，在机器人运动过程中实际的足端位置按照事先规划好的足端轨迹曲线移动。这种方法由于是离线规划，生成的足端轨迹完全由步态参数决定，与外界环境完全无关。这种方法的优点是设计过程简单，实现相对容易，适应于四足式机器人在平整路面上动态行走，是机器人设计之初常采用的足端轨迹生成方法。

基于实际运动状态的步态生成和切换方法将外界环境作为步态生成与切换的主要考虑因素，采用这种方法的机器人能根据外界环境的变化主动调整步态，提高环境适应性，但是这种方法比离线方法设计过程更为复杂。本仿真采用离线足端轨迹曲线设计方法规划四足机器人行走，同时为了简化轨迹步骤，采用正弦余弦曲线来规划足端轨迹。

1. 单腿运动学仿真推导

图 6-4 所示为平面二自由度机器人单足的运动学正解。通过 theta1 与 theta2 关节转角实现单足末端 B 点的运动学位置控制，而且有单足运动学末端位置为

$$\begin{cases} x = L_1 \cos \theta_1 + L_2 \cos(\theta_1 + \theta_2) \\ y = L_1 \sin \theta_1 + L_2 \sin(\theta_1 + \theta_2) \end{cases} \tag{6.1}$$

式中，$|OA| = L_1$；$|AB| = L_2$。

而运动学逆解——根据已给定满足工作要求的足端位置，求取各关节运动参数。该方法在实际足端运动控制过程中，可以更为直观地理解以及使用。运动学逆解具体步骤如下。

在 $\triangle OAB$ 中，由余弦定理可得

$$\cos(\pi - \theta_2) = \frac{L_1^2 + L_2^2 - x^2 - y^2}{2L_1 L_2} \tag{6.2}$$

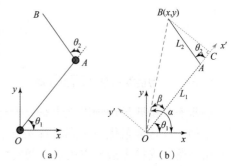

图 6-4 单腿运动学模型

令 $\cos \theta_2 = \dfrac{x^2 + y^2 - L_1^2 - L_2^2}{2L_1 L_2} = c_2$，则

$$\theta_2 = a\tan 2(\pm \sqrt{1 - c_2^2}, c_2) \tag{6.3}$$

令 $\sin \theta_2 = s_2$，则角 θ_1 可表示为

$$\theta_1 = \alpha - \beta = a\tan 2(y, x) - a\tan 2(L_2 s_2, L_1 + L_2 c_2) \tag{6.4}$$

其中

$$a\tan 2(y, x) = \begin{cases} \arctan\left(\dfrac{y}{x}\right) & , x > 0 \\ \arctan\left(\dfrac{y}{x}\right) + \pi & , x < 0, y \geq 0 \\ \arctan\left(\dfrac{y}{x}\right) - \pi & , x < 0, y < 0 \\ +\dfrac{\pi}{2} & , x = 0, y > 0 \\ -\dfrac{\pi}{2} & , x = 0, y < 0 \\ \text{undefined} & , x = 0, y = 0 \end{cases} \tag{6.5}$$

2. 足端轨迹

（1）足端轨迹，即足端处于滞空相工作状态下相对机器人坐标系的轨迹，本例中选取正弦曲线及贝塞尔曲线作为足端轨迹。

（2）正弦曲线：该轨迹函数即 $y = \sin(\pi \times x/2)$。该曲线运动空间较小，越障能力较弱，足端触地（$y = 0$ 附近）时运动曲线斜率不为零，即存在足端触地摩擦问题。因此，支撑相与滞空相切换时各足端会产生滑移，但该曲线相对简单，易于实现。

（3）贝塞尔曲线：在平面内任选 3 个不共线的点，依次用线段连接，如图 6 - 5 所示。在第一条线段上任选一个点 D。计算该点到线段起点的距离 AD，与该线段总长 AB 的比例。同理，根据上一步得到的比例，从第二条线段上找出对应的点 E，使得 $AD : AB = BE : BC$，有

$$\begin{cases} P_0 = (1-t)P_0 + tP \\ P_1 = (1-t)P_1 + tP_2 \\ B_2(t) = (1-t)^2 P_0 + 2t(1-t)P_1 + t^2 P_2, t \in [0,1] \end{cases} \tag{6.6}$$

式中，P_0、P_1、P_2、B_0、B_1 分别为 A、B、C、D、E 点的坐标；B_2 函数即为最终贝塞尔曲线轨迹。

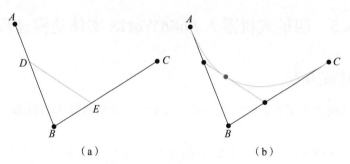

图 6 - 5　贝塞尔曲线示意图

同理，可得 n 阶贝塞尔曲线函数：

$$\begin{aligned} B(t) &= \sum_{i=0}^{n} \binom{n}{i} P_i (1-t)^{n-i} t^i \\ &= \binom{n}{0} P_0 (1-t)^n t^0 + \binom{n}{1} P_1 (1-t)^{n-1} t^1 + \cdots + \binom{n}{n-1} P_n - 1(1-t)^1 t^{n-1} + \\ &\quad \binom{n}{n} P_n (1-t)^0 t^n, t \in [0,1] \end{aligned} \tag{6.7}$$

正弦曲线与贝塞尔曲线步态规划如图 6 - 6 所示。

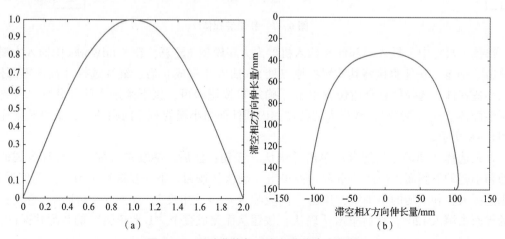

图 6 - 6　正弦曲线与贝塞尔曲线步态规划

（a）正位曲线；（b）贝塞尔曲线

由图 6-6 可见，贝塞尔曲线运动空间明显更大，越障能力更强，触地（$y=0$ 附近）时足端运动曲线斜率为零，无足端触地摩擦问题，支撑相与滞空相切换时各足端无滑移。

3. 整体机器人的运动迈步设计

机器人足端运动分为支撑相及滞空相两种工作状态，各足两相状态交替切换实现机器人整体的前进运动。而四足式机器人具有多种运动步态，本例中采用对角步态，即呈对角分布的两足工作状态相同。特别地，当足端运动占空比（滞空相时间与运动周期的比值）为 50% 时，两组对角足端同步实现支撑相及滞空相的切换。其中，支撑相轨迹即为足端在机器人机身坐标系下的向后平动；滞空相轨迹即为足端在滞空条件下调整位置的空中运动轨迹（即为前述内容）。两相步态交替切换，实现足端位置的调整以及机身的前移。

6.3　四足式机器人 SolidWorks 实体建模过程

6.3.1　单腿的装配

在进行四足式机器人实体装配前先完成子装配体，即对机器人的腿部结构——电动缸进行装配，步骤如下。

首先，打开 SolidWorks，在菜单栏中选择［文件］→［新建一个装配体文件］，如图 6-7 所示。

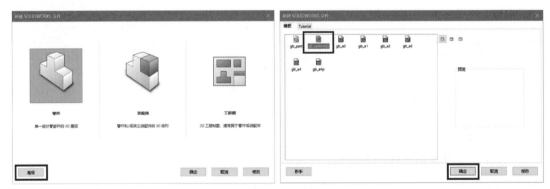

图 6-7　新建装配体

选择工具栏中［插入零部件］插入机器人大腿模型（注意，在 SolidWorks 中插入大腿时应单击［确定］按钮直接将其放置在原点处）。插入［完成］后，继续选择［插入零部件］插入小腿零件，选择任意合适位置单击［确定］按钮即可，接下来进入腿部装配。首先单击［装配体］→［配合］，选择大腿的左侧内圆柱面与小腿的右侧内圆柱面，最终装配完成如图 6-8 所示。

首先选择［同轴心］配合后单击［确认］按钮；然后，继续进行配合，选择大腿的上侧面和小腿的下侧面，选择［重合］后单击［确认］按钮。下一步进行关节弯曲角度设置，分别选择大腿和小腿的中轴线，单击［高级配合］→［角度］，如图 6-9 所示。首先在弹出的界面中填入 120°；然后单击［确认］按钮从而完成整个"L 形单腿"的装配并保存。

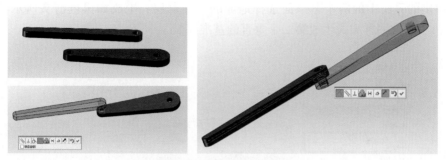

图 6 - 8　缸筒和缸杆的装配

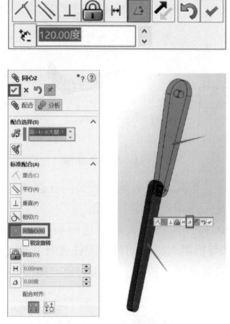

图 6 - 9　选择参考

按照同样的操作，完成整个单腿的装配并保存，不同之处如图 6 - 10 所示，在重合配合中选择大腿的下侧面和小腿的上侧面。

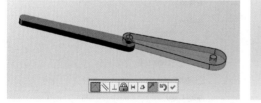 

图 6 - 10　角度的高级配合

6.3.2　机器人装配

在 SolidWorks 中新建装配体文件，单击［插入零部件］插入地面（注意，插入时将"地面"放置在原点），为地面建立参考基准面，选择［插入］→［参考几何体］→［基准面]，在弹出的界面中的两个基准面选择地面的侧面薄层，生成如黑色箭头所示的基准面（图6-11），再按同样方式生成第二个垂直的基准面。

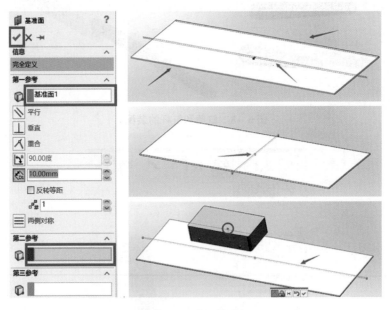

图6-11　建立基准面

导入机器人的机身零部件，选择地面上的基准面。在选择［配合］之后选择机身的几何中心，单击［重合］按钮之后单击［确定］按钮。

对第一步装配好的子装配体，即机器人的腿进行装配。首先单击［装配体］→［配合］，分别选择大腿部的圆孔与机器人机身的装配圆柱进行［同心］装配；然后选择大腿的内端面与机器人机身的侧面端面进行［重合］按钮配合，如图6-12所示。

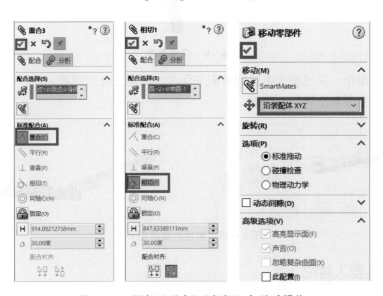

图6-12　腿部［重合］［相切］与移动操作

此外，保持腿与地面相切，分别选择腿的足端面与地面进行平行配合，完成第一条腿的配合，如图 6 – 13 所示。

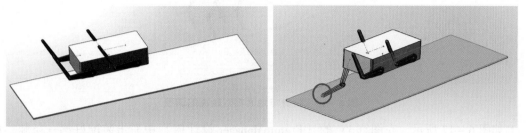

图 6 – 13　腿部与地面 [重合] 及 [相切] 效果

要调整大腿的角度，使四足式机器人在默认情况下呈站立姿态。选择机器人机身之后选择 [移动零部件]，在弹出的菜单中选择 [沿装配体 XYZ]，选择机身并左击向上拖动，使机器人呈现站立状态，如图 6 – 14 所示。

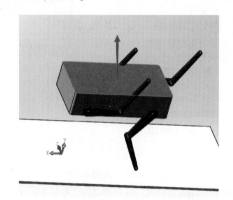

图 6 – 14　机身的 [移动] 命令后的效果

调整好机身的高度后，对其他 3 条腿也进行足端与地面的相切配合，配合后的效果如图 6 – 15 所示。

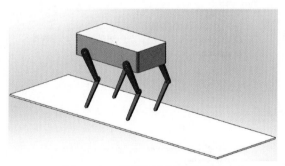

图 6 – 15　腿部安装后的效果图

调整机器人与地面的相对位置，即可完成对机器人的装配过程，选择 [装配体] → [配合]，选择图 6 – 16 标注的两个面，选择距离设置为 300 mm，完成机器人与地面位置的调整，给机器人步态行走留出足够的空间。

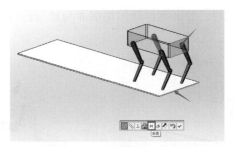

图 6 – 16　机身与地面相对距离的调整

如图 6 – 17 所示，在图（a）的［FeatureManager 设计树］中右击装配好第一条腿，单击［零部件属性］，如图 6 – 17（b）所示；将图 6 – 17（c）的右下角［求解为］栏中刚性改为柔性。

（a）　　　　　　　　　　（b）　　　　　　　　　　（c）

图 6 – 17　选择参考

（a）FeatureManager 设计树；（b）零部件（单腿 R）；（c）求解为

用上面同样的方法完成对其余 3 条腿的装配，待完成装配后将文件另存类型为 Parasolid（＊.x_t）格式，文件名以及路径都需要改为英文，如图 6 – 18 所示。

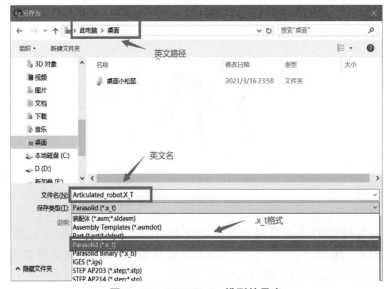

图 6 – 18　SolidWorks 模型的导出

6.4　Adams 建模与分析

6.4.1　将 SolidWorks 中建模好的模型导入 Adams

打开 Adams，进入界面后在菜单栏单击［文件］→［导入］，选择文件类型为 Parasolid（ *. xmt_txt, * x_t, * xmt_bin, * . x_b），如图 6 - 19 所示，在读取文件处双击选择自己之前保存的目录（英文目录），在［模型名称］右边栏目里，右击，依次单击［Model］→［Create］，默认 Model Name 为 Model1，然后单击［确定］按钮，如图 6 - 20 所示。

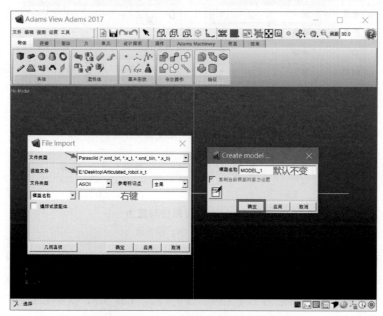

图 6 - 19　在 Adams 中输入 x_t 文件

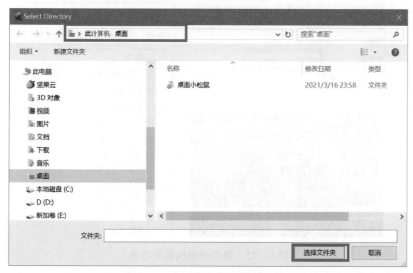

图 6 - 20　设置工作文件夹的路径

6.4.2 基本设置及命名

在命令菜单栏中选择 [文件] → [选择路径]，将工作文件夹设置到一个英文路径下，在演示例子中选择桌面。

在命令菜单栏的 [设置(Settings)] 中选择 [单位(Units)] 进行单位设置，此处注意将长度单位设置为米，并在菜单目录中勾选 [重力(Gravity)]，如图 6-21 所示设置重力数值和方向。

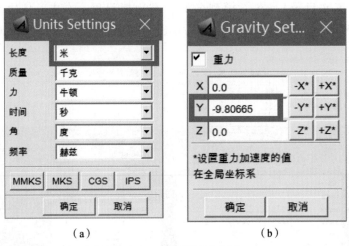

(a)   (b)

图 6-21　设置单位与重力

(a) 设置单位；(b) 设置重力

将建模好的模型从 SolidWorks 中成功输入 Adams 后，需要在左侧工作目录对输入的零件进行重命名，以方便后续的操作，此处注意 Adams 只能支持英文的名字。选取视图 6-22 中的两个大腿和小腿关节分别标记为 Leg_LF1、Leg_LF2、Leg_RF1 以及 Leg_RF2，其中 LR 区分左右、12 区分大小、FB 区分前后。

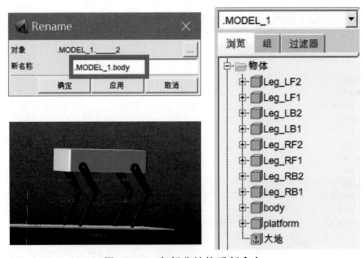

图 6-22　各部分结构重新命名

6.4.3　导入机器人行走的地面

机器人行走需要模拟地面作为支撑，一般有两种方法。

第一种与机器人在 SolidWorks 中建模类似，即在 SolidWorks 中建立好地面模型并以 Parasolid（＊.x_t）格式保存，然后再导入 Adams 中；此处我们采用的是第一种方法。

第二种方法即在 Adams 中直接建立简单的地面模型，以下对地面的模型的建立进行介绍。

单击［Bodies］→［RigidBody：Box］，输入 Length：800 cm、Height：10 cm、Depth：200 cm的长方体，重命名为 MyGround，并通过右击选择［MyGround］→［Modify］→［Category］→［Name and Position］→［Location］将地面调整在机器人躯体之下，如图 6 - 23 所示。

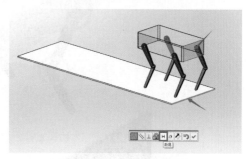

图 6 - 23　地面模型的建立

6.4.4　添加约束

首先将导入的地面 platform 固定，即选择［连接（Connectors）］→［创建固定副（Create a Fixed Joint）］创建一个固定副，［第一个物体(First body)］选择 MyGround，［第二个物体(Second body)］选择 ground，［位置(location)］选择 MyGround 某处即可，如图 6 - 24 所示。

采取同样的方式为机器人的 4 条腿分别添加旋转副。注意，在图 6 - 25 的左下角可以看到当前的选择状态提示，选择［连接（Connectors）］→［创建旋转副（Create a Revolute Joint）］，［第一个物体(First body)］选择 Leg_LF1，［第二个物

图 6 - 24　固定副的创建

体(Second body)］选择 body，［位置(location)］选择 Leg_LF1 与 body 的铰接处。选择物体时，Adams 的自动辨识能力较差，会出现误选的情况，此时可以右击，在图 6 - 25 中出现的对话框中准确选择对应物体。

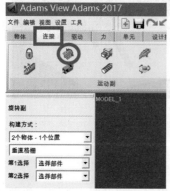

图 6 - 25　旋转副的添加

按照同样的方式为 4 条小腿分别添加旋转副，完成后的连接副如图 6 - 26 所示。

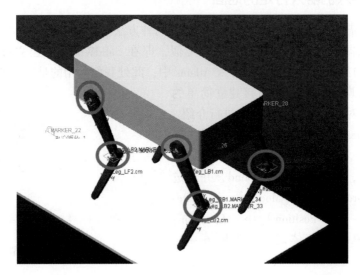

图 6 - 26　完成后的连接副

6.4.5　添加驱动

下面为 4 条腿的 8 个转动副添加驱动，首先为 4 个圆柱副添加驱动，单击［Motion］→［Rotational Joint Motion］→［Applicable to Revolute or Cylindrical Joint］，［Joint］选择已添加的旋转副，然后完成其余 7 个旋转副驱动的添加，如图 6 - 27 所示。

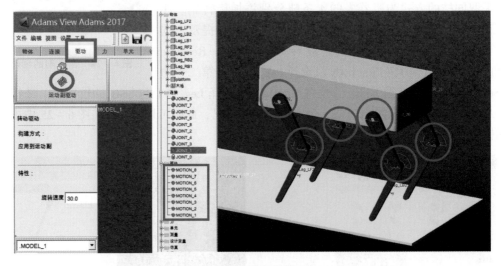

图 6 - 27　驱动的添加

6.4.6　添加接触力

在进行机器人行走联合仿真之前，要对四足与地面进行接触力的设置；否则，机器人将无法站立在地面上。单击［Forces］→［Special Forces］→［Create a Contact］，如图 6 - 28

所示。在［Create Contact］对话框中，［Contact Type］栏选择 Solid to Solid，［I Solid(s)］与［J Solid(s)］栏分别选择地面 MyGround 下的 Box_xx 以及 Rod1 下的 CSG_xx。首先在［Friction Force］栏中选择［Coulomb］，［Static Coefficient］输入 10，［Dynamic Coefficient］输入 10；然后单击［确定］按钮。用同样的方式对其他 3 个足端添加接触力。

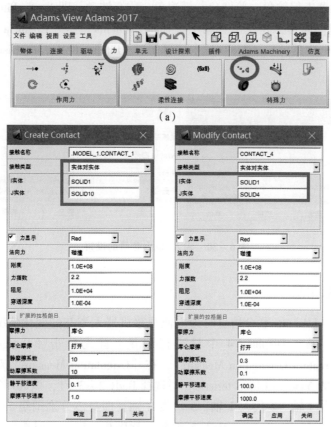

图 6 - 28　摩擦力的添加

6.4.7　添加状态变量

机器人行走需要设置 12 个状态变量，其中 8 个为输入变量，4 个为输出变量。

在主工具箱中选择［Elements］→［Create a State Variable defined by an Algebraic equation］，并创建［系统变量(System Elements)］，依次命名为 vBodyRoll、vBodyPitch、vLeg_vvvvvCy3_Displace、Cy4_Displace，如图 6 - 29 所示。

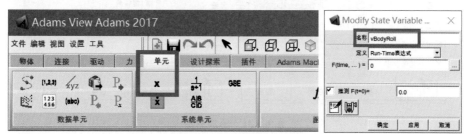

图 6 - 29　状态变量的添加

在完成状态变量的设置后，进行 Adams 输入/输出变量设置，在主工具箱中选择［Elements］→［Create a ADAMS plant input］，在弹出对话框中的［Variable］栏中填写 Cy1_Displace、Cy2_Displace、Cy3_Displace、Cy4_Displace、Cy1_Angle、Cy2_Angle、Cy3_Angle、Cy4_Angle 8 个输入状态变量；在进行 Matlab 与 Adams 联合仿真时要观察机器人运动时姿态的变化，故设置机器人偏航角、俯仰角、横滚角、质心波动，即 Yaw、Pitch、Roll、cm_Displace 4 个状态变量。同理，在主工具箱中选择［Elements］→［Create a ADAMS plant output］，在弹出对话框中的［Variable］栏中填写 Yaw、Pitch、Roll、cm_Displace，如图 6-30 所示。

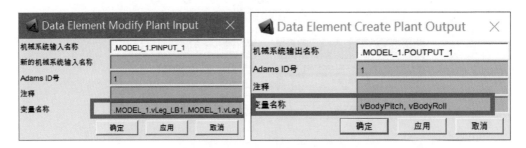

图 6-30　输入/输出变量的设置

6.4.8　添加测量

在进行 Matlab 与 Adams 联合仿真时为方便观察机器人姿态的变化情况，需要对机器人 Yaw、Pitch、Roll、cm_Displace 4 个量进行测量。首先单击［Design Exploration］→［Measures］→［Create a Orientation Measure］，在［Orientation Measure］对话框中，［Measure Name］栏改名为 Yaw，［Characteristic］栏选择 Body 2-3-1，该选择规定了机器人身体的旋转顺序，1 代表 X 轴，2 代表 Y 轴，3 代表 Z 轴，即身体分别围绕 Y 轴、Z 轴、X 轴旋转；［Component］栏与［Characteristic］栏的旋转顺序相对应，此时选择 First rotation，［To Maker］栏选择机器人机身的质心，用同样的方法步骤对 Pitch、Roll 进行测量，如图 6-31 所示。

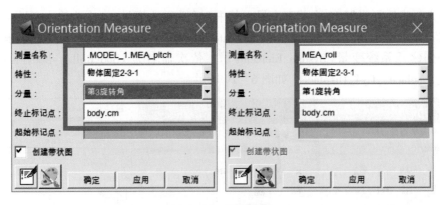

图 6-31　添加测量

6.4.9　对 Motions 进行赋值

在对状态变量设置完成后需要将输入状态变量的值赋给 8 个转动副驱动。双击驱动 Motions－Motion_1，在弹出的对话框中将［Function（time）］栏中的函数名改为 1d * varval（. MODEL_1. vLeg_LF2）。同样，对另外 7 个圆柱副驱动进行类似的操作，如图 6－32 所示。

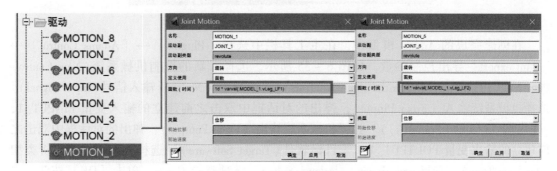

图 6－32　对驱动进行赋值

注意：由于在设置驱动时定义的方向不同，故输入的函数 Varval（×××）的正、负也应根据方向改变正负。

6.4.10　状态变量赋值

对状态变量的 4 个输出进行赋值，首先双击左侧工具栏中［Elements］→［System Elements］→［cm_Displace］，在弹出的对话框中将［F（time,...）］的值改为 cm_MEA_Displace；然后单击［确定］按钮，如图 6－33 所示。

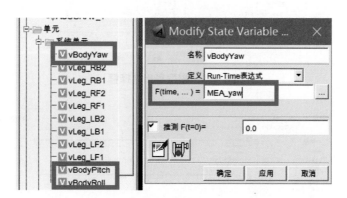

图 6－33　对状态变量的输出进行赋值

同样，选择［Elements］→［System Elements］→［Yaw］，将弹出的对话框中［F（time,...）］的值改为 MEA_yaw，与 6.4.8 节中添加的测量相对应，再单击［确定］；其他两个姿态角 Roll、Pitch 同理。

下面，开始在 Adams 中导出控制参数。在创建导出控制参数之前：首先选择好联合仿真的工作文件夹，在命令菜单栏中选择［File］→［Select Directory］；然后从弹出的对话框中选择一个用于该工程的文件夹，如图 6－34 所示。

图 6-34　机械系统输出

在创建完成的 Adams 模型中，在主工具栏中选择［Plugins］→［Adams Control］→［plant export］导出控制参数，如图 6-35 所示。选择［新的控制机械系统(New Controls Plant)］［初始静态分析(Initial State Analysis)］，选择否（No），［输入信号(Input Signal)］选择机械系统输入（From Pinput），弹出的对话框中双击之前建立的输入变量 PINPUT_1，［输出信号(Output Signal(s))］选择机械系统输出（From Poutput），弹出的对话框中双击之前建立的输出变量 POUTPUT_1，［目标软件(Target Software)］选择 Matlab，［分析类型(Analysis Type)］选择 non_linear，［Adams/Solver］选项选择 C++，单击［OK］按钮，之后在工作文件夹里会自动生成如图 6-36 所示文件。

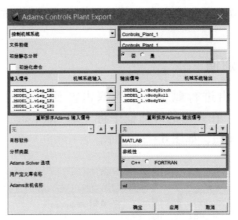

图 6-35　模型导出选择框

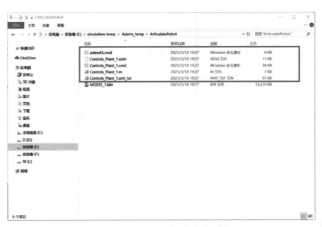

图 6-36　导出后的文件

6.4.11　Adams 模型的导出

打开 Matlab，单击工作栏中浏览文件，选择之前 Adams 的工作目录，将 Matlab 的工作目录与 Adams 进行统一。在命令行窗口输入控制参数文件名 Controls_Plant_1，再输入 Adams_sys，该命令是 Adams 与 Matlab 的接口命令。输入 Adams_sys 命令后，弹出的 Matlab/Simulink 仿真文件中橙色的方形框便是 Adams 模型的非线性模型，即可以进行动力学计算的模型，如图 6 – 37 所示。

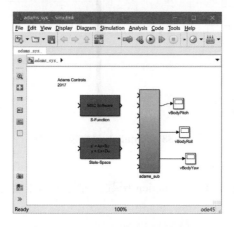

图 6 – 37　Adams 导出非线性模型

6.5　Adams/Simulink 联合仿真

6.5.1　搭建 Simulink 控制系统

1. Simulink 搭建

在 Matlab/Simulink 选择窗口中，单击［File］→［New］→［Blank Model］菜单，将 Adams_sys 方形框拖入弹出的窗口中，进行控制系统的搭建。s – function 中嵌入 sizu_go. m 文件进行机器人的运动学解算，这里 s – function 的输入已在 sizu_go. m 文件中给定，故无须再向其输入变量。该控制系统在 Adams 中控制创建的非线性模型进行力学仿真，最终输出机器人的 4 个姿态参数, 即 cm_Displace、Pitch、Roll、Yaw, 并通过示波器进行观测, 如图 6 – 38 所示。

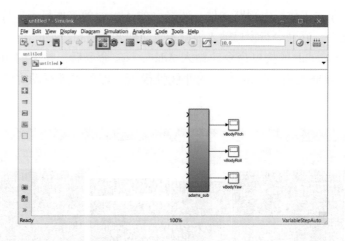

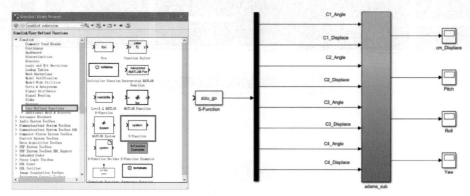

图 6 – 38　Simulink 建立控制方案

2. 四足式机器人行走程序

四足式机器人行走程序基于 s – function 函数, 程序主体主要分为两个部分, 即行走主体控制以和步态规划部分。

1) 主体部分

主体程序如下:

```
function sys = mdlOutputs(t,x,u)
global MyLeg1;
global MyLeg2;
global MyLeg3;
global MyLeg4;
Tw = 2;              % 设置步态周期
N = floor((t - Tw/2)/(5 * Tw));% 时间按周期向下取整倍数
if N >= 1
    t = t - 5 * Tw * N;% 获取当前周期内时间
end;
if t < Tw/2            % 四腿同步后移
```

```
    t1 = t + Tw * 3 /2;
    [MyLeg1.angle,MyLeg1.length,N] = GetControlValue(t1);
    [MyLeg2.angle,MyLeg2.length,N] = GetControlValue(t1);
    [MyLeg3.angle,MyLeg3.length,N] = GetControlValue(t1);
    [MyLeg4.angle,MyLeg4.length,N] = GetControlValue(t1);
elseif t < Tw * 1.5      % 一号腿滞空相运动迈腿
    t1 = t - Tw * 0.5;
    [MyLeg1.angle,MyLeg1.length,N] = GetControlValue(t1);
elseif t < Tw * 2.5      % 二号腿滞空相运动迈腿
    t1 = t - Tw * 1.5;
    [MyLeg2.angle,MyLeg2.length,N] = GetControlValue(t1);
elseif t < Tw * 3.5      % 三号腿滞空相运动迈腿
    t1 = t - Tw * 2.5;
    [MyLeg3.angle,MyLeg3.length,N] = GetControlValue(t1);
elseif t < Tw * 4.5      % 四号腿滞空相运动迈腿
    t1 = t - Tw * 3.5;
    [MyLeg4.angle,MyLeg4.length,N] = GetControlValue(t1);
elseif t < Tw * 5.5      % 四腿同步后移
    t1 = t - Tw * 4.5 + Tw
    [MyLeg1.angle,MyLeg1.length,N] = GetControlValue(t1);
    [MyLeg2.angle,MyLeg2.length,N] = GetControlValue(t1);
    [MyLeg3.angle,MyLeg3.length,N] = GetControlValue(t1);
    [MyLeg4.angle,MyLeg4.length,N] = GetControlValue(t1);
end;
```

2）步态规划部分

步态规则程序如下：

```
function [angle,length,N] = GetControlValue(t)
L0 = 0.952;              % 中间位置长度
Tw = 2;                  % 半周期
S = 0.4;                 % 步距离
H = 0.2;                 % 高度
x0 = S /2;  y0 = L0;     % 支撑点坐标
N = floor(t /2 /Tw);     % 时间按周期向下取整
t = t - N * 2 * Tw;      % 获取当前周期内时间
if t > 2 * Tw
    t = 2 * Tw
end;
if t < Tw                % 滞空相状态 足端 XY 位置
    x = S * (t /Tw - sin(2 * pi * t /Tw) /2 /pi);
    y = H * (0.5 - 0.5 * (cos(2 * pi * t /Tw)));
else                     % 支撑相状态 足端 XY 位置
    y = 0;
    x = S - (t - Tw) /Tw * S;
```

```
end;
% 运动学逆解
length = ((x - x0)^2 + (y - y0)^2)^0.5 - L0;
angle = pi/2 - atan((y - y0)/(x - x0));
if angle > pi/2
    angle = angle - pi;
end;
```

6.5.2 Adams/Simulink 的参数初始化

单击工具栏中的［保存］按钮，将 Simulink 窗口另存为 TEST. mdl。在 Matlab/Simulink 选择窗口中，单击［File］→［Model Properties］→［Model Properties］菜单，在［Callbacks］→［PreLoadFcn］窗口右侧框中输入 Controls_Plant_1，使 Simulink 在打开模型时会自动运行 Controls_Plant_1. m 这个 Adams 控制参数，以免每次打开 mdl 文件均需要输入 Controls_Plant_1 与 Adams_sys 的接口命令；选择标签［InitFcn］，在窗口右侧框中输入 Globals，使得 Simulink 运行该 mdl 文件时自动运行 Globals. m 文件，将初始化数值插入工作空间中，如图 6 - 39 所示。

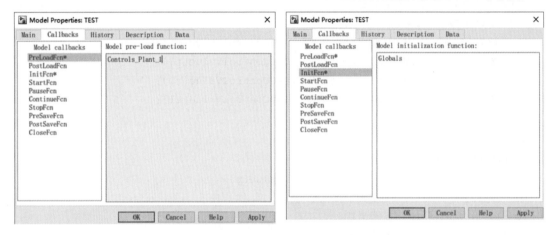

图 6 - 39 Simulink 初始化设置

在 TEST. mdl 窗口中双击［Adams_ sub］方框，在弹出的新窗口中双击［MSC Software］，弹出数据交换参数设置对话框，将［Interprocess］设置为 PIPE（DDE），如果不是在一台计算机上，选择 TCP/IP；在［Communication Interval］输入框中输入 0.005，表示每隔 0.005 s 在 Matlab 和 Adams 之间进行一次数据交换，若仿真过慢，可以适当改大该参数；将［Animation mode］设置成 interactive，表示交互式计算，在计算过程中会自动启动 Adams/View，以便观察仿真动画，如果设置成 batch，则用批处理的形式，看不到仿真动画；［Plant input interpolation order］和［Plant output extrapolation order］均设置为 1 以提高仿真速度，其他使用默认设置即可。

6.5.3 仿真设置与仿真计算

首先单击窗口中［Simulation］→［Model Configuration Parameters］菜单，弹出仿真设置

对话框，在 Solver 页中将［Start time］设置为 0；然后将［Stop time］设置为 30，将
［Type］设置为 Variable - step，其他使用默认选项，单击［OK］按钮；最后单击［开始］
按钮，开始仿真，如图 6 - 40 所示。

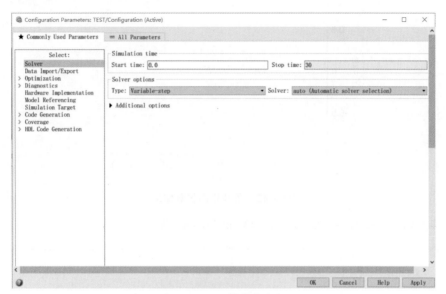

图 6 - 40　设置仿真参数

6.5.4　Adams 模型调整

当需要修改模型参数时，只需要打开模型进行相应修改后，打开菜单栏双击左侧，首先
单击［其他］→［UDE Instances］→［Control_Plant_1］；然后单击［确定］按钮即可，在 Simu-
link 直接运行仿真，无须再次进行其他设置，如图 6 - 41 所示。

图 6 - 41　仿真模型的实时调整

6.5.5　仿真结果的分析

在 sizu_go. m 中设置腿的初始伸长量 pre_x = 0.05m，迈腿角度 theta = 5°，其仿真结果如
图 6 - 42 所示。

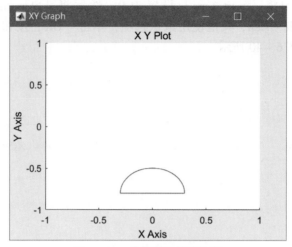

图 6 – 42　单腿步态仿真结果

单腿步态仿真中机身各参数如图 6 – 43 和图 6 – 44 所示。

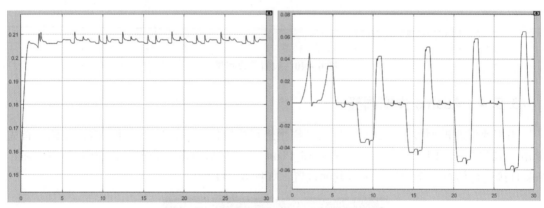

图 6 – 43　机器人质心波动和俯仰变化情况

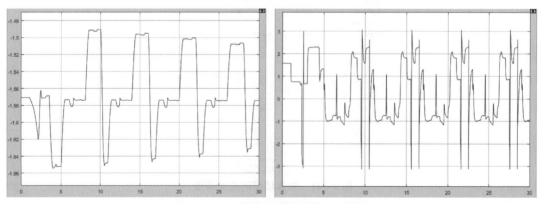

图 6 – 44　机器人横滚和偏航变化情况

第 7 章
Stewart 六自由度平台建模与仿真

7.1 Stewart 六自由度平台介绍

Stewart 六自由度平台属于一种并联机构。典型的 Stewart 六自由度平台将 6 根电动缸通过 6 个上铰接点与 6 个下铰接点分别与上平台（动平台）以及下平台（定平台）结合在一起。上平台可在电动缸伸缩作用下，实现六自由度运动，如图 7 – 1 所示。

通过控制 Stewart 六自由度平台 6 根缸的伸缩，可以实现机构的上平台沿 X、Y、Z 轴的平移和旋转的六自由度运动，即上下、左右、前后、横滚、俯仰以及偏航。

1928 年，美国人 James E. Gwinnett 发明了一种娱乐装置运动平台，这是 Stewart 六自由度平台最早的应用。1949 年，Gough 设计了一台基于并联机械结构的轮胎检测设备。1965 年，英国工程师 Stewart 发表了一篇关于六自由度平台的论文，引起了普遍的关注，相应的并联平台被称为 Stewart 平台，Stewart 也被公认为并联机构领域的开创者。20 世纪 70 年代初，美国国家航空航天局开发了日常培训飞行员的并联机构平台，这是历史上首次使用六自由度并联平

图 7 – 1　Stewart 六自由度平台

台作为飞行模拟系统。1978 年，澳大利亚人亨特使用并联机构开发了机械臂装置，这也是并联机器人诞生的标志。20 世纪末，通过技术的不断创新和应用需求的提高，并联平台的开发和使用需求逐渐提升，美国的一家公司开发了六自由度的电液多振动台 TE6 – 900。

我国对并联平台的研究可追溯到 20 世纪 80 年代，1982 年，燕山大学的黄真教授等人开始了对并联机器人的系统研究，并于 1990 年成功研制出我国第一台由计算机控制的液压驱动的六自由度并联机器人。随后东北大学、哈尔滨工业大学等高校先后开展了并联机构的研究工作，Stewart 平台开始成为高校研究课题的热点。

北京理工大学自动化学院智能感知与运动控制研究所研制的 Stewart 六自由度运动平台包括液压式和电动式，其中电动式六自由度运动平台如图 7 – 2 所示。其研制的 Stewart 六自由度运动平台主要功能包括六自由度姿态模拟、运动规律设定、运动状态监控以及多级安全保护等，现已推广应用至航天、航空和兵器等多个领域的几十家企业，包括中国航天科技集团一院 15 所、中国航天科工集团二院 206 所、中航工业庆安集团有限公司以及中国兵器工业集团 207 所等。

Stewart 六自由度运动平台是并联结构，具有刚度大、负荷自重比高、载荷分布均匀、无位置累积误差、结构稳定、运动平稳等特点，适用于高精度、大载荷且对工作空间的要求相对较小的场合，Stewart 六自由度平台已在许多领域得到了广泛的应用。

图 7-2　北京理工大学自动化学院六自由度平台

（1）飞行模拟器。Stewart 六自由度平台因具有精度高、承载能力大等优点，广泛应用于各种六自由度飞行模拟器。例如，Redifon 开发的六自由度飞行模拟器被广泛应用在波音 707 飞机、麦克唐纳·道格拉斯公司的 DC-8 飞机、南德国际航空公司的 Caravalle 和波音 727 等型号飞机上，平台负载用来模拟飞机座舱和视觉显示系统，用于向正在训练的飞机机组成员显示外界视觉场景。对于大型运输机而言，在全飞行模拟器的情况下，有效负载的重量可能达到 15 000 kg。

（2）并联机器人。并联机器人是一种闭环的运动链结构，其末端执行器通过并联的多个独立运动链连接至基座，是 Stewart 六自由度平台很重要的应用领域，广泛存在于飞行模拟器、汽车模拟器、工业制造、军事设备、医疗设备微操作等领域。

（3）精密定位平台。精密定位平台是继并联机器人、机床后又一个逐渐发展起来并已初步实用化的应用产品，其应用领域同样非常广泛，主要可用在医疗外科手术和航空航天等领域。基于并联机构的精密定位平台具有移动载荷转动惯量小、动态响应快、高精度、高刚性、高可靠性的特点。从目前来看，精密定位平台的定位精度已经可以达到纳米级，因此精密定位的应用前景也越来越广泛。

（4）振动隔离装置。微振动是指航天器在轨运行期间，星上转动部件高速转动、有效载荷中扫描机构转动等诱发航天器产生的一种幅值较低、频率从 1 Hz 到 1 kHz 的机械振动。其中，基于 Stewart 六自由度平台的振动隔离装置被广泛应用于航天、金属加工等领域。Stewart 六自由度平台微振动隔振平台可以实现主动振动隔离和被动振动隔离。

7.2　运动解算

7.2.1　逆解

对多体系统进行运动学分析时，首先需要建立参考坐标系。为了便于对 Stewart 六自由度平台进行分析，建立了 Stewart 六自由度平台的结构简图，并在下平台中心 O_B 建立基坐标系 $O_B X_B Y_B Z_B$，上平台中心 O_P 建立动坐标系 $O_P X_P Y_P Z_P$。

根据上、下平台铰点在图 7-3 中各自圆上的分布和对称六边形的特点，可得上、下平台铰点在各自的坐标系 $O_B X_B Y_B Z_B$、$O_P X_P Y_P Z_P$ 中的坐标为

$$p_i = R_P [\cos \theta_{Pi}, \sin \theta_{Pi}, 0] \tag{7.1}$$

$$b_i = R_B [\cos \theta_{Bi}, \sin \theta_{Bi}, 0] \tag{7.2}$$

第 i 个作动器支路示意图如图 7-4 所示，分别以上、下平台铰点 B_i 和 P_i 为原点建立局部坐标系 $B_i X_{B_i} Y_{B_i} Z_{B_i}$、$P_i X_{P_i} Y_{P_i} Z_{P_i}$，且其 Z 轴沿着作动器的轴线，并规定从下平台坐标系

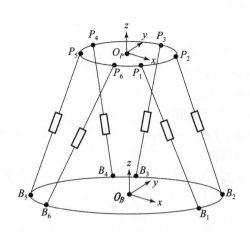
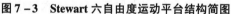

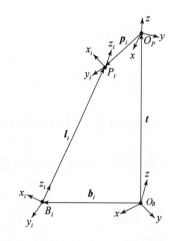

图 7 - 3　Stewart 六自由度运动平台结构简图　　图 7 - 4　第 i 个作动器支路示意图

原点 O_B 到下平台铰点 B_i 的矢量为 $\boldsymbol{b}_i$，从上平台坐标系原点 O_P 到上平台铰点 P_i 的矢量为 $\boldsymbol{p}_i$，从下平台坐标系原点 O_B 到上平台坐标系原点的矢量为 $\boldsymbol{t}$，下平台铰点 B_i 到上平台铰点 P_i 的矢量为 $\boldsymbol{l}_i$，即在某个位姿下作动器的位置和伸长量用矢量 $\boldsymbol{l}_i$ 表示。

上平台绕 z 轴旋转的旋转矩阵为

$$\boldsymbol{R}_z = \begin{bmatrix} \cos\varphi & -\sin\varphi & 0 \\ \sin\varphi & \cos\varphi & 0 \\ 0 & 0 & 1 \end{bmatrix} \tag{7.3}$$

上平台最终的旋转矩阵为

$$\boldsymbol{R} = \boldsymbol{R}_z \boldsymbol{R}_y \boldsymbol{R}_x = \begin{bmatrix} c\varphi c\theta & c\psi s\theta s\varphi - s\psi c\varphi & s\psi s\varphi + c\psi s\theta c\varphi \\ s\psi c\theta & c\varphi c\psi + s\psi s\theta s\varphi & s\psi s\theta c\varphi - c\psi s\varphi \\ -s\theta & c\theta s\varphi & c\theta c\varphi \end{bmatrix} \tag{7.4}$$

式中，s、c 分别为正余弦函数 $\sin$、$\cos$ 的缩写。

根据运动学知识可得，上平台在下平台基坐标系 $O_B X_B Y_B Z_B$ 下的角速度与其在 $O_P X_P Y_P Z_P$ 中绕 Z、Y、X 轴旋转角度的关系为

$$\boldsymbol{\omega}_p = \begin{bmatrix} c\psi c\theta & -s\psi & 0 \\ s\psi c\theta & c\psi & 0 \\ -s\theta & 0 & 1 \end{bmatrix} \begin{bmatrix} \dot{\varphi} \\ \dot{\theta} \\ \dot{\psi} \end{bmatrix} = U \begin{bmatrix} \dot{\varphi} \\ \dot{\theta} \\ \dot{\psi} \end{bmatrix} \tag{7.5}$$

上平台在下平台基坐标系 $O_B X_B Y_B Z_B$ 下的加速度与其在 $O_P X_P Y_P Z_P$ 中绕 Z、Y、X 轴旋转角度的关系为

$$\boldsymbol{\alpha}_p = \begin{bmatrix} -\dot{\psi} s\psi c\theta - \dot{\theta} c\psi s\theta & -\dot{\psi} c\psi & 0 \\ \dot{\psi} c\psi c\theta - \dot{\theta} s\psi s\theta & -\dot{\psi} s\psi & 0 \\ -\dot{\theta} c\theta & 0 & 0 \end{bmatrix} \begin{bmatrix} \dot{\varphi} \\ \dot{\theta} \\ \dot{\psi} \end{bmatrix} + U \begin{bmatrix} \ddot{\varphi} \\ \ddot{\theta} \\ \ddot{\psi} \end{bmatrix} \tag{7.6}$$

Stewart 六自由度平台的上平台具有 6 个自由度的运动能力，包含 3 个自由度的平移运动和 3 个自由度的旋转运动，对图 7 - 4 中单个作动器的矢量关系进行分析可得 Stewart 六自由度平台运动学的位置反解公式：

$$l_i = t + Rp_i - b_i \tag{7.7}$$

对矢量 l_i 求模可得

$$l_i = \sqrt{(t + Rp_i - b_i)^T (t + R p_i - b_i)} \tag{7.8}$$

对式（7.8）求导数可得上平台各个铰点的运动速度：

$$\dot{l}_i = \dot{t} + \omega_p \times R p_i \tag{7.9}$$

对铰点的速度沿作动器轴线方向进行分解可以求得作动器运行的速度：

$$v_{ai} = \dot{l}_i \cdot n_i = \dot{t} \cdot n_i + (R p_i \times n_i) \omega_p \tag{7.10}$$

把 6 个作动器的伸缩速度写成矩阵形式，可得

$$v_a = J\dot{q} \tag{7.11}$$

7.2.2 正解

通过 Stewart 六自由度平台作动器的长度计算动平台的姿态属于 Stewart 六自由度平台运动学正解问题，分为解析法和数值计算法。解析法核心是求解一组复杂的非线性方程组，通过变量替换得到一元高次方程，实现比较困难。所以，对于运动学正解采用数值计算法，利用式（7.12）中的雅可比矩阵和牛顿迭代法来实现。

$$\begin{bmatrix} \dot{l}_1 \\ \vdots \\ \dot{l}_6 \end{bmatrix} = J_p^T Q_p \begin{bmatrix} \dot{R}_C^N \\ \dot{\alpha}^N \end{bmatrix} = J_{ql} \begin{bmatrix} \dot{R}_C^N \\ \dot{\alpha}^N \end{bmatrix} \tag{7.12}$$

牛顿迭代法是一种近似求解方程的数值计算方法。由于多数方程不存在求根公式，因而只能获得方程得近似解。牛顿迭代法可以用于平台的运动学正解，利用切线是曲线线性逼近的假设，沿着切线方向通过不断迭代连续地逼近一个实函数的根。首先推导迭代关系式，在惯性坐标系下，当 J_{ql} 非奇异，将式（7.12）简化为

$$\begin{bmatrix} \dot{R}_C^N \\ \dot{\alpha}^N \end{bmatrix} = J_{ql}^{-1} \dot{l} \tag{7.13}$$

对式（7.13）线性化得到如下离散关系：

$$\begin{bmatrix} R_C^N(k+1) \\ \alpha^N(k+1) \end{bmatrix} - \begin{bmatrix} R_C^N(k) \\ \alpha^N(k) \end{bmatrix} = J_{ql}^{-1}(k)(l(k+1) - l(k)) \tag{7.14}$$

式中，$Q(k) = \begin{bmatrix} R_C^N(k) \\ \alpha^N(k) \end{bmatrix}$ 为上平台 k 时刻的广义坐标矢量，则式（7.14）可以简化为

$$Q(k+1) - Q(k) = J_{ql}^{-1}(k)(l(k+1) - l(k)) \tag{7.15}$$

如果将式（7.15）中的 $l(k+1)$ 替换成待求上平台广义坐标 Q_r 对应的已知作动器矢量 l_r，并令 $Q_L(k) = Q(k)$，$Q_L(k+1) = Q(k+1)$，广义坐标 Q 的角标 L 表示以 $J_{ql}^{-1}(k)$ 为斜率的切线上的坐标，则 $Q_L(k+1)$ 可被认为 $Q_L(k)$ 的线性外推值，式（7.15）可以记为

$$Q_L(k+1) - Q_L(k) = J_{ql}^{-1}(k)(l_r - l(k)) \tag{7.16}$$

式（7.16）可以写为如下第 $k+1$ 次和第 $k+2$ 次迭代关系式：

$$\begin{cases} Q_L(k+1) = Q_L(k) + J_{ql}^{-1}(k)(l_r - l(k)) \\ Q_L(k+2) = Q_L(k+1) + J_{ql}^{-1}(k+1)(l_r - l(k+1)) \end{cases} \tag{7.17}$$

7.3　SolidWorks 实体建模

本节介绍了在 SolidWorks 软件中对 Stewart 六自由度平台进行建模，内容包括零件与子装配体、Stewart 六自由度平台装配、演示动画以及输出模型。

7.3.1　零件与子装配体

上平台组件装配

1）新建装配体

启动 SolidWorks 2018，选择菜单栏中的［文件］→［新建］命令，或单击［标准］工具栏中的［新建］按钮，在弹出的［新建 SolidWorks 文件］对话框中依次单击［装配体］和［确定］按钮，创建一个新的装配体文件。

2）插入上平台零部件

在［开始装配体］属性管理器中单击［浏览］按钮，选择前面创建的零件"上平台"，将其插入装配界面，如图 7－5 所示。

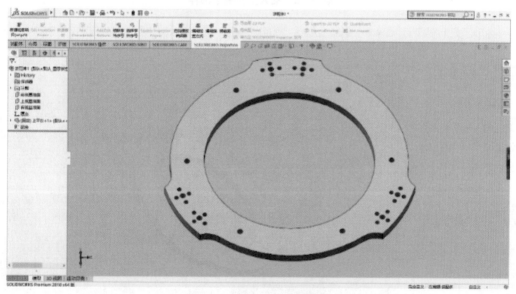

图 7－5　插入上平台零部件

3）插入上斜块零部件

单击［装配体］→［插入零部件］，在弹出的［打开］对话框中选择"上斜块"，将其插入装配界面中，如图 7－6 所示。

4）添加配合关系

单击［装配体］→［配合］。在图形区域中选择要配合的实体——上平台的六组十字定位孔的中心孔和上斜块的十字定位孔的中心孔，所选实体会出现在［配合］属性管理器的右侧显示框中，如图 7－7 所示。在［标准配合］栏目中，单击［同轴心］按钮。单击［确定］按钮，将上平台的 6 组十字定位孔的中心孔和上斜块的十字定位孔的中心孔的中心线与轴保持重合。

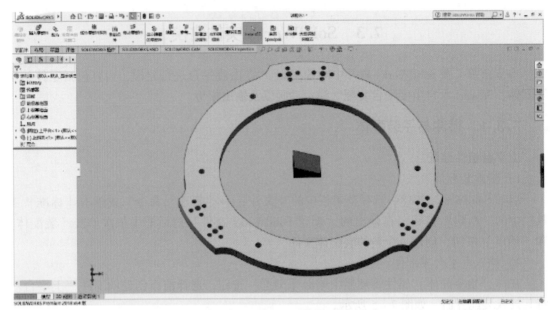

图 7-6　插入上斜块零部件

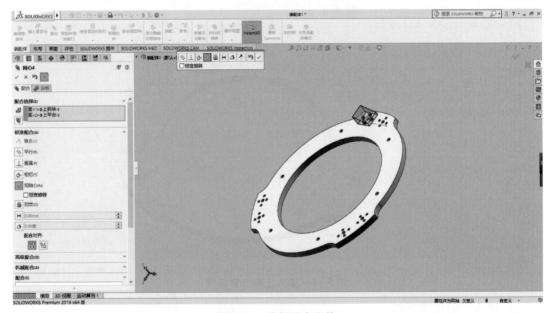

图 7-7　选择配合实体

　　单击［装配体］→［配合］，在图形区域中选择要配合的实体——上平台的 6 组十字定位孔的左孔和上斜块的十字定位孔的较高侧的孔，在［标准配合］栏目中，单击［同轴心］按钮。将上述两种孔的中心线和轴保持重合。

　　单击［装配体］→［配合］，在图形区域中选择要配合的实体——上平台的上平面和上斜块的下平面，在［标准配合］栏目中，单击［重合］按钮，将两个零部件所选的基准面赋予重合关系。

　　至此，上平台和一个上斜块装配体的装配就完成了，被赋予配合关系后的装配体如

图 7 - 8 所示。

5）随配合复制

单击［装配体］→［插入零部件］的下拉选项，选择［随配合复制］，进入步骤 1，在图形区域选择要随配合复制的零部件——上斜块，所选实体会出现在［所选零部件］属性管理器图标下侧显示框中，如图 7 - 9 所示，在［随配合复制］栏目中，选择［下一步］按钮 ⏵，进入步骤 2。

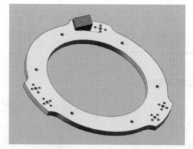

图 7 - 8　装配好的上平台和上斜块（一个）

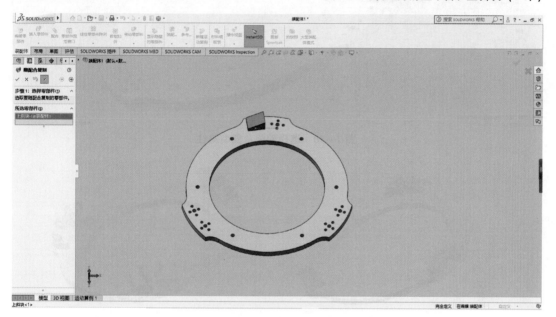

图 7 - 9　选择随配合复制实体

（1）上平台组件装配。在［配合］栏目中，依次单击上平台未装配上斜块的十字定位孔的中心孔、十字定位孔的左孔，以及上平台的上平面，所选实体会依次出现在［配合］属性管理器图标下侧显示框中，如图 7 - 10 所示，单击［确定］按钮，完成零部件的放置。

重复上述步骤，依次完成剩余 4 块上斜块的随配合复制。

至此，上平台和 6 个上斜块装配体的装配就完成了，通过随配合复制被赋予配合关系后的装配体如图 7 - 11 所示。

上斜块和上支座装配体的装配同以上步骤。上平台组件通过连接重组后的新零件如图 7 - 12 所示。

右击软件左侧［Feature Manager 设计树］→［新零件］，在下拉菜单中单击［保存零件（在外部文件中）］，选择另存为的保存位置，完成新零件的保存。

至此，上平台组件装配完成。

（2）下平台组件装配。下平台组件结构与上平台组件结构类似，参考上平台组件装配步骤即可完成下平台组件的装配，此处不再赘述。

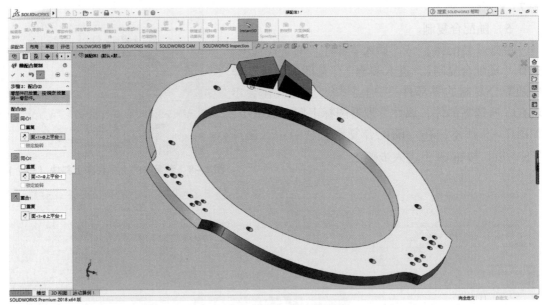

图7-10 选择随配合复制属性

图7-11 装配好的上平台和上斜块装配体

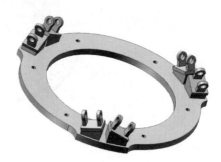

图7-12 连接重组后的新零件

（3）电动缸组件装配。

①缸筒组件装配。新建装配体，首先将"缸筒"插入装配界面；然后插入下支座零部件，完成缸筒和下支座装配体的装配，被赋予配合关系后的装配体如图7-13所示。

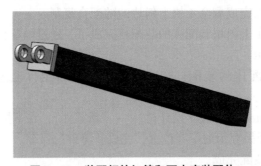

图7-13 装配好的缸筒和下支座装配体

最后再完成缸筒的连接重组，得到连接重组的新零件如图7-14所示。

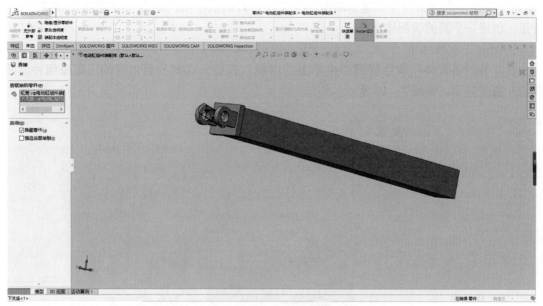

图 7 - 14　选择连接重组实体

②缸杆组件装配。缸杆组件装配步骤与缸筒组件装配步骤一致。

③电动缸组件装配。新建装配体，插入连接重组后的缸筒零部件，再插入连接重组后的缸杆零部件，添加配合关系，连接重组后得到电动缸组件如图 7 - 15 所示。

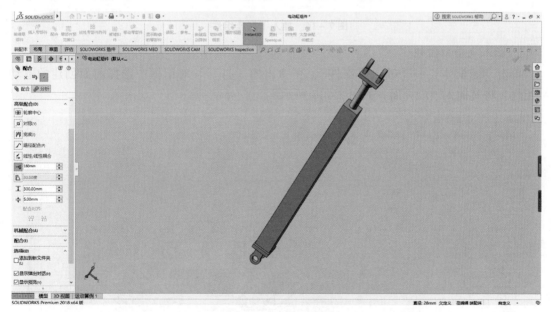

图 7 - 15　电动缸组件

7.3.2　Stewart 六自由度平台装配

1. 新建装配体

启动 SolidWorks 2018，选择菜单栏中的［文件］→［新建］命令，或单击［标准］→

[新建] 按钮，在弹出的 [新建 SolidWorks 文件] 对话框中依次单击 [装配体] 和 [确定] 按钮，创建一个新的装配体文件。

2. 插入下底座组件

在 [开始装配体] 属性管理器中单击 [浏览] 按钮，选择前面创建的下底座组件，将其插入装配界面，如图 7 – 16 所示。

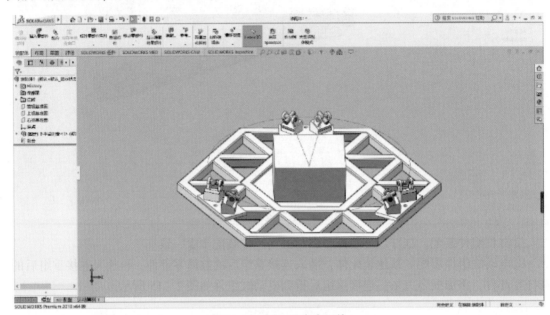

图 7 – 16　插入下底座组件

3. 插入电动缸组件

单击 [装配体] → [插入零部件]，在弹出的 [打开] 对话框中选择前面创建的电动缸组件，将其插入装配界面，如图 7 – 17 所示。

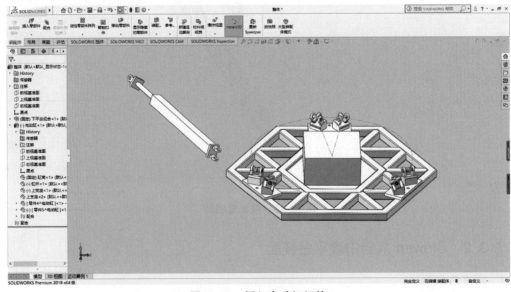

图 7 – 17　插入电动缸组件

4. 添加配合关系

单击［装配体］→［配合］。在图形区域中选择要配合的实体——下平台组件中任一十字叉关节的任意一端圆柱切面和电动缸组件中下支座任一圆形孔外侧，所选实体会出现在［配合］属性管理器的图标右侧显示框中，如图 7 – 18 所示。在［标准配合］栏目中，单击［重合］按钮，将保持下平台组件十字叉的一端圆柱切面和电动缸组件下支座圆形孔外侧切面重合。

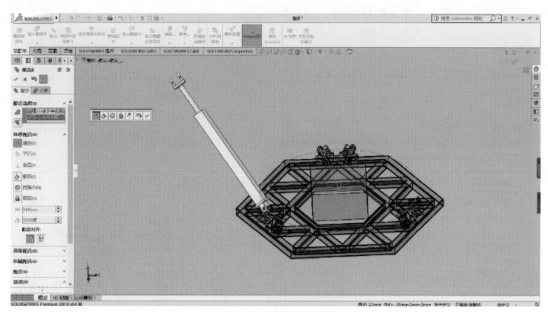

图 7 – 18　选择配合实体

至此，一个电动缸组件和下平台组件的装配就完成了，被赋予配合关系后的装配体如图 7 – 19所示。

5. 随配合复制

使用随配合复制功能，完成剩余 5 个电动缸组件与下平台的装配。

至此，下平台组件和 6 个电动缸组件的装配就完成了，通过随配合复制被赋予配合关系后的装配体如图 7 – 20 所示。

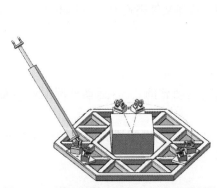

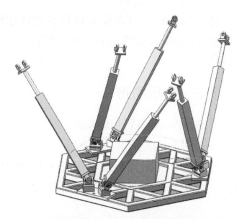

图 7 – 19　装配好的电动缸和下平台装配体　　**图 7 – 20　装配好的下平台组件和电动缸组件装配体**

为了使装配好的电动缸组件可以沿着缸杆进行伸缩运动、绕着十字叉进行旋转运动，右击软件左侧［Feature Manager 设计树］中的任意［电动缸］按钮，在弹出的对话框中单击［零部件属性］；在弹出的［零部件属性］对话框中，如图 7 - 21 所示，将［配置特定属性］栏目中的"刚性"改为"柔性"，完成属性的配置。

6. 插入上平台组件

插入上平台组件的步骤与插入下平台组件的步骤一致。至此，上平台组件和 6 个电动缸组件的装配就完成了，总装配体如图 7 - 22 所示。

图 7 - 21　［零部件属性］对话框

图 7 - 22　总装配体

至此，Stewart 六自由度平台总装配体建模完成。

单击 SolidWorks 软件顶部菜单栏中的［文件］按钮，选择文件格式为"Parasolid(*.x_t)"，将模型保存。

7.3.3　演示动画

单击 SolidWorks 软件顶部第二行菜单栏中的［新建运动算例］，含运动算例配置界面的软件界面如图 7 - 23 所示。

单击运动算例配置界面的［上平台组合］，再单击运动算例配置界面上端菜单栏中的［电机］，含电机配置界面的软件界面如图 7 - 24 所示。

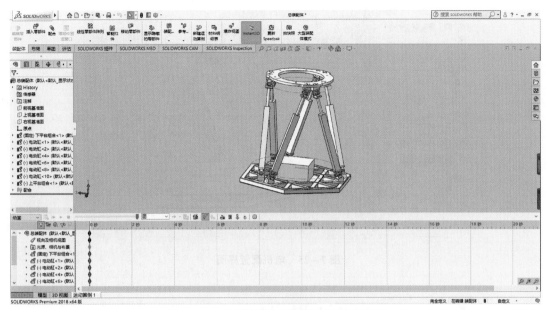

图 7 - 23　含运动算例配置界面的软件界面

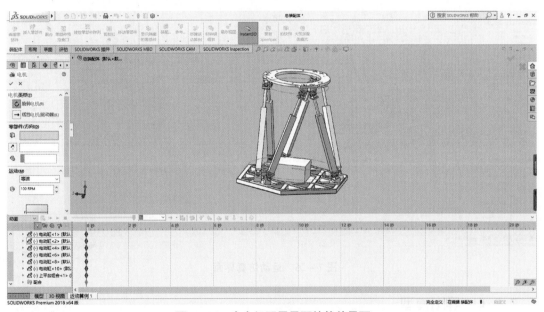

图 7 - 24　含电机配置界面的软件界面

　　单击软件界面左侧电机配置区域［电机类型］→［线性电机驱动］，选择电机类型为［线性驱动电机］；单击［电机位置］，选择图形区域中的任意缸杆；单击［反向］，选择方向为"向上"；单击［相对此项移动的零部件］，选择图形区域中的相应的缸筒；设置运动类型为"等速"，运动速度为"50 mm/s"，配置界面如图 7 - 25 所示，单击［确定］按钮。

　　单击［动画播放］，开始运动仿真，运动仿真界面如图 7 - 26 所示。

　　至此，运动仿真完成。

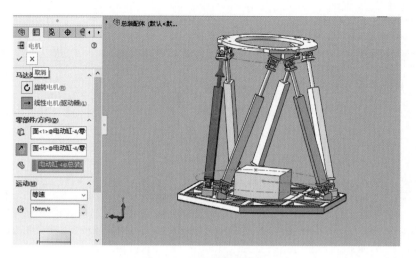

图 7-25　电机配置界面

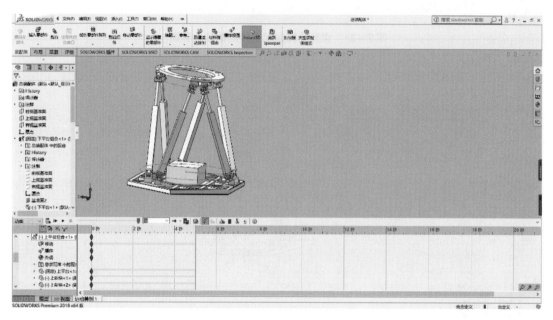

图 7-26　运动仿真界面

7.3.4　导出模型

在 Adams 软件中，对 Stewart 六自由度平台模型进行仿真时，一般可以将 SolidWorks 中的 Stewart 六自由度平台模型导入 Adams 软件中，此时要求 SolidWorks 中的 Stewart 六自由度平台模型的文件格式为"Parasolid(*.x_t)"。

在 SolidWorks 中建立好 Stewart 六自由度平台模型后，单击 SolidWorks 软件顶部菜单栏中的［文件］按钮，选择文件格式为"Parasolid(*.x_t)"，将模型导出。

7.4 Adams 建模

本节讲述在 Adams 软件中对 Stewart 六自由度平台进行建模，内容包括模型导入、添加约束、添加运动、添加解算、添加变量以及模型导出。

7.4.1 模型导入

（1）双击桌面 Adams/View 图标 ▣，或者在开始菜单单击程序，再单击 ［MSC. Software］ → ［Adams2015］ → ［Aview］，系统弹出 Adams 2015 ［开始］对话框，如图 7 - 27 所示。在开始界面上单击 ［New Model］，系统弹出 ［建立新模型］对话框，如图 7 - 28所示。在 Model Name 栏输入模型的名字 MODEL_Stewart，然后单击 ［OK］按钮，进入 Adams 2015 界面。

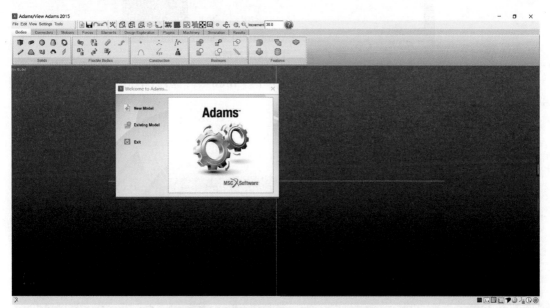

图 7 - 27　Adams 2015 ［开始］对话框

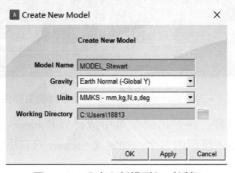

图 7 - 28　［建立新模型］对话框

（2）单击 ［File］ → ［import］，弹出输入模型对话框。在对话框 ［File Type］栏下拉列表中找到 Parasolid 选项，单击 ［选择］按钮。

（3）在［File To Read］栏目中首先右击找到 Stewart 目录下的 Stewart. x_t 文件，单击选择 Stewart. x_t 文件；然后单击［OK］按钮，导入模型 Stewart. x_t。在［File Type］下拉列表中选择 ASCII 项，在 Model Name 栏右击依次选择［Model］ → ［Guess］ → ［model_Stewart］，给导入的模型命名；最后单击［OK］按钮完成模型的导入，如图 7 - 29 所示。

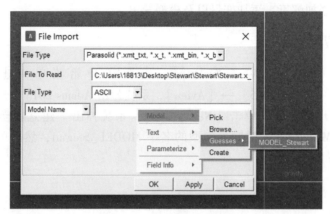

图 7 - 29　导入模型对话框

（4）首先单击 Adams 2015 界面左端树结构下［Browse］；然后单击［Bodies］，系统展开 Stewart 平台模型部件，如图 7 - 30 所示。

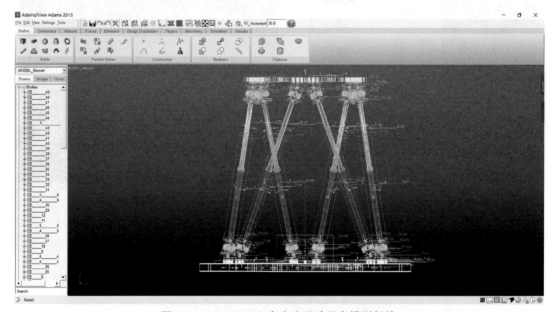

图 7 - 30　Stewart 六自由度运动平台模型部件

（5）右击部件或双击部件，在弹出的菜单中选择［Rename］，系统弹出［修改模型名称］对话框，在对话框中输入模型的名字，如定义 Stewart 六自由度平台的上平台部件_____31 为 Top，如图 7 - 31 所示。

（6）模型中其他部件的命名方式和步骤与步骤（5）相同，依次命名定平台、缸筒以及缸杆为 Base、Cy1 ~ Cy6 和 Rod1 ~ Rod6。

（7）单击菜单栏中的［Settings］，在弹出的菜单中选择［Units］进行单位设置，如

图 7 - 32 所示，依次选择［Length］为 Meter、［Mass］为 Kilogram、［Force］为 Newton、［Time］为 Second、［Angle］为 Degree、［Frequency］为 Hertz。

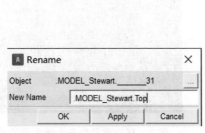

图 7 - 31　重命名_____31

图 7 - 32　单位设置

（8）首先单击 Adams 2015 界面左端树结构下［Browse］；然后单击［Forces］，在下拉菜单中双击［Gravity］进行重力设置，如图 7 - 33 所示，依次输入 X 为 0，Y 为 - 9.80665，Z 为 0。

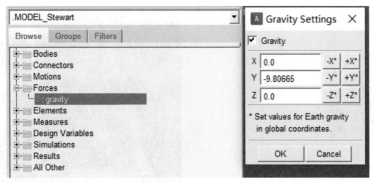

图 7 - 33　重力设置

7.4.2　添加约束

1. 添加固定副

Stewart 六自由度平台的定平台与大地之间固定连接。单击固定副图标，弹出［创建固定副］对话框，如图 7 - 34 所示。在［Construction］下拉列表中选择 2 Bodies - 1 Location 和 Normal To Grid，在 First 下拉列表中选择 Pick Body。

单击定平台部件（Base），再单击大地部件（ground），选择定平台底部部件的重心（____31. cm）作为固定连接点，单击质心，选择竖直向下的方向，创建定平台与大地之间的固定副，如图 7 - 35 所示。

2. 添加万向节副

在电动缸缸筒与下平台之间添加一个万向节副。单击万向节副图标，弹出［创建万向节副］对话框，如图 7 - 36 所示。在［Construction］下拉列表中选择 2 Bodies - 1 Location 和 Pick Geometry Feature，在 1st 下拉列表中选择 Pick Body，在 2nd 下拉列表中选择 Pick Body。

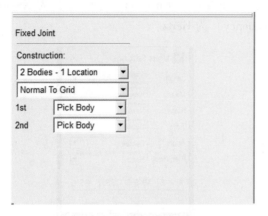

图 7 - 34　创建固定副对话框

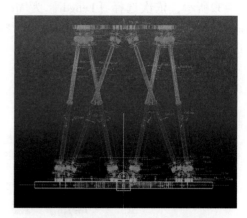

图 7 - 35　定平台与大地之间的固定副

先单击缸筒 1（Cy1），再单击定平台部件（Base），选择与缸筒 1 部件连接的万向节的质心（_____13. cm）作为旋转副连接点。单击质心，选择相互垂直的两个万向节运动的方向，创建缸筒 1 与定平台间的万向节副，如图 7 - 37 所示。

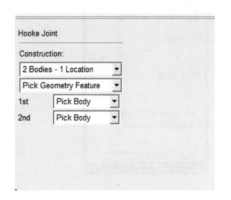

图 7 - 36　创建万向节副对话框

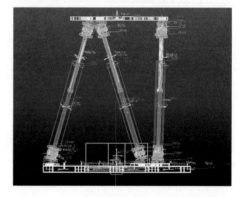

图 7 - 37　缸筒与定平台之间的万向节副

首先单击 Adams 2015 界面左端树结构下［Browse］；然后单击［Connectors］按钮，在下拉菜单中双击［JOINT_2］按钮进行万向节副 Type 设置，如图 7 - 38 所示，选择［Type］为 Universal。

模型中其他部件间的万向节副添加方式和步骤与上一步相同，依次添加剩余 5 个缸筒与定平台以及 6 个缸杆与上平台之间的万向节副。

3. 添加圆柱副

在电动缸缸筒与下平台之间添加一个圆柱副。单击圆柱副图标，弹出创建［旋转副］对话框，如图 7 - 39 所示。在［Construction］下拉列表中选择 2 Bodies - 1 Location 和 Pick Geometry Feature，在 1st 下拉列表中选择 Pick Body，在 2nd 下拉列表中选择 Pick Body。

先单击缸筒 1 部件（Cy1），再单击缸杆 1 部件（Rod1），选择缸筒 1 部件的质心（Cy1. cm）作为圆柱连接点，单击质心，移动鼠标。当鼠标指针指向沿电动缸竖直向上时，单击，创建缸筒 1 与缸杆 1 间的圆柱副，如图 7 - 40 所示。

图 7 - 38　选择万向节副 Type

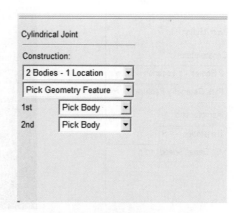

图 7 - 39　创建圆柱副对话框

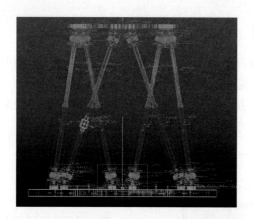

图 7 - 40　电动缸缸筒与缸杆之间的圆柱副

模型中其他部件间的圆柱副添加方式和步骤与上一步相同，依次添加剩余 5 个缸筒与缸杆之间的圆柱副。

7.4.3　添加运动

单击菜单栏中的 Motions，在弹出的菜单中选择［单点轴运动］，进行运动设置，如图 7 - 41所示，依次选择［Length］为 Meter、［Mass］为 Kilogram、［Force］为 Newton、［Time］为 Second、［Angle］为 Degree、［Frequency］为 Hertz。

先单击缸筒 1 部件（Cy1），再单击缸杆 1 部件（Rod1），选择缸筒 1 部件的质心（Cy1. cm）作为圆柱连接点，单击质心，移动鼠标。当鼠标指针指向沿电动缸竖直向上时，单击，创建缸筒 1 与缸杆 1 间的单点轴运动关系，如图 7 - 42 所示。

首先单击 Adams 2015 界面左端树结构下［Browse］；然后单击［Motions］，在下拉菜单中双击［MOTION_ 1］按钮进行单点轴运动设置，如图 7 - 43 所示。依次选择 Direction 为 Along Z、Function（time）为 0.05 * time。

模型中其他单点轴运动添加方式和步骤与上一步相同，依次添加剩余 5 个单点轴运动。

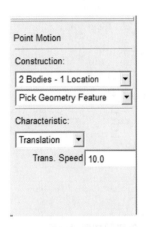

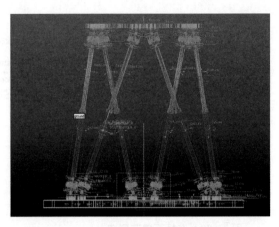

图 7 – 41 创建（单点轴运动）对话框   图 7 – 42 缸筒与缸杆之间的单点轴运动关系

7.4.4 添加变量

添加电动缸位移变量。单击菜单栏［Elements］，在弹出的菜单中选择变量 x，进行变量设置，如图 7 – 44 所示，输入变量名称为 D1。

模型中其他变量添加方式和步骤与上一步相同，依次添加剩余 5 个电动缸位移变量、6 个作用于上平台的电动缸力变量，以及上平台的 6 个位姿变量。

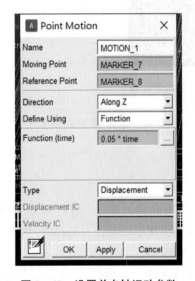

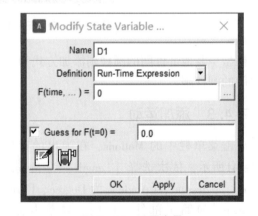

图 7 – 43 设置单点轴运动参数   图 7 – 44 设置变量

7.4.5 添加测量

1. 创建作用力测量

首先单击 Adams 2015 界面左端树结构下［Browse］；然后单击［Connectors］按钮，在下拉菜单中右击电动缸缸杆 1 与上平台之间的万向节副 JOINT_9 按钮，选择 Measure 进行作用力测量设置，如图 7 – 45 所示。依次选择［Characteristic］为 Force、Component 为 mag。

模型中其他作用力测量添加方式和步骤与上一步相同，依次添加剩余 5 个作用力测量以及上平台的 6 个位姿测量。

2. 创建作用力关联测量

首先单击 Adams 2015 界面左端树结构下［Browse］；然后依次单击［Elements］按钮、［System Elements］按钮，在下拉菜单中右击变量 F1 按钮，选择［Modify］进行作用力关联测量设置，如图 7 – 46 所示。选择 F(time,...) = 为 . MODEL_Stewart. MOTION_1_MEA_1。

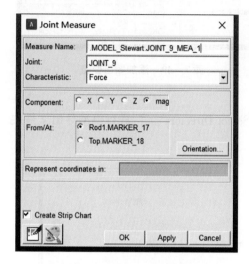

图 7 – 45　设置作用力测量参数

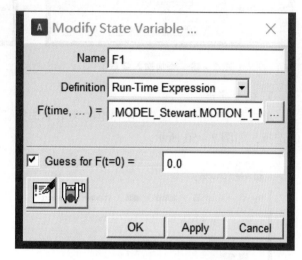

图 7 – 46　设置作用力关联测量参数

模型中其他作用力关联测量添加方式和步骤与上一步相同，依次添加剩余 5 个作用力关联测量以及上平台的 6 个位姿关联测量。

3. 添加运动函数

首先单击 Adams 2015 界面左端树结构下［Browse］；然后单击［Motions］，在下拉菜单中右击变量 MOTION _1 按钮，选择［Modify］进行运动函数设置，如图 7 – 47 所示。依次选择［Direction］为 Along Y、［Define Using］为 Function、［Function（time）］为 varval（D1）、［type］为 Displacement。

模型中其他运动函数添加方式和步骤与上一步相同，依次添加剩余 5 个运动函数。

7.4.6　模型导出

1. 添加输入变量

单击菜单栏［Elements］，在弹出的菜单中选择［创建模型输入］，进行输入变量添加，如图 7 – 48 所示。在［Variable Name］栏目中输入"D1，D2，D3，D4，D5，D6"。

2. 添加输出变量

单击菜单栏中［Elements］，在弹出的菜单中选择［创建模型输出］，进行输出变量添

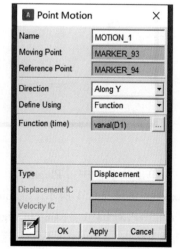

图 7 – 47　添加运动函数

加，如图 7-49 所示。在［Variable Name］栏目中输入"F1，F2，F3，F4，F5，F6，TX，TY，TZ，RX，RY，RZ"。

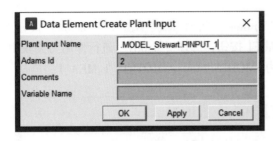

图 7-48　添加输入变量　　　　　　　　　图 7-49　添加输出变量

3. 模型导出

单击菜单栏中［File］，在弹出的菜单中选择［Select Directory …］进行模型导出文件夹的选择，如图 7-50 所示。

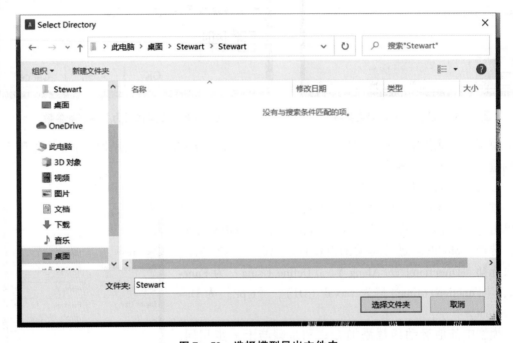

图 7-50　选择模型导出文件夹

单击菜单栏中［Plugins］，在弹出的菜单中选择 Controls，在弹出的菜单中选择 Plant Export，如图 7-51 所示。［Initial Static Analysis］选择 No、［Input Signal(s)］选择 From Pinput→PINPUT_1、［Output Signal(s)］选择 From Poutput→POUTPUT_1、［Target Software］选择 Matlab、［Analysis Type］选择 non_linear、［Adams/Solver Choice］选择 C++，最后单击［OK］按钮。

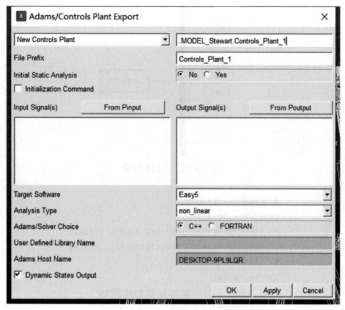

图 7 - 51　设置模型导出参数

7.5　Adams/Matlab 联合仿真

本节把 Matlab/Simulink 与 Adams 模型连接在一起进行联合仿真，内容包括 Stewart 六自由度平台的 Simulink 仿真、联合仿真的 Simulink 模型、添加执行机构动态特性以及联合仿真数据分析。

7.5.1　Stewart 六自由度平台的 Simulink 仿真

1. Stewart 六自由度平台的 Simulink 模型搭建

首先在 Matlab/Simulink 窗口菜单栏中单击 ［File］；然后在下拉菜单中依次单击 ［New］ → ［Blank Model］。

在 Blank Model 中新建 Stewart 六自由度平台的运动学解算函数 s - function，该函数能将 Stewart 六自由度平台的位姿（X、Y、Z 轴方向的平移量和旋转量）解算成 Stewart 六自由度平台的 6 根电动缸的伸缩量。

在控制方案的输入端设置 Stewart 六自由度平台 Z 轴方向的旋转量为一个正弦量，其余方向的位姿为零；在控制方案的输出端设置 Stewart 六自由度平台姿态的显示器。控制方案如图 7 - 52 所示。此时的控制方案中，Stewart 六自由度平台为一理想的伺服系统，即输出和输入完全一致。

2. Stewart 六自由度平台的运动动画

设计 Stewart 六自由度平台的运动动画.m 文件。

程序主要包括变换矩阵、电动缸的反解算法和电动缸的运动动画。变换矩阵程序代码如图 7 - 53 所示，电动缸的反解算法程序代码如图 7 - 54 所示，电动缸的运动动画程序代码如图 7 - 55 所示。

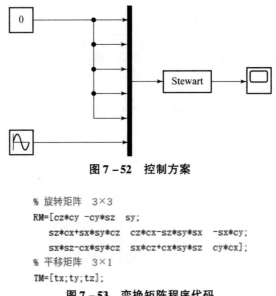

图7-52　控制方案

```
% 旋转矩阵  3×3
RM=[cz*cy  -cy*sz   sy;
    sz*cx+sx*sy*cz  cz*cx-sz*sy*sx  -sx*cy;
    sx*sz-cx*sy*cz  sx*cz+cx*sy*sz  cy*cx];
% 平移矩阵  3×1
TM=[tx;ty;tz];
```

图7-53　变换矩阵程序代码

```
for i=1:6
    DOF6.cylinder(i).new_top_point=(RM*DOF6.cylinder(i).top_point'+TM)';
    length(i)=P2P_Len(DOF6.cylinder(i).new_top_point,DOF6.cylinder(i).bottom_point)-DOF6.cylinder(i).fix_len;
end;
```

图7-54　电动缸的反解算法程序代码

```
for i=1:6
    p1=DOF6.cylinder(i).bottom_point;
    p2=DOF6.cylinder(i).new_top_point;
    set(cy_handle(i),'XData',[p1(1) p2(1)],'YData',[p1(2) p2(2)],'ZData',[p1(3) p2(3)]);
    set(text_handle(i),'Position',p2);
    if i==1
        p1=DOF6.cylinder(1).new_top_point;
        p2=DOF6.cylinder(6).new_top_point;
        set(frame_handle(i),'XData',[p1(1) p2(1)],'YData',[p1(2) p2(2)],'ZData',[p1(3) p2(3)]);
    else
        p1=DOF6.cylinder(i).new_top_point;
        p2=DOF6.cylinder(i-1).new_top_point;
        set(frame_handle(i),'XData',[p1(1) p2(1)],'YData',[p1(2) p2(2)],'ZData',[p1(3) p2(3)]);
    end;
end;
pause(0.005);
end;
```

图7-55　电动缸的运动动画程序代码

3. 仿真结果

运行 Stewart 六自由度平台的 Simulink 模型。其中，正弦输入信号幅值为30、频率为 $2*pi$、仿真时间为2 s。得到的输出姿态如图7-56所示。

4. 仿真结果

运行 Stewart 六自由度平台的运动动画代码，设置上平台绕 Z 轴姿态角满足如下规律：$rz = 30 * \sin(2 * pi * 0.5 * toc)$，得到的仿真动画如图7-57所示。

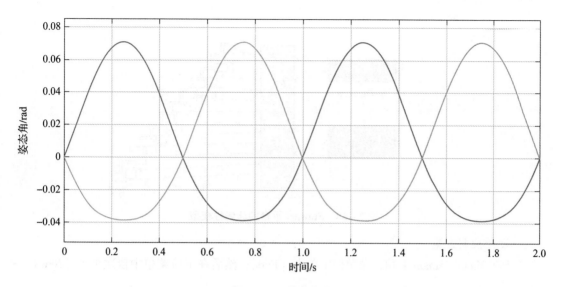

图 7 - 56　输出姿态

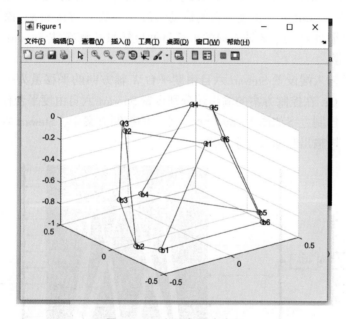

图 7 - 57　上平台运动动画

7.5.2　联合仿真的 Simulink 模型

1. 建立 Matlab 控制模型

单击 Matlab 菜单栏中［浏览文件夹］，选择 Adams 模型导出文件夹。首先在 Matlab 命令行输入窗口中输入控制模型参数文件命令 Controls_Plant_1；然后在 Matlab 命令行输入窗口中输入 Adams 与 Matlab 的接口命令 Adams_sys，会在 Matlab/Simulink 窗口中出现 Adams 中建立的用于力学计算的 Stewart 六自由度平台非线性模型，如图 7 - 58 所示。

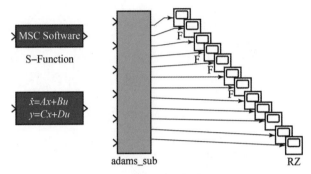

图 7-58 Stewart 平台的非线性模型

2. 设计控制方案

首先在 Matlab/Simulink 窗口菜单栏中单击 [File]; 然后在下拉菜单中依次单击 [New] → [Blank Model]。

将步骤 1 中的 Stewart 六自由度平台非线性模型选择后拉入新建的 Blank Model 中。在 Blank Model 中新建 Stewart 六自由度平台的运动学解算函数 s-function, 该函数能将 Stewart 六自由度平台的位姿（X、Y、Z 轴方向的平移量和旋转量）解算成 Stewart 六自由度平台的 6 根电动缸的伸缩量。

在控制方案的输入端设置 Stewart 六自由度平台 X 轴方向的平移量为一个正弦量, 其余方向的位姿为常量 0; 在控制方案的输出端分别设置 Stewart 六自由度平台作用力、平移量和旋转量的显示器, 控制方案如图 7-59 所示。此时的控制方案中, Stewart 六自由度平台为一理想的伺服系统, 即输出和输入完全一致。

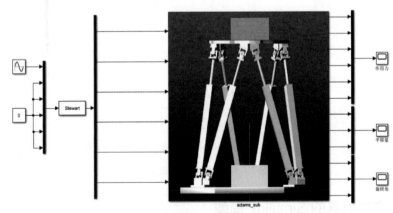

图 7-59 控制方案

7.5.3 添加执行机构动态特性

1. 添加执行机构的动态特性

为了让仿真更接近真实系统, 在控制方案中添加执行机构的动态特性。

通过系统辨识, 将电动缸的模型建立为一个二阶振荡模型, 分别将 6 个电动缸的模型添加到 s-function 模块和 Stewart 六自由度平台非线性模型之间, 建立一个具有幅值衰减和相位延迟特点的系统, 控制系统如图 7 - 60 所示。

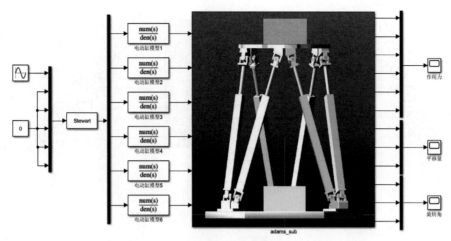

图 7 - 60　控制系统

2. Matlab/Simulink 初始化设置

首先在 Matlab/Simulink 窗口菜单栏中单击 [File]; 然后在下拉菜单中依次单击 [Model Properties] → [Model Properties]。在弹出的窗口菜单栏中单击 [Callbacks], 在图 7 - 61 左侧菜单栏中单击 [PreLoadFcn]。在图 7 - 61 右侧区域中输入 Controls_Plant_1, 该设置的作用是每次运行控制系统时可以自动加载 Controls_Plant_1. m 的控制参数。此外, 在图 7 - 61 左侧菜单栏中单击 [InitFcn], 在图 7 - 61 右侧区域中输入 Globals, 该设置的作用是每次运行控制系统时可以自动加载 Global. m 的初始化参数。

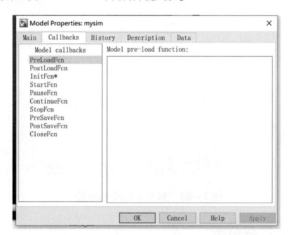

图 7 - 61　Matlab/Simulink 初始化设置

3. Adams/Matlab 数据交换参数设置

在 Matlab/Simulink 窗口工作区中双击 Adams_sys, 如图 7 - 62 所示。在弹出的窗口工作区中双击 MSC Software, 如图 7 - 63 所示。在弹出的窗口中, 选择 [Interprocess option] 为 PIPE (DDE); 选择 [Animation mode] 为 interactive, 即交互式计算; 选择 [Simulation mode] 为 continuous; 依次选择 [Plant input interpolation order] 和 [Plant output extrapolation order] 为 1, 以提高仿真速度; 在 [Communication interval] 中输入 0.001, 即每隔 0.001 s

在 Adams 和 Matlab 之间进行一次数据交换。

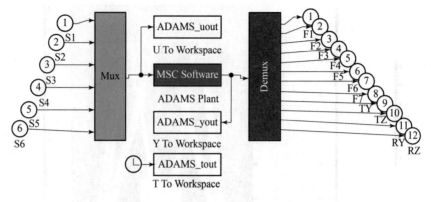

图 7 - 62   Matlab/Simulink 初始化设置

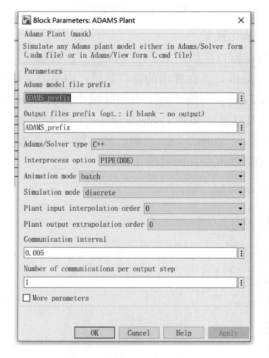

图 7 - 63   数据参数交换设置

7.5.4   联合仿真数据分析

1. 仿真设置

在 Matlab/Simulink 窗口菜单栏中单击 [Simulation] → [Model Configuration Parameters]，弹出仿真设置窗口，如图 7 - 64 所示。在图 7 - 64 左侧的菜单栏中单击 [Solver]，在图 7 - 64 右侧设置 [Start time] 为 0，设置 [Stop time] 为 2，选择 [Type] 为 Variable - step，最后单击 [OK] 按钮。

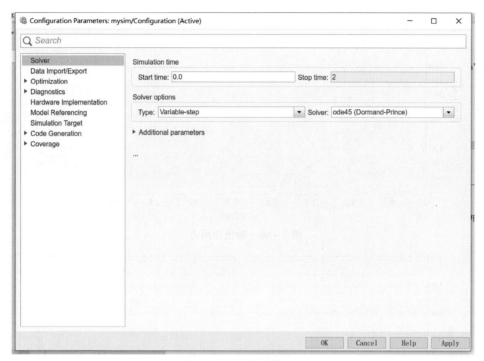

图 7 – 64　仿真设置窗口

2. 控制系统设置

设置系统的姿态输入量。设置平台沿 Z 轴旋转姿态为正弦曲线，幅值为 10，频率为 6.28 Hz，其余姿态为常量 0。并将沿 Z 轴旋转的姿态信号在输出端旋转角显示器中显示，设置仿真时间为 5 s，控制系统框图如图 7 – 65 所示。

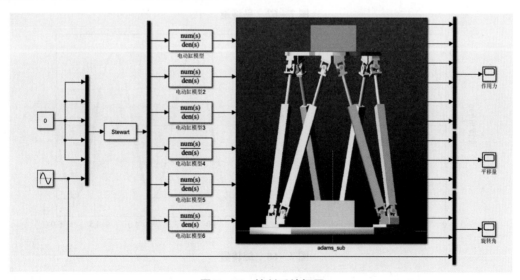

图 7 – 65　控制系统框图

仿真结束后，得到的输出作用力、平移量和旋转量分别如图 7 – 66、图 7 – 67 和图 7 – 68所示。

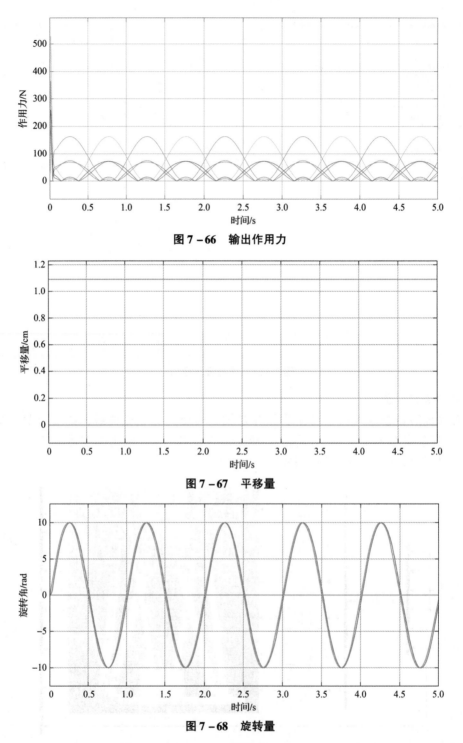

图 7 - 66　输出作用力

图 7 - 67　平移量

图 7 - 68　旋转量

从图 7 - 68 可以看出，绿色曲线为沿 Z 轴旋转的姿态信号，蓝色曲线为姿态角输出曲线，输出曲线幅值和输入曲线幅值基本一致，输出曲线的相位相比输入曲线稍有些延迟，这是由于添加执行机构动态特性所决定的。

第8章

电动并联式六轮足式机器人的建模与仿真

8.1　轮足式机器人介绍

移动机器人广泛用于军事行动、抗灾救援、野外勘探、星表探测等领域。地面移动机器人根据其主要结构和运动形式的不同分为履带式机器人、轮式机器人、足式机器人、轮足复合式机器人等。履带式机器人具有较强的地形适应性，但运动灵活性差、对地面破坏严重；轮式机器人具有较高的运动速度、稳定性和运动效率，但是其避障能力和非结构化环境中运动性能不够理想；足式机器人具有较强的越障能力和地形适应性，但移动速度和效率较低；轮足复合式机器人兼具轮式机器人和足式机器人的运动优势，能实现轮式运动、足式运动以及轮足复合式运动等模式，具有运动形式多样、移动速度快、运动效率高、越障性能好等特点，有较强的研究价值。

近年来，国内外学者或研究机构研发出了各种类型的轮足式机器人。美国 Boston Dynamics 公司设计了一种两轮人形机器人 Handle［图 8－1（a）］，该机器人能在复杂地形下快速滚动且保持身体平衡。苏黎世联邦理工学院的研究学者为四足机器人 ANYmal 安装驱动轮［图 8－1（b）］，极大地扩展了四足机器人的运动性能。意大利理工学院研制的"半人马"四轮足机器人 CENTAURO 搭载机械臂，具有高强度机械结构和高功率密度的执行机构［图 8－1（c）］，能够用于野外抢险。北京航空航天大学设计了一种六轮足式变结构机器人 NOROS，它能通过改变腿的构型实现轮、腿运动模式切换［如图 8－1（d）］，在提高环境适应性的同时防止轮子在足式运动过程中被磨损，但这种机器人无法实现轮足复合运动。

（a）　　　　　（b）　　　　　（c）　　　　　（d）

图 8－1　轮足式机器人

（a）两轮人形机器人 Handle；（b）四足机器人 ANYmal；（c）"半人马"四轮足机器人 CENTAURO；
（d）六轮足式变结构机器人 NOROS

8.2　电动并联式六轮足式机器人

8.2.1　发展历程

现有轮足式机器人一般装配串联式机械腿，具有运动灵活、易于控制等优点，但其负载能力也大打折扣。为提高这类机器人的负载能力，需采用液压驱动，而液压系统存在噪声大等问题。2014 年 12 月，北京理工大学智能感知与运动控制研究团队创新性地提出了电动并联式轮足式机器人的总体思路，如图 8 – 2 所示。他们将 4 个并联六自由度运动平台倒置，并在每个平台下端安装车轮组件，形成可进行轮式、足式和轮足复合式运动的电动并联式轮足机器人——北理哪吒（BIT – NAZA，如图 8 –3 所示）。

并联式六自   六自由度并   轮足复合驱   电动并联式
由度平台   联式单腿   动机构   轮足机器人

倒置

图 8 – 2　电动并联式轮足式机器人设计思路

图 8 – 3　电动并联式四轮足式机器人物理样机

该机器人具有并联机构的优点，如负载能力强、稳定性高等。机器人足端具有 6 个空间自由度，除普通轮式、足式运动外，它还能实现原地转向、变高度、变轮距、全方位行走等运动模式，可适应多种复杂环境。

在足式行走过程中，由于并联机构的运动速度较慢，而且机器人自身质量较大，四轮足式机器人不适合进行动步态行走，因而稳定性较高的静步态成为首选，但静步态限制了机器人的行走速度。此外，四轮足式机器人使用的电动缸没有自锁装置，即系统断电时，电动缸的位置无法保持，整个机器人需用支架支撑。这两个缺点限制了四轮足式机器人的发展，研究团队于 2018 年提出新的方案，利用并联机构重新设计一台六轮足式机器人。

如图 8 – 4 所示，六轮足式机器人的 6 条腿沿正六边形对称地分布。在足式行走过程中，可以采用三足步态形式，即每次迈 3 条腿，机身始终受其余 3 条腿支撑，具有较高的稳定性和行走速度。六轮足式机器人使用了带自锁装置的电动缸，当整体系统断电时，机器人能保持当前状态，这有利于机器人在户外调试。

8.2.2　六轮足式机器人系统组成

电动并联式六轮足式机器人物理样机如图 8 –4 所示，其详细参数如表 8 – 1 所示。机器人的单腿为倒置的 Stewart 结构，其足端具有 6 个空间自由度。每条腿由 6 根电动缸驱动，通过控制电动缸的伸缩长度，使足端达到预设位姿。电动缸内置力传感器，可用于机器人足

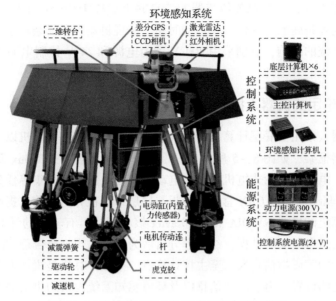

图 8 – 4 电动并联式六轮足式机器人物理样机

端受力检测。轮式电机安装于机身,能有效降低单腿的重力及抬腿能耗,有利于机器人行走。驱动轮及减速机位于腿的末端,利用传动连杆获取伺服电机提供的动力。机器人 6 条腿呈正六边形均匀分布,在各腿的配合下可实现原地转向、阿克曼转向、变高度、变轮距等运动形式。

表 8 – 1 电动并联式六轮足式机器人结构参数

参　数	数值
机身长度/m	1.8
机身宽度/m	1.8
机身高度/m	1.4
总体质量/kg	400
最大负载/kg	200
轮式运动速度/(km·h⁻¹)	20
足式运动速度/(km·h⁻¹)	1.2
动力电池容量/(kW·h⁻¹)	15
电动缸行程/(mm)	400

环境感知系统是实现机器人环境感知、智能避障及自主导航的基础,其主要包含激光雷达、可见光相机、红外相机、组合导航等部分。二维转台提供俯仰和偏航两个自由度的运动,可提升相机的检测范围以及激光雷达点云的密集度。机器人整体采用分布式控制系统结构原理,6 台底层计算机负责单腿电动缸及轮式电机的驱动控制并上传位置、力、转速等信

息；环境感知计算机接收、处理各传感器的信息并生成决策指令；主控计算机根据反馈信息、决策指令规划 6 条腿的运动位置及运动时序，实现机器人在复杂环境下运行。此外，为防止强电对控制系统的影响，分别采用 300 V 动力电源和 24 V 控制电源为电机、控制系统供电，提高整体系统的安全性。

8.2.3　六轮足式机器人控制系统与通信架构

六轮足式机器人采用由底层计算机、环境感知计算机、主控计算机以及远程开发计算机构成的分布式控制框架，如图 8－5 所示。底层计算机安装嵌入式 Linux 系统，完成 Stewart 平台运动学逆解、电动缸及轮式电机控制、电动缸位置及力信息采集等任务，其控制周期约 1.5 ms。7 个伺服驱动器通过 CAN 总线扩展板与底层计算机并行通信，提高单腿控制的实时性。环境感知计算机的搭载 NVIDIA Jetson Xavier 核心板，具有较强的计算能力，其获取摄像头、激光雷达及组合导航的数据，经处理分析后为机器人规划出合理的路径和速度，并将决策信息和聚类后的障碍物信息发送至主控计算机。主控计算机是机器人整体系统的控制核心，它综合 6 条腿的位置、力、转速信息以及环境感知系统发出的决策信息，为机器人规划出合理的足端轨迹和运动方向，并将运动指令按照一定时序以字符串的形式下发至各腿的底层计算机，驱动 6 条腿运动，其控制周期约 10 ms。主控计算机安装 Ubuntu 16.04 系统和

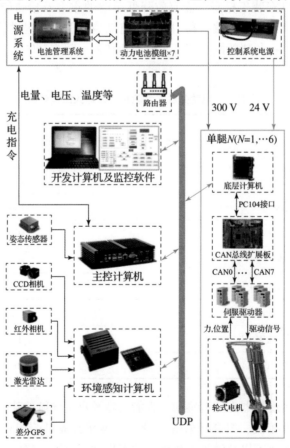

图 8－5　六轮足式机器人控制系统与通信架构

ROS（机器人操作系统），利用 ROS 特殊的通信机制将机器人的各种运动功能以节点（Node）的形式实现，以提高程序的实时性、扩展性和可维护性。电池管理系统（BMS）负责动力电池的状态（电量、电压、温度等）监测、充放电控制等，它与主控计算机以 CAN 协议进行信息交互。

六轮足式机器人的控制系统以局域网的形式组织在一起，各计算机之间通过 UDP 协议进行数据传输。远程开发计算机既可以通过远程桌面的形式修改主控计算机或环境感知计算机的程序，也能结合交叉编译环境及远程终端的方式修改机器人 6 台底层计算机的程序，还能运行监控界面控制整体系统，简化了机器人的调试过程。

8.2.4 单腿运动学分析及六维力解算

单腿运动学分析是六轮足机器人运动控制的基础，而足端力解算是实现机器人力跟踪控制、触地检测的关键。

六轮足式机器人单腿的简化模型如图 8 – 6 所示，以定平台所在圆心建立基坐标系 $O_B X_B Y_B Z_B$，以运动平台所在圆心建立动坐标系 $O_A X_A Y_A Z_A$。6 根电动缸与定平台、动平台的铰接点分别表示为 B_j，$A_j(j=1,2,\cdots,6)$。设 A_j 在动坐标系中的坐标矢量为 $\boldsymbol{A}_j=(a_{jx},a_{jy},a_{jz})$，其在基坐标系中的坐标矢量为 $\boldsymbol{A}'_j=(a'_{jx},a'_{jy},a'_{jz})$。设动坐标系原点 O_A 在基坐标系中的位置矢量为 $\boldsymbol{O}_B\boldsymbol{O}_A=(x,y,z)$，则矢量 $\boldsymbol{A}_j$ 与 $\boldsymbol{A}'_j$ 的关系可表示为

$$\boldsymbol{A}'_j=\boldsymbol{R}\boldsymbol{A}_j+\boldsymbol{O}_B\boldsymbol{O}_A \tag{8.1}$$

式中，$\boldsymbol{R}$ 为动坐标系到基坐标系的旋转变换矩阵。

设动平台绕依次绕其 X、Y、Z 轴旋转 α、β、γ 角度，则旋转矩阵可表示为

$$\boldsymbol{R}=\begin{bmatrix} c_\beta c_\gamma & -c_\beta s_\gamma & s_\beta \\ s_\alpha s_\beta c_\gamma+c_\alpha s_\gamma & -s_\alpha s_\beta s_\gamma+c_\alpha c_\gamma & -s_\alpha c_\beta \\ -c_\alpha s_\beta c_\gamma+s_\alpha s_\gamma & c_\alpha s_\beta s_\gamma+s_\alpha c_\gamma & c_\alpha c_\beta \end{bmatrix} \tag{8.2}$$

式中，$c_x=\cos x$，$s_x=\sin x$（x 代表 α，β 或 γ）。

由式（8.1）可得每一根电动缸的矢量为

$$\boldsymbol{l}_j=\boldsymbol{R}\boldsymbol{A}_j+\boldsymbol{O}_B\boldsymbol{O}_A-\boldsymbol{B}_j \tag{8.3}$$

式（8.3）即为机器人腿的运动学逆解，由解算结果可知：控制电动缸的长度，可使机器人足端达到预设位姿，如图 8 –6 所示。

六轮足式机器人因具有特殊的轮足式复合机构，其足端不适合安装力传感器。为检测机器人足端受力，在 6 根电动缸末端均安装一维拉 – 压力传感器，则机器人腿类似一个 Stewart 结构的六维力传感器。

假设 6 个力传感器只受沿其轴线方向的拉压力，则力平衡方程的矩阵形式为

$$\begin{bmatrix} \boldsymbol{F} & \boldsymbol{T} \end{bmatrix}^{\mathrm{T}}=\boldsymbol{G}\boldsymbol{f} \tag{8.4}$$

式中，$\boldsymbol{F}$、$\boldsymbol{T}$ 分别表示施加在足端的力和转矩；$\boldsymbol{f}=[f_1,f_2,f_3,f_4,f_5,f_6]^{\mathrm{T}}$ 是由 6 个力传感器测量值组成的矢量；$\boldsymbol{G}$ 称为力的正映射矩阵，可表示为

$$\boldsymbol{G}=\begin{bmatrix} \boldsymbol{S}_1 & \boldsymbol{S}_2 & \boldsymbol{S}_3 & \boldsymbol{S}_4 & \boldsymbol{S}_5 & \boldsymbol{S}_6 \\ \boldsymbol{S}'_1 & \boldsymbol{S}'_2 & \boldsymbol{S}'_3 & \boldsymbol{S}'_4 & \boldsymbol{S}'_5 & \boldsymbol{S}'_6 \end{bmatrix} \tag{8.5}$$

式中，$\boldsymbol{S}_j(j=1,2,\cdots,6)$ 和 $\boldsymbol{S}'_j$ 分别为

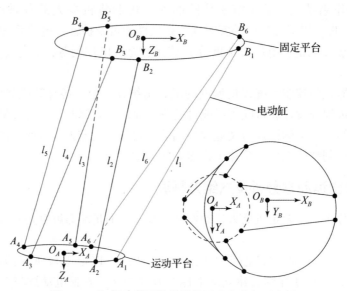

图 8-6　机器人单腿简化结构及空间坐标示意图

$$S_j = \frac{A'_j - B_j}{|A'_j - B_j|} \quad S'_j = B_j \times S_j = \frac{B_j \times A'_j}{|A'_j - B_j|} \tag{8.6}$$

式中，B_j 和 A'_j 表示电动缸铰接点在基坐标系中的位置矢量。

根据单腿运动学逆解结果以及式（8.1）、式（8.4）即可计算出机器人足端的六维力。

8.3　六轮足式机器人 SolidWorks 建模

电动并联式轮足式机器人是一个复杂的机电混合系统，借助各种仿真软件对机器人的运动模式进行仿真分析，检验算法的正确性及可行性，可达到降低研发成本、缩短研发周期的目的。以下对六轮足式机器人的建模与仿真过程进行详细介绍，首先采用 SolidWorks 创建机器人三维模型。

8.3.1　电动缸模型

六轮足式机器人的单腿包含 6 根长度不同的电动缸，其组成如图 8-7 所示。6 条电动缸分为三组，行程分别为 400 mm、412 mm、435 mm，但在仿真中，电动缸的行程差异不影响仿真效果。电动缸的行程不同，只是便于在物理样机装配时，即使电动缸的位移为零，也能保证单腿具有初始偏移量（增大机器人的支撑面）。

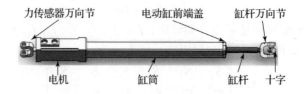

图 8-7　电动缸机械结构组成

为便于后期搭建仿真模型，可将力传感器万向节、电机、缸筒及缸盖组合在一起，将缸杆和缸杆万向节组合在一起，这不影响仿真效果。

创建足式机器人的步骤如下。

（1）选择［插入零部件］→［新零件］，如图 8 - 8 所示。

（2）鼠标旁边出现一个绿色的"√"，任意选择一个平面，如图 8 - 9 所示。

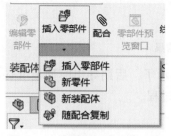

图 8 - 8　连接重组过程第一步

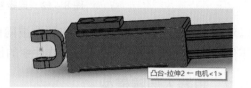

图 8 - 9　连接重组过程第二步

（3）选择［退出草图］，如图 8 - 10 所示。

图 8 - 10　连接重组过程第三步

（4）在菜单栏选择［插入］→［特征］→［连接重组］。

（5）选择要组合的零部件，再选择绿色的"√"以确认组合，如图 8 - 11 所示。

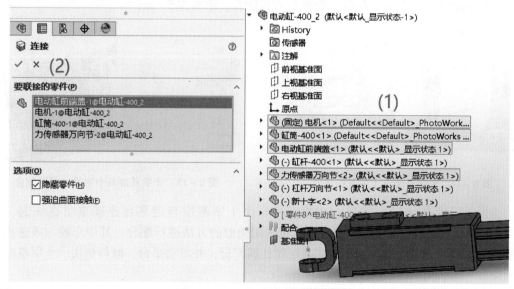

图 8 - 11　连接重组过程第五步

（6）此时，结构树中出现一个新的零件，即为组合后的零件，如图 8 - 12 所示，最后单击图 8 - 10 中左上角的［编辑零部件］可回到正常页面。

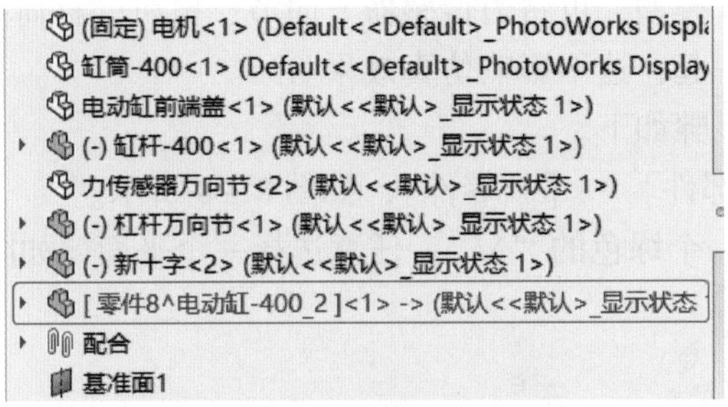

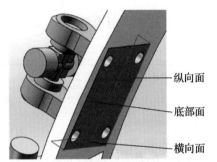

图 8-12　连接重组结果

可以看到，零件被组合后，原来的零件被隐藏显示了，后期导出模型至 Adams 时，组合后的零件为一个整体，可简化 Adams 软件中的操作过程。

8.3.2　机器人单腿模型

机器人单腿包含定平台组合、动平台组合以及 6 条电动缸。首先组装单腿的底座，如图 8-13 所示，将 6 个十字基座配合至定平台上。十字基座的横向面、纵向面及底面均与定平台的对应平面以"重合"的方式配合。

十字基座安装完之后，再把 6 个十字分别配合各至十字基座，十字与十字基座之间用圆柱副配合。十字基座与十字叉的尺寸如图 8-14 所示，因此十字的两端应陷入十字基座 7 mm。如图 8-15 所示，选择十字基座与十字叉的两个面，并以"距离"方式配合，距离为 5 mm。

图 8-13　十字基座与单腿底座配合

纵向面
底部面
横向面

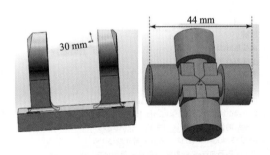

图 8-14　十字基座及十字叉的尺寸

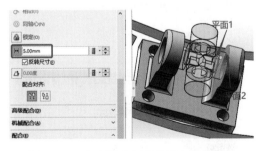

图 8-15　十字基座与十字叉之间的配合

为便于后期在 Adams 软件中建模，将 6 个十字基座与定平台连接重组在一起，如图 8-16所示。同理，单腿的动平台组合也采用类似的方法进行配合，其中车轮与减速机之间用圆柱副配合，减速机与动平台之间用圆柱副配合，并将动平台、倾斜垫块、十字基座连接重组在一起。

单腿的组装过程在第 7 章已有介绍，此处不再赘述。对于标准的 Stewart 结构，定平台与动平台的轴线在同一条直线上，如图 8-17 所示。六轮足式机器人的单腿为异形 Stewart 结构（动平台与定平台不同轴心），因此还需为动平台设置初始偏移量。

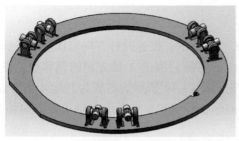

图 8 – 16　定平台和动平台组合

删除图 8 – 16 中 1、2 两个曲面的配合，此时单腿的结构不发生变化。单击窗口中［视图定向］图标，如图 8 – 18 所示，选择正前方的面，使得单腿处于正视状态。

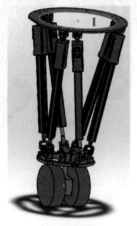

图 8 – 17　标准单腿组合　　　　**图 8 – 18　正视状态下的单腿组合**

如图 8 – 19 所示，首先在菜单栏上选择［移动零部件］，然后在图 8 – 19 左侧的［Property Manager］中选择平移方式为［由 Delta XYZ］，在［ΔX］栏目中输入 220 mm，再单击要平移的对象——定平台；最后单击［应用］按钮即可。上述操作即将定平台沿着 X 轴平移220 mm，平移零件的结果如图 8 – 20 所示。

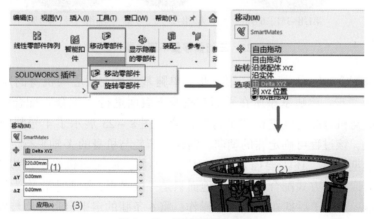

图 8 – 19　平移零件的步骤

8.3.3　机器人整体模型

组装后的机器人整体模型如图 8-21 所示，按逆时针方向依次为 6 条腿编号。假设 3、6 号腿只有沿 Y 轴的偏移量，1、2、4、5 号腿只有沿 X 轴方向的偏移量。图 8-20 所示的单腿安装于 3 号和 6 号位置，则还需按照图 8-19 所示的过程为其他 4 条腿设置偏移量。1 号腿和 4 号腿沿 X 轴正方向偏移 220 mm，2 号腿和 5 号腿沿 X 轴负方向偏移 220 mm，最终分为三组，如图 8-22 所示。

图 8-20　异形 Stewart
结构装配体

图 8-21　六轮足式机器人
整体模型

第1组-3号、6号腿　　第2组-2号、5号腿　　第3组-1号、4号腿

图 8-22　三组偏移量不同机器人单腿

单腿与机身配合时，分为三步。第一步：单腿基座所在圆心与机身的定位孔进行"同轴心"配合；第二步：单腿基座所在平面与机身下表面进行"重合"配合；第三步：单腿基座上的切削面与机身的边线进行"平行"配合。图 8-23 展示了 4 号腿的切削面与机身边线的配合过程，该过程可确定腿的朝向，需保证车轮与机身的 X 轴平行。

为了便于后期仿真，还需要插入"地面"零部件，地面与机身平面以平行方式配合，地面与车轮之间以相切方式配合。此处的地面只是一块平板，后期它将作为机器人模型的一部分输入 Adams。为便于后期在 Adams 中操作，将 6 条腿的定平台组合均与机身进行连接重组。至此，六轮足式机器人的 SolidWorks 模型已经完成，如图 8-24 所示。

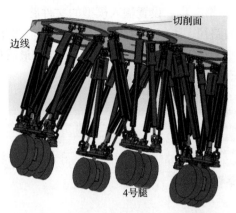

图 8 - 23　机器人单腿配合时方向的确定

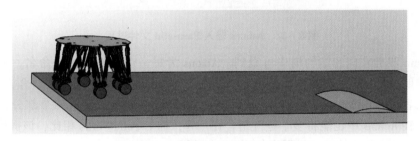

图 8 - 24　六轮足式机器人总装配体

8.4　六轮足式机器人 Adams 建模

SolidWorks 软件主要用于创建机器人模型，而运动学、动力学仿真则利用 Adams 及 Matlab 完成。虽然 SolidWorks 也能完成部分仿真，相比之下，Adams 的功能更为强大。将上述机器人的 SolidWorks 模型另存为 Parasolid(*.x_t)格式(英文名)。由于前面建模过程中对部分零件进行了连接重组，重组后，原本的零件被隐藏，因此在导出文件时有如图 8 - 25 所示的提示。此时应选择否，使得导出的模型包含那些组合后的零件，而放弃那些未组合的零件。

打开 Adams 模型，选择 [New Model] 新建一个空白模型，设置模型的名字为 naza，重力方向、单位以及文件存放路径（不包含中文）等，如图 8 - 26 所示。

图 8 - 25　SolidWorks 导出提示　　　　　图 8 - 26　Adams 创建新的模型

此时模型未包含任何实体，需输入之前建立好的机器人三维模型，分为以下四步，如图 8 - 27所示。第一步：在菜单栏上选择 [File→Import]；第二步：设置输入模型的文件类型，选择 Parasolid(* . x_t)；第三步：设置输入模型的文件路径，在该项空白处双击，即可选择路径（存放 . x_t 文件的路径，不能包含中文）；第四步：选择模型的名字，在该项空白处双击，可选择模型名字，即之前创建的空白模型（naza）。最后单击［OK］按钮，则把之前保存的六轮足式机器人三维模型输入 Adams 中。

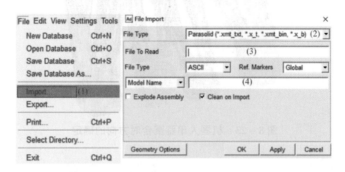

图 8 – 27   Adams 输入 Parasolid 文件过程

从 Adams 界面左侧的结构树中可看到，Adams 为每一个零件都进行命名。为便于查找零件，可按照一定规律为各零件重新命名。其中，电动缸的缸筒和电机被组合为一个零件，这是因为二者在 SolidWorks 中进行了连接重组，否则该部分会散落成四个部分，不便于仿真。虽然，在 Adams 中也能将多个零件组合在一起，但与 SolidWorks 相比，该操作较烦琐且易报错。Adams 中的六轮足式机器人如图 8 – 28 所示。

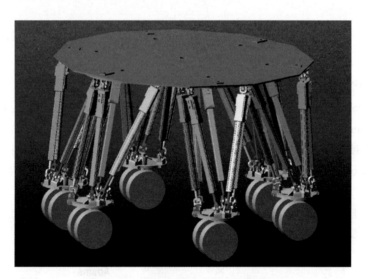

图 8 – 28   Adams 中的六轮足式机器人

此时在 Adams 中，还无法对机器人进行运动学或动力学仿真，因为各零件之间还没有约束，单击［仿真］按钮后，所有零件会随重力下落。因此，接下来需要为各零件之间添加运动副（约束）。

从车轮开始，从下往上为每条腿设置约束，车轮与减速机之间设置转动副。首先在 Adams 的菜单栏上选择［Connectors］ → ［Revolute joint］，如图 8 – 29 所示，然后再分别单击两个零件，即一个车轮和一个减速机；最后设置运动副的圆心，可将圆心设置在车轮的质心上。

如图 8-30（a）所示，在选择运动副圆心时，可能难以一
次性选择，可先将遮挡视线的零件暂时隐藏，如减速机，再将
鼠标靠近车轮，则能很容易捕捉其质心。捕捉到要设置的圆心
时，单击，则完成运动副的设置，此时车轮和减速机被约束在
一起。当鼠标捕捉到零部件的质心时，鼠标旁边会显示 cm，如
图 8-30（a）中的 wheel1.cm。此外，当多个零件重合显示在视
场中时，为了一次性选择目标对象，右击，此时会出现一个对
象列表，其中展示了鼠标附近的所有对象，而不必多次移动鼠标去试探要选择的对象。

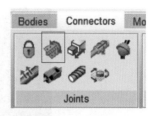

图 8-29　选择转动副

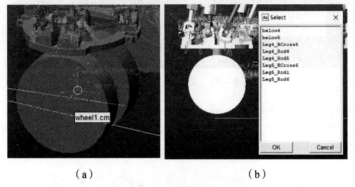

（a）　　　　　　　　　　　　（b）

图 8-30　捕捉零件的方法

Stewart 结构的动平台与减速机之间采用 Translational joint 进行约束，即二者只能沿共同
轴线相对运动。电动缸的缸杆与动平台之间利用万向节约束，首先选择［Connectors］→
［Hooke joint］，分别选择缸杆、动平台、运动副圆心、运
动副的两条轴线。在 SolidWorks 模型中，缸杆与动平台之
间用十字叉连接在一起。因此，上述万向节运动副的圆心
应设置在十字叉的重心上。为便于捕捉十字叉的质心，在
分别选择了要连接的两个零件之后，暂时隐藏遮挡视线的
零件。由此可见，在 Adams 中，十字叉只是为了便于设置
万向节副的圆心，而无实质作用。在选择圆心之后，还需
选择该运动副的两条轴线，将十字叉的两条轴线作为万向
节的轴线。最后在结构树中找到所设置的约束，右击并选
择 Modify，把运动副的类型修改为 Universal，如
图 8-31 所示。

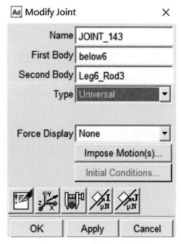

图 8-31　运动副设置

接下来讨论电动缸的缸筒与缸杆之间的约束，设置为
Cylindrical joint，即允许缸杆与缸筒之间沿共同轴线平移和
旋转。缸筒与定平台之间采用 Hooke joint 约束，此处不再详述。

此时，六轮足式机器人单腿的各部分零件之间已经添加约束，但仍无法进行仿真，因为
还未添加驱动，即整体系统除了重力外，无其他动力源。对比实际物理样机，机器人每条腿
由 6 根电动缸和 1 台轮式电机驱动。如图 8-32 所示，为每条腿的车轮添加转动驱动，为电
动缸添加平移驱动，即表示车轮绕减速机轴线转动，电动缸的缸杆沿缸筒轴线运动。

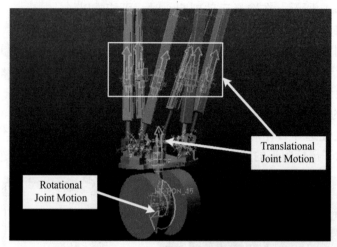

图 8 - 32 为机器人添加驱动

添加驱动分为两个步骤。第一步：在［Motion］→［Joint Motion］栏目下选择要添加的驱动（图 8 - 33）；第二步：单击要关联的运动副，Joint Motion 需要与相应的运动副关联，所以当单击运动副时，会自动在该运动副的重心创建一个驱动。

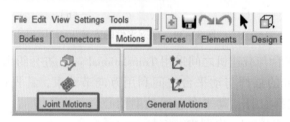

图 8 - 33 选择驱动

在图 8 - 33 左侧结构树的［Motions］中找到添加的驱动，并且为各驱动设置相应的函数（关于时间），如图 8 - 34 所示，单击［仿真］按钮后，在各驱动的作用下，机器人模型将会运动。

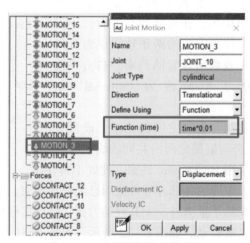

图 8 - 34 为驱动添加函数规律

　　至此，六轮足式机器人的仿真模型具备运动仿真的基本条件，但还需要为机器人与地面之间添加约束和接触力，否则在仿真过程中，机器人模型和地面模型随重力下落。首先将 Adams 的 ground 和导入的地面模型绑定在一起，选择［Connectors→Fixed joint］；然后分别单击界面中的空白处（选择 ground）、地面模型；最后选择一个点作为 Fixed joint 的中心。这里首先为机器人 6 个车轮与地面模型之间添加接触力（图 8 – 35），选择［Force］→［Create a Contact］；然后选择两个接触的固体；最后设置相应的参数。注意，图 8 – 35 所示的接触力参数对应的标准单位分别为长度（m）、质量（kg）、力（N）、时间（s）、角度（s）、频率（Hz）。如果在创建模型时，所设置的单位与上不同；如果将长度单位设置为 mm，则图 8 – 35 中的参数的数量级需做调整。

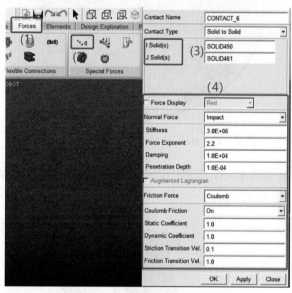

图 8 – 35　为机器人添加地面接触力

8.5　六轮足式机器人足式运动仿真

　　前面的工作主要是搭建六轮足机器人仿真模型，在此基础上，需要设计算法，驱动六轮足式机器人按照期望的运动规律运动，从而验证算法的正确性，这也是仿真的最终目的。在 Adams 中可以为各个驱动设置函数规律并驱动机器人运动，但这种方式只适合简单的运动过程。Adams 提供了与 Matlab 交互的接口，因此可以利用 Matlab 进行算法设计和数值计算，将计算结果输入 Adams 模型并驱动模型运动，这种联合仿真的方式极大地发挥了两种软件的优势。

　　在实现六轮足式机器人足式行走之前，首先编写 Matlab 程序驱动机器人单腿运动（以机器人 3 号腿为例）。Stewart 机构的运动学逆解过程，需要设定电动缸两端铰接点的初始坐标，可利用 SolidWorks 测量单腿装配体的几何参数，以下详细介绍底座几何参数的测量方法。打开单腿的基座装配体，单击［草图绘制］，需要选择一个基准面，先选择菜单栏上的［插入］，再选择该栏目下的［插入参考几何体］→［基准面］。此时，需要为基准面设定 3 个参考，用鼠标点选 3 个十字叉质心作为基准面的参考点。完成该步骤后，在 6 个十字叉质心的所在平面绘制了一个基准面，在此基准面上绘制一个圆，且6个十字叉中心在圆周上，如图8-36所示。在图8-36中标出了单腿基座的几何参数：底座直径为500 mm，相邻十字叉夹角为18°，这些参数将用于Stewart机构运动学逆解。Stewart机构动平台的参数测量与此类似，动平台直径为259.65 mm，相邻十字叉夹角为33.12°。

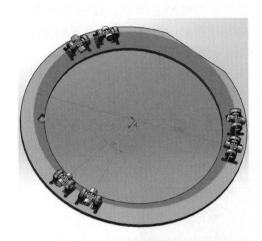

图8-36　Stewart机构底座几何参数测量

单腿的其他几何参数如图8-37所示，动平台与定平台在竖直方向的距离为775.39 mm，二者在X轴方向的偏移量为220 mm。

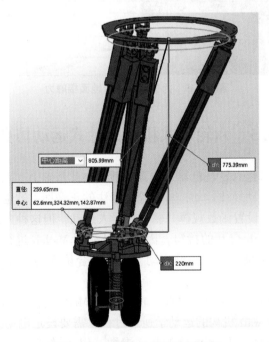

图8-37　机器人3号腿几何参数

以下编写Matlab程序，包含P2P_Lem. m、Globals. m、Leg3. m，程序代码如下：

```
% P2P_Len.m用于计算空间中两点之间的距离
function [r] = P2P_Len(p1,p2)
  r=(p1.x-p2.x)^2+(p1.y-p2.y)^2+(p1.z-p2.z)^2;
  r=sqrt(r);
end
```

```
% Globals.m
global Theta;          %   角度到弧度转换单位
global DOF6;
Ktha = pi/180;
B_a=18/2.0;            %   下平台支点夹角的 1/2
T_a=33.12/2;           %   上平台支点夹角的 1/2
TopR=0.25965/2;        %   动平台铰接点分布圆的半径
BottomR=0.5000/2;      %   固定平台铰接点分布圆的半径

%   计算下支点的相位角度
B_Angle(1)=(240+B_a)*Theta;
B_Angle(2)=(240-B_a)*Theta;
B_Angle(3)=(120+B_a)*Theta;
B_Angle(4)=(120-B_a)*Theta;
B_Angle(5)=(0+B_a)*Theta;
B_Angle(6)=(0-B_a)*Theta;
%   计算下支点的相位角度
T_Angle(1)=(300-T_a)*Theta;
T_Angle(2)=(180+T_a)*Theta;
T_Angle(3)=(180-T_a)*Theta;
T_Angle(4)=(60+T_a)*Theta;
T_Angle(5)=(60-T_a)*Theta;
T_Angle(6)=(300+T_a)*Theta;
Height=0.77539;%   动平台与固定平台在竖直方向的距离
%   计算上下支点的初始坐标
for i=1:6
    DOF6.cylinder(i).bottom_point.x=BottomR*cos(B_Angle(i));
    DOF6.cylinder(i).bottom_point.y=BottomR*sin(B_Angle(i));
    DOF6.cylinder(i).bottom_point.z=0;% 假设固定平台竖直方向的坐标为零
    DOF6.cylinder(i).top_point.x=TopR*cos(T_Angle(i))-0.220;
    DOF6.cylinder(i).top_point.y=TopR*sin(T_Angle(i));
    DOF6.cylinder(i).top_point.z=-Height;% 动平台竖直方向的初始坐标
    %   计算6根电动缸的初始长度

DOF6.cylinder(i).init_len=P2P_Len(DOF6.cylinder(i).top_point,DOF6.cylinder(i).bo
ttom_point);
end
% Stewart平台6个自由度的初始给定量设定为0
DOF6.giv_pos.r_x=0;
DOF6.giv_pos.r_y=0;
DOF6.giv_pos.r_z=0;
DOF6.giv_pos.t_x=0;
DOF6.giv_pos.t_y=0;
DOF6.giv_pos.t_z=0;
```

```matlab
% Leg3.m
function [sys,x0,str,ts]=Leg3(t,x,u,flag)
switch flag
case 0
    [sys,x0,str,ts]=mdlInitializeSizes;
%case 1,
%   sys=mdlDerivatives(t,x,u);
case 3
    sys=mdlOutputs(t,x,u);
case {1, 2, 4, 9 }
    sys = [];
otherwise
    error(['Unhandled flag = ',num2str(flag)]);
end
function [sys,x0,str,ts]=mdlInitializeSizes
sizes = simsizes;
sizes.NumContStates  = 0;
sizes.NumDiscStates  = 0;
sizes.NumOutputs     = 6;
sizes.NumInputs      = 6;
sizes.DirFeedthrough = 1;
sizes.NumSampleTimes = 0;
sys=simsizes(sizes);
x0=[];
str=[];
ts=[];
function sys=mdlOutputs(t,x,u)
global Theta;
global DOF6;
% 将6个输入量分别作为6个自由度的给定量
DOF6.giv_pos.t_x=u(1);
DOF6.giv_pos.t_y=u(2);
DOF6.giv_pos.t_z=u(3);
DOF6.giv_pos.r_x=u(4);
DOF6.giv_pos.r_y=u(5);
DOF6.giv_pos.r_z=u(6);
length=[0,0,0,0,0,0];% 保存6根缸的长度
dh=0;
sx=sin(DOF6.giv_pos.r_x*Theta);
cx=cos(DOF6.giv_pos.r_x*Theta);
sy=sin(DOF6.giv_pos.r_y*Theta);
cy=cos(DOF6.giv_pos.r_y*Theta);
sz=sin(DOF6.giv_pos.r_z*Theta);
cz=cos(DOF6.giv_pos.r_z*Theta);
for i=1:6
    % 初始时假设固定平台和动平台重合
    tP.x=DOF6.cylinder(i).top_point.x+0.220;
    tP.y=DOF6.cylinder(i).top_point.y;
    tP.z=DOF6.cylinder(i).top_point.z+0.77539;
    % 动平台进行旋转变换
    P.x=cz*cy*tP.x+(-cy*sz)*tP.y+sy*(tP.z-dh);
    P.y=(sz*cx+sx*sy*cz)*tP.x+(cz*cx-sz*sy*sx)*tP.y+(-sx*cy)*(tP.z-dh);
    P.z=(sx*sz-cx*sy*cz)*tP.x+(sx*cz+cx*sy*sz)*tP.y+(cy*cx)*(tP.z-dh);
    %动平台进行平移变换,此时需要把初始偏移量加上,包括x方向和z方向
    P.x=P.x+DOF6.giv_pos.t_x-0.220;
    P.y=P.y+DOF6.giv_pos.t_y;
    P.z=P.z+DOF6.giv_pos.t_z+dh-0.77539;
    % 计算变换之后6根缸的长度
    length(i)=P2P_Len(P,DOF6.cylinder(i).bottom_point);
    % 计算6根缸应该运动的长度
    DOF6.cylinder(i).giv_len=(length(i)-DOF6.cylinder(i).init_len)*1000;

    if(DOF6.cylinder(i).giv_len<-400||DOF6.cylinder(i).giv_len>400)
        DOF6.cylinder(i).giv_len=0;
    end
    % 将电动缸的变化值输出,这个值将作为Adams电动缸驱动的给定值,进而驱动Stewart机构运动
    sys(i)=DOF6.cylinder(i).giv_len*-1;
end
```

为实现 Adams/Matlab 联合仿真，需要建立二者的通信接口，以下进行详细介绍（此处只针对机器人的 3 号腿）。

第一步：在 Adams 中添加 6 个驱动变量 S1～S6，如图 8 - 38 所示。

第二步：将 6 个驱动变量与 Motions 中的对应驱动绑定起来，双击要绑定的 Motion，在 ［Function］中填入 varval(Si)，即可 $i = 1,2,\cdots,6$，如图 8 - 39 所示。

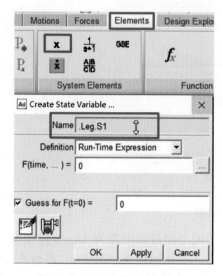

图 8 - 38　新建驱动变量

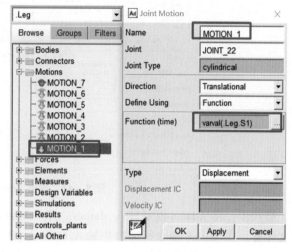

图 8 - 39　绑定驱动变量

第三步：创建输入/输出矢量，如图 8 - 40 所示，单击 ［Elements］栏目下的 Input 和 Output 即可。

第四步：将驱动变量和输入矢量关联，将测量变量与输出矢量关联。测量变量是在仿真过程中要观察的值，具体测量方式可参考第 7 章相关内容。如图 8 - 41 所示，双击输入矢量，在弹出的窗口中对应位置填入驱动变量，以逗号分隔。

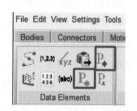

图 8 - 40　设置输入/输出矢量

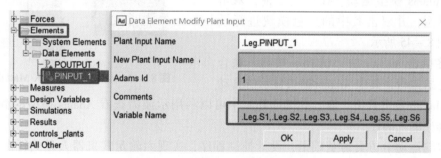

图 8 - 41　关联驱动变量和输入矢量

在联合仿真时，Matlab 计算出的值通过输入矢量传递给驱动变量，驱动变量是对应驱动的函数值，进而驱动相应机构运动。

第五步：导出 Adams 模型，选择 ［Plugins］ → ［Controls］，并选择 ［Plant Export］。在弹出的窗口中做如图 8 - 42 所示的设置，最后单击 ［Apply］，即可导出设置好的 Adams 模型。

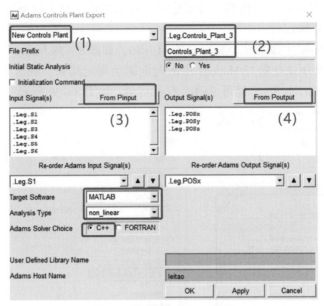

图 8 – 42　导出 Adams 模型

第六步：将 Adams 模型导入 Matlab。打开 Matlab 并把工作目录设置为 Adams 模型所在的文件夹。在 Matlab 命令行窗口先输入 Controls_Plant_3（导出时设置的名字），再输入 adams_sys。Simulink 自动弹出，如图 8 – 43 所示，其中浅色的方块即为导入的 Adams 模型，将其复制到空白的 Simulink 文件中，进行下一步的仿真设置。

第七步：利用输入的 Adams 模型，搭建仿真程序。如图 8 – 44 所示，s – function（Leg3）接收 6 个输入（6 个自由度给定值）进行解算，最终输出 6 个值（电动缸的运动量），这6 个输出分别作为 Adams 模型的 6 个输入，从而驱动 Adams 模型运动。在仿真之前，双击Adams 模型，并双击其中的黑色模块进行设置，如图 8 – 45 所示。

最终单击 Matlab 的［仿真］按钮，联合仿真即开始运行，其中 Adams 窗口显示仿真动

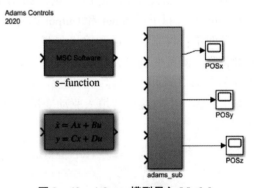

图 8 – 43　Adams 模型导入 Matlab

画，而 Matlab 负责数值计算。在 Simulink 中可以利用示波器查看 Adams 模型的输出曲线，以检查程序的正确性。

在单腿运动学仿真的基础上，设计控制程序，实现六轮足式机器人足式行走。Stewart 机构作为机器人的腿部执行机构，需要为其末端规划合适的运动轨迹。在机器人行走过程中，其足端与地面发生相互作用，如果足端轨迹规划不当，会使机器人的足端与地面之间产生较大冲击。运动冲击一方面容易损坏机械结构；另一方面容易使机器人机身产生振动。

北京理工大学的王立鹏提出一种零冲击机器人足端轨迹如下：

$$x = S\left[\frac{t}{T_m} - \frac{1}{2\pi}\sin\left(2\pi\frac{t}{T_m}\right)\right] \tag{8.7}$$

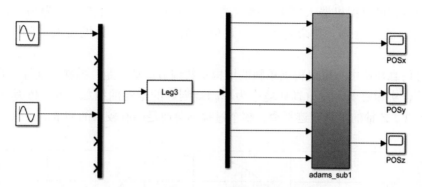

图 8 - 44　利用 Adams 模型搭建仿真程序

Block Parameters: ADAMS Plant ×

Adams Plant (mask)

Simulate any Adams plant model either in Adams Solver form
(.adm file) or in Adams View form (.cmd file)

Parameters

Adams model file prefix

ADAMS_prefix

Output files prefix (opt.: if blank - no output)

ADAMS_prefix

Adams Solver type | C++

Interprocess option | PIPE(DDE)

Animation mode | interactive

Simulation mode | discrete

Plant input interpolation order | 1

Plant output extrapolation order | 1

Communication interval

0.005

Number of communications per output step

1

☐ More parameters

OK　　Cancel　　Help　　Apply

图 8 - 45　Adams 模型属性设置

$$
z = \begin{cases} 2H\left[\dfrac{t}{T_m} - \dfrac{1}{4\pi}\sin\left(4\pi\,\dfrac{t}{T_m}\right)\right] & 0 \le t < \dfrac{T_m}{2} \\[3mm] 2H\left[1 - \dfrac{t}{T_m} + \dfrac{1}{4\pi}\sin\left(4\pi\,\dfrac{t}{T_m}\right)\right] & \dfrac{T_m}{2} \le t < T_m \end{cases} \tag{8.8}
$$

式 (8.7) 和式 (8.8) 中，S 表示步距；H 表示抬腿高度；T_m 表示运动周期。由于机器人单腿运动只在一个平面内进行，因此只需控制 Stewart 平台的两个自由度，即沿 X、Z 方向的平移自由度。将式 (8.7) 与式 (8.8) 分别作为 Stewart 平台沿 X、Z 轴平移自由度的给定值，此过程可模拟机器人单腿"腾空跨步"动作。将式（8.7）作为 Stewart 平台沿 X 轴平移自由度的给定值，其余自由度给定值均为 0，即可模拟机器人单腿"蹬地支撑"动作。

在联合仿真环境中，可以根据单腿的结构参数调节运动步距、抬腿高度等，直至单腿的运动轨迹符合实际要求。在仿真环境中为单腿规划好的运动曲线如图 8 - 46 所示，由图可见，单腿沿 X、Z 轴的平移轨迹平滑，整个过程不会使足端有较大的冲击。

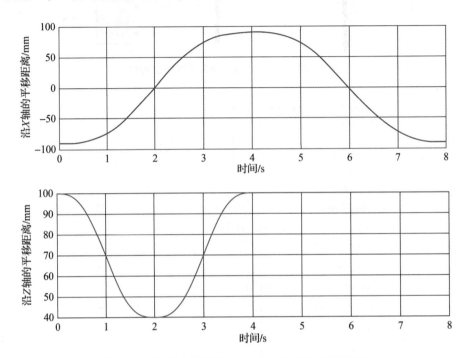

图 8 - 46　机器人单腿沿 X、Z 轴方向零冲击运动轨迹

在规划好单腿的足端轨迹之后，调整 6 条腿的运动时序，即可实现简单的足式运动动作。

下面以三足步态为例介绍仿真过程，即机器人每次迈 3 条腿，1 - 3 - 5 腿与 2 - 4 - 6 腿交替地腾空和支撑。在输出 Adams 模型时，需要设置 36 个输入变量，即 36 根电动缸的位置控制量，而输出可根据仿真需要进行设置，此处以机器人在 X、Y 方向的位移为输出。

在 Matlab 中，首先编写足端轨迹规划函数 GetControlValue. m，其函数接口为

$$function[\,s1\,,s2\,,s3\,,s4\,,s5\,,s6\,] = GetControlValue(\,t\,)$$

式中，t 代表当前运行的时刻，函数返回单腿的 6 个自由度，后续根据函数返回值对单腿进行解算，并将解算值发送给 Adams 模型，从而驱动仿真模型按照规划的轨迹运动。

S - Function——LegDistribution 负则规划机器人 6 条腿的迈腿时序。例如，在三足步态中，当 1 - 3 - 5 腿处于向前腾空状态时，2 - 4 - 6 腿应该处于向后支撑的状态，LegDistribution 函数的作用就是在时刻 t 给各腿安排合理的状态。在某一个状态内，LegDistribution 调用了足端轨迹函数

$$[\,leg(1).\,s1\,,leg(1).\,s2\,,leg(1).\,s3\,,leg(1).\,s4\,,leg(1).\,s5\,,leg(1).\,s6\,] = GetControlValue(\,t\,)$$

上述代码表示，获取 1 号腿足端在 t 时刻的 6 个空间自由度，以便进行解算和运动控制。

整体仿真框架如图 8 - 47 所示，机器人运动控制过程由 Matlab 完成，如足端轨迹规划、步态规划、单腿解算等，最终输入 Adams 模型中的值为 36 根电动缸的给定值。在仿真模型的右端，可以通过示波器查看机器人整体的运动轨迹，如图 8 - 48 所示。若要观察其他状态量如足端受力、整体速度等，在输出 Adams 模型时添加相关输出量。

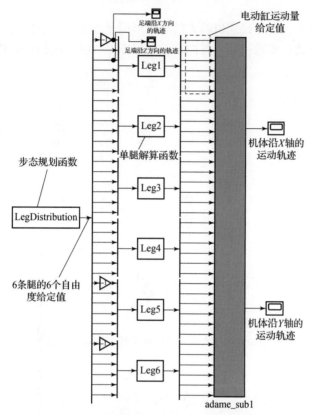

图 8 - 47　六轮足式机器人三足步态仿真框架

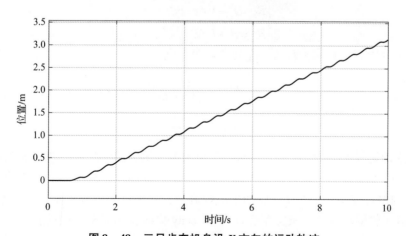

图 8 - 48　三足步态机身沿 X 方向的运动轨迹

六轮足式机器人每条腿均有 6 个自由度，其运动的形式还有很多种，如每次只迈 1 条腿、每次迈 2 条腿、朝任意方向迈腿等，这些过程不再详述。此外，为了克服障碍物的影响，机器人的足端轨迹不应事先规划，而应根据障碍物信息、足端受力信息等进行动态规划。

8.6　六轮足式机器人轮式运动仿真

在轮式运动过程中，六轮足式机器人的车轮可绕竖直方向进行旋转，采用阿克曼转向原理和六轮独立驱动方式，实现机器人转向功能。以图 8-49 所示的转向状态为例进行运动学分析。

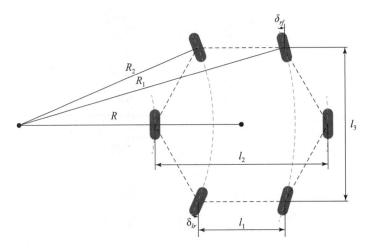

图 8-49　六轮足式机器人阿克曼转向模型

假设机器人的转弯半径为 R，则 6 个车轮的转弯半径分别为

$$\begin{cases} R_1 = R_5 = l_3 / (2\sin(\delta_{rf})) \\ R_2 = R_4 = l_3 / (2\sin(\delta_{lr})) \\ R_3 = R - l_2/2 \\ R_6 = R + l_2/2 \end{cases} \tag{8.9}$$

式中，δ_{rf} 与 δ_{lr} 分别表示右前轮转角、左后轮转角，则

$$\begin{cases} \tan \delta_{rf} = \dfrac{l_3/2}{R + l_1/2} \\ \tan \delta_{rf} = \dfrac{l_3/2}{R - l_1/2} \end{cases} \tag{9.10}$$

设机器人的切线速度为 v，则机身的横摆角速度为 v/R，由此可得各车轮的线速度。以下根据图 8-49 的分析结果进行联合仿真，首先输出 Adams 模型，其包含 42 个输入量，即 36 根电动缸的位置控制量和 6 个车轮的速度控制量，输出量为机身在 X、Y 方向的位移。在 Adams 中设置车轮驱动时，将其类型选择为 Velocity 模式，如图 8-50 所示。

仿真框架如图 8 – 51 所示，wheel 函数实现了阿克曼转向算法，它有 12 个输出量，即 6 个车轮的转角、6 个车轮的转速。转角传入单腿解算模块 Legi($i = 1,2,\cdots,6$)，从而驱动车轮转向。转速直接进入 Adams 模型，以驱动车轮旋转。为便于观察仿真效果，仿真框图中动态地改变机器人的转弯半径，即把转弯半径 R 作为 wheel 函数的输入，半径按正弦规律改变。机器人切线速度保存恒定。此外，机器人前半段时间的转弯方向与后半段相反。最终机器人的运动轨迹如图 8 – 52 所示。

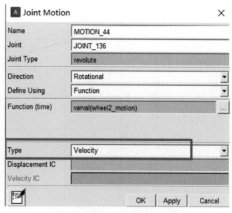

图 8 – 50　车轮驱动设置

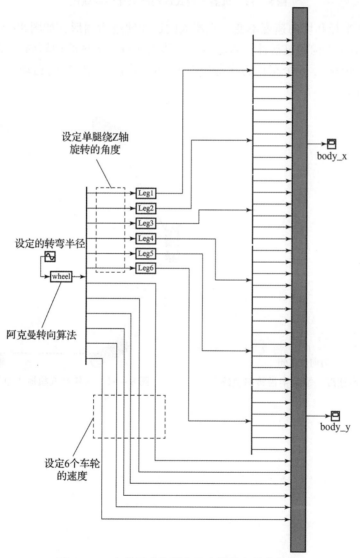

图 8 – 51　六轮足式机器人阿克曼转向仿真框图

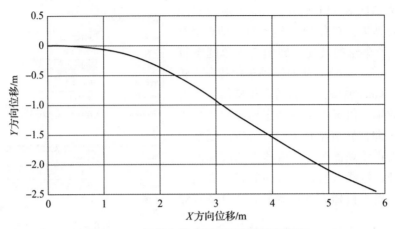

图 8 – 52   机器人轮式运动阿克曼转向轨迹

若保持转弯半径和切向速度不变，机器人的运动轨迹为圆形，如图 8 – 53 所示。

得益于 Stewart 机构的灵活性，六轮足式机器人还可以实现原地转向，即 1 – 2 – 4 – 5 号腿绕竖直方向旋转 60°，6 个车轮的状态如图 8 – 54 所示。原地转向运动能保证机器人在狭窄的区域调整方向。

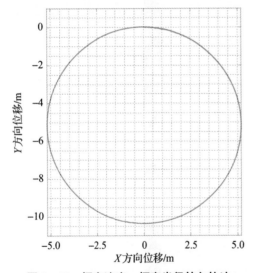

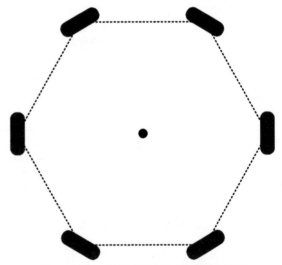

图 8 – 53   恒定速度、恒定半径转向轨迹   **图 8 – 54   六轮足式机器人原地转向模型**

第9章
V–REP 建模及仿真

第3章已经初步介绍了 V–REP 仿真平台的基本操作以及简单例程。本节在其基础上展开，进一步深化场景中的主要对象——模型（shape）部分的研究，详细介绍模型种类以及编辑模式，提供给读者较为充足的模型搭建方法。并以该部分研究为基础，展开介绍 Stewart 并联平台以及六轮足式机器人的建模及运动控制例程，带领读者通过较为基础的操作完成复杂模型的仿真，快速有效地验证机器人结构及运动控制算法。

9.1 主要对象及其属性

本节详细展开 V–REP 软件中的主要对象——纯模型及关节，以及它们的属性设置。该部分模型可在场景中，通过［Menu bar］→［Add］或场景中［右键］→［Add］的分页中添加。

9.1.1 纯模型

纯模型（Primitive shape）为一个表面由三角形组成的刚性物体，如图9–1所示。该类模型碰撞判定明确，为计算方便，故通过搭建纯模型近似拟合机器人实体，可以快速精确地实现仿真。

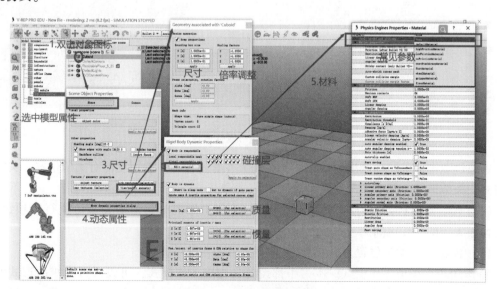

图9–1 纯模型属性设置

可以通过双击对象图标调出属性设置，其中 shape 为模型专有属性，common 为对象共有属性。模型专有属性中常用功能有调整模型尺寸、是否可碰撞（respondable）及其碰撞层、是否可运动（dynamic）及质量惯量以及模型材料系数等。

（1）Keep proportions：模型尺寸保持比例。该选项为保持比例设定。取消勾选后可单独调整单方向尺寸。

（2）Body is respondable：碰撞属性。该模型可碰撞，其碰撞层分为 local 及 global 两种共 16 层。其中，同一支结构树内，两个模型若在 local 中有同一位置都打了勾，则两者可碰撞；场景中不同结构树间，两个模型若在 global 中有同一位置都打了勾，则两者可碰撞。

（3）Body is dynamic：动态属性。该动态模型，可在外力作用下发生运动（不勾选物体将会固定于场景中，勾选后物体可重力下落或碰撞弹开等）；可在该处设定质量及转动惯量。

（4）Edit materia：材料系数。常选取 high/low/noFrictionMaterial，高/低/无摩擦系数。

9.1.2　关节

关节（Joint）是至少有一个固有自由度的运动对象。V – REP 中共有三种类型：旋转关节（revolute joint）、伸缩关节（prismatic joint）和球关节（spherical joint），如图 9 – 2 所示。

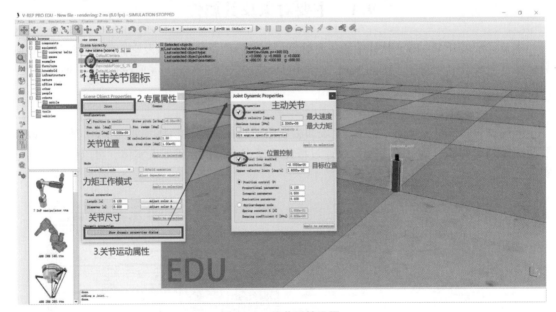

图 9 – 2　关节属性设置

可通过双击关节图标调出属性设置，在关节专有属性中，常用功能有关节位置、关节工作模式、关节尺寸、关节运动属性等。

（1）Pos. min/Pos. range：关节最小位置/关节工作范围。伸缩关节可进行该项设置，规定伸缩关节的工作区间。

（2）Position：关节位置。设置旋转/伸缩关节的当前位置。

（3）Mode：关节工作模式。本书中都设置为力矩工作模式，可以通过力矩的形式实现关节的位置/力矩速度控制方式。其中，［Motor enabled］勾选则关节为主动关节，可通过设定最大速度及力矩，使关节在不超过设定速度时始终增加力矩直到最大值；到达设定速度时，调整力矩使关节保持最大速度。此外，［Control loop enabled］为添加位置闭环，可以实现关节的位置控制。

9.1.3　公共属性设置

对象的公共属性对话框是其属性对话框的一部分（common 栏），全部对象都具有该部分属性设置，如图 9 – 3 所示。界面位于［Menu bar］→［Tools］→［Scene object properties］，用户也可以双击结构层中的对象图标来打开对话框。对话框显示最后选择对象的设置及参数，如果没有选择对象，对话框处于未激活状态；如果选择了多个对象，那么一些参数可以从最后一个被选择的对象复制到其他被选择的对象（Apply to selection）。

下面简单介绍部分功能。

（1）Selectabel：建模与仿真过程中对象可在场景中选择。

（2）Invisible during selection：对象在选择过程中不可见。

（3）Select base of model instead：选择基础模型替代。选择场景中的对象将自动选择同支结构树内的模型基础（Model base）。

（4）Camera visibility layers：可视层结构。V – REP 中对象可以分配给一个或多个可视层，如果对象至少有一个可视层与场景设置的相匹配，则场景相机中对象可见。习惯性用法中，第一行指代显示对象，第二行指代隐藏对象；第一列至第四列分别用于模型、关节、虚拟点及力传感器。

（5）Collidable：启用或禁用所选可碰撞对象的碰撞检测功能。

（6）Measurable：启用或禁用所选可测量对象的最小距离计算功能。

（7）Detectable：启用或禁用所选可检测对象的接近传感器检测功能。

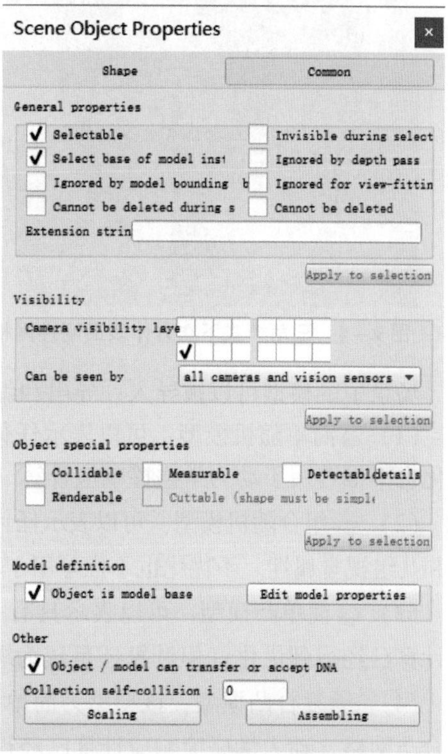

图 9 – 3　公共属性设置

（8）Renderable：启用或禁用所选可渲染对象的视觉传感器检测功能。

（9）Object is model base：指定对象作为模型的基础。标记为 base of model 的对象具有特殊属性（如保存/复制对象也会自动保存/复制其所有子对象和子对象的子对象，等等）。此外，该对象被选择时，选择边框将显示为粗点画线，包围整个模型。

注意：V – REP 强调简洁，故可能并不直接具备某些仿真软件拥有的部分功能，而是通过多种对象附带脚本程序的方式组合实现。例如 Adams 中存在螺旋前进的关节，但 V – REP 中可通过 LUA 脚本的编程将旋转关节与伸缩关节同步叠加，实现螺旋前进。

9.2　模型编辑

本节介绍模型的两类常用编辑模式——三角编辑、顶点编辑，提供给读者自由搭建编辑模型的方法。在此之前首先展开介绍软件中的多种模型对象及其运动特点。

场景中的模型（shape）是由三角形面组成的刚性网格对象，V‑REP中通过计算模型表面的三角形实现模型的碰撞仿真。刚性网格如图9‑4所示，三角模式下Stewart定平台如图9‑5所示。

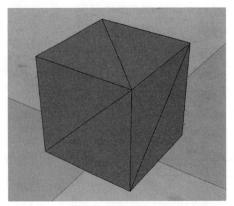

图9‑4　三角模式下立方体表面刚性网格

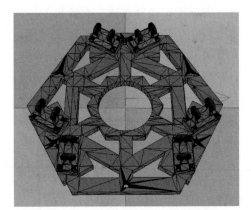

图9‑5　三角模式下Stewart定平台

场景中的模型可以被导入、导出和编辑，其共分为以下7种子类型。

（1）简单随机模型：可以表示任何网格。该模型具有一种颜色和一组视觉属性。不优化也不推荐用于动力学碰撞响应计算（计算非常缓慢且不稳定）。

（2）组合随机模型：可以表示任何网格。该模型为简单随机模型的组合，具有几种颜色和几组视觉属性。不优化也不推荐用于动力学碰撞响应计算（计算同样非常缓慢和不稳定）。

（3）简单凸模型：可以表示具有一种颜色和一组视觉属性的凸网格。动力学碰撞响应计算已经得到优化（但计算还是较为缓慢、不稳定）。

（4）复合凸模型：该模型为简单凸模型的组合，为具有几种颜色和几组视觉属性的复合凸网格。动力学碰撞响应计算已经得到优化（计算同样较为缓慢、不稳定）。

（5）简单纯模型：可以表示一个原始形状（常用长方体、圆柱体或球体）。简单纯模型的动力学碰撞响应计算非常迅速以及稳定，最适合用于动力学碰撞响应，因此该模型推荐作为机器人的碰撞结构主体模型。

（6）复合纯模型：可以表示一组原始形状（长方体、圆柱或球体）的组合。复合纯模型同样是复合模型中计算最为迅速以及稳定的，因此同样适合用于动力学碰撞响应，作为机器人的碰撞结构主体模型。

（7）高度场形状：可以用规则网格表示地形，其中只有高度变化。高度场也可以看作是简单的形状，并对其进行了优化，用于动力学碰撞响应计算。

第3章介绍中，SolidWorks向V‑REP导入的图标为　的可视图即为简单随机模型。该模型外观美化，通过属性设置，同样可以使其具有碰撞及动态属性，但该种类模型碰撞边界不明确，运算量大，因此进行小规模的模型仿真为节省动态模型的搭建可以借用该模型。而本节例程中模型较为复杂，为了保证其仿真的真实性，需要根据输入的可视图在 V – REP 中搭建边界明确、运算便捷的纯模型作为动态模型，并将可视图绑定至动态模型下，两者同步运动，而且动态模型设置为具有动态属性但不可见，可视图设置为不具有动态属性但可见。至此即可完成既外观美化又碰撞明确、便于计算的仿真模型的搭建。

通过可视图搭建对应的动态图，则需要两种模型编辑功能——三角编辑模式和顶点编辑模式。

由于 SolidWorks 下已制作足轮式机器人可视图模型，故 V – REP 中最终目的为搭建可以替代相应可视图模型的动态模型即可完成模型的搭建，通常动态模型由一个或多个纯模型组合或绑定形成。模型搭建过程中只需通过编辑模式获得可视图模型中的部分模型，添加纯模型（长方体、球体、圆柱体等）进行组合或绑定，形成与可视图编辑获取的元件相近或相同的模型，将组合纯模型位置与角度参数等同至可视图模型并调节相关参数，再通过结构树的绑定即可完成从可视模型到动态模型的搭建。本章中动态模型的搭建仅需［toggle shape edit mode(切换形状编辑模式)］下的［triangle edit mode(三角编辑模式)］与［vertex edit mode(顶点编辑模式)］，本节介绍两种编辑模式的功能与简单使用方法。

9.2.1　三角编辑模式

选择模型，单击左侧工具栏，即可进入模型编辑模式。该功能界面如图 9 – 6 所示。

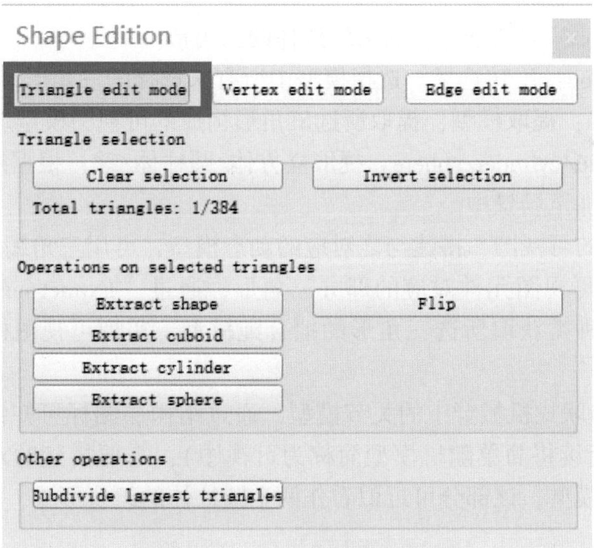

图 9 – 6　三角编辑模式界面

单击［Triangle edit mode］（默认该模式），即可进入模型三角编辑模式。模型对比图如图 9 – 7 和图 9 – 8 所示。

可以看到，在该模式下的所有元件内、外部结构的形状，不论是否规则，都可由三角形构成，且所有三角形都可见、可编辑或可提取。因此，三角编辑模式通过对模型表面的三角形进行操作，实现模型的自由搭建/更改。

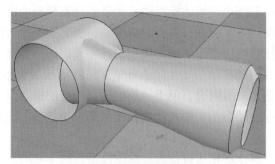

图 9 - 7　原可视图模型

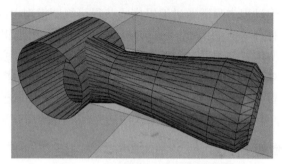

图 9 - 8　三角编辑下的可视图模型

该编辑模式常用功能如下。

（1）Clear selection：取消选择，取消所选择的三角形。

（2）Invert selection：反转选择，选择模型中所有未选择的三角形。

（3）Extract shape：提取模型，提取所选三角形构成的可视图模型。

（4）Extract cuboid/cylinder/sphere：提取立方体/圆柱体/球，根据所选三角形创建最拟合的对应形状，并添加至场景中。

本章中通过复杂的可视图，搭建与之对应的动态模型，可用三角编辑模式。该模式下选择要搭建动态模型的可视图元件对应的部分三角形，通过［Extract cuboid/cylinder/sphere］功能，即可根据立体种类获取所选三角形的拟合纯模型，实现可视图模型至动态模型的搭建。例：

图 9 - 9 所示为串联式机械臂中的关节模型，通过结构层图标可知该模型为可视图模型（为便于读者区分，后续将简单随机模型简称为可视图），需要搭建的对应动态模型代替其进行碰撞。简单分析模型，该部分可近似看作两个圆柱体的组合形式，如图 9 - 10 中黑、白色框所示。

因此，在三角模式下分别选择两个筒状部分开始搭建模型，如图 9 - 11 和图 9 - 12 所示。

首先按住 Shift 拖动鼠标选择右侧黑色框部分，场景中模型表面标亮的部分即为选择的三角形；然后单击［Extract cylinder］完成拟合圆柱体纯模型的添加，如图 9 - 13 和图 9 - 14 所示。为方便编辑，在场景中将拟合的圆柱体动态模型剪切至新场景中。

在图 9 - 11 的基础上，单击［Invert selection］反选，即可选择红色框圆柱体表面全部的三角形，同样单击［Extract cylinder］完成拟合圆柱体纯模型的添加。将黑色框中拟合圆柱体剪切回本场景，用户即可在场景中搭建出如图 9 - 15 所示的模型。

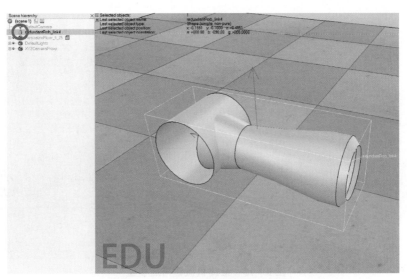

图 9 – 9　串联式机械臂关节模型

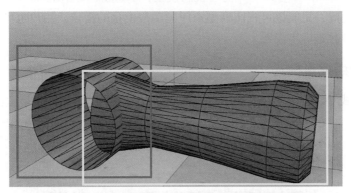

图 9 – 10　三角编辑模式下的串联式机械臂关节模型

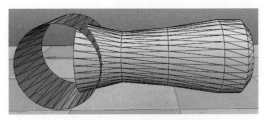

图 9 – 11　选择机械臂大臂模型

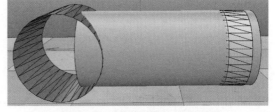

图 9 – 12　提取机械臂大臂模型

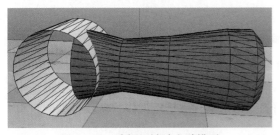

图 9 – 13　选择机械臂小臂模型

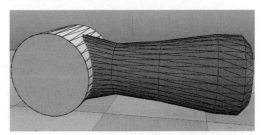

图 9 – 14　提取机械臂小臂模型

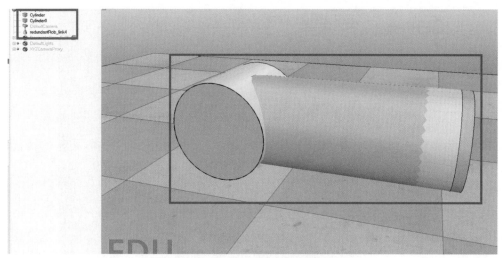

图 9 – 15　最终机械臂搭建模型

　　结构层中 redundantRob_link 4 即为可视图模型，Cylinder 及 Cylinder 0 即为搭建的两个动态圆柱体模型。至此，完成该可视图模型对应的动态模型的搭建，用户也可在圆柱体的属性设置栏中对模型参数进一步设置。

9.2.2　顶点编辑模式

　　模型编辑模式中，选择［Vertex edit mode］进入顶点编辑模式，其界面如图 9 – 16 所示。

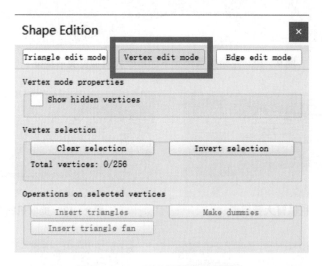

图 9 – 16　顶点编辑模式界面

　　同样，选择9.2.1节中的模型，可得如图 9 – 17 和图 9 – 18 的模型。

　　可以看到，该模式下，所有元件内、外部结构的表面三角形对应的顶点都可见、可编辑或可提取。因此，顶点编辑模式通过对模型表面的三角形的顶点进行操作，实现模型的自由搭建和更改。

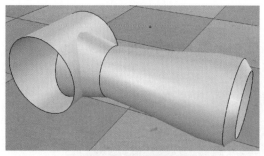

图 9 – 17　原可视图模型

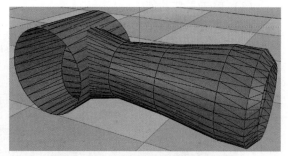

图 9 – 18　顶点编辑下的可视图模型

该编辑模式常用如下功能。

（1）Show Hidden Vertices：显示隐藏。

（2）Clear selection：取消选择，取消所选择的顶点。

（3）Invert selection：反转选择，选择模型中所有未选择的顶点。

（4）Insert Triangles：插入三角形，在选择的顶点间插入三角形。

顶点编辑模式可实现已有模型基础上的自由修改，包括将标准的立方体修改为梯形体等等。用户需要注意，可视图模型通过该模式更改仍然为可视图模型，而纯模型通过该模式更改则会变为凸模型，其计算速度及碰撞效果会相对变差。

本章中，垫块部分的搭建可以选用该模式，由于该部分在不影响碰撞的情况下同样可以用纯模型替代，因此本项目后续模型搭建并不使用该模式，仅在本节中给出例子。该模式下选择待编辑模型的顶点，在［object/item translation/position（对象/项的平移/位置设定）］栏中进行顶点位置的平移/重置，即可实现模型的自由修改，如图 9 – 19 所示。

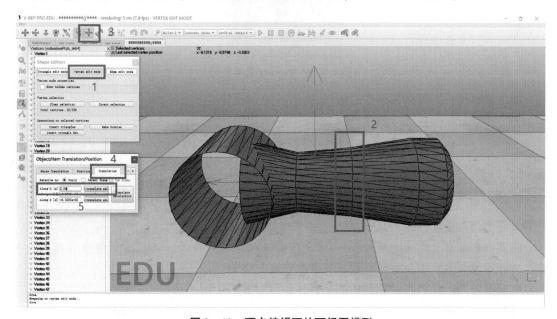

图 9 – 19　顶点编辑下的可视图模型

（1）选择图 X 模型，进入顶点编辑模式。

（2）按住 shift 选择 2 中黑色框的顶点。

（3）单击平移功能。

（4）选取相对移动功能。

（5）在 X 栏中输入 0.04，单击［X – Translate selection］即可获得如图 9 – 20 和图 9 – 21 所示的模型。

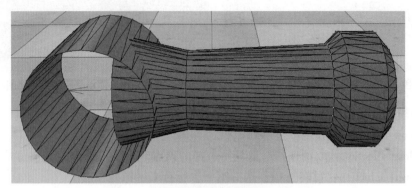

图 9 – 20 顶点编辑下修改可视图模型

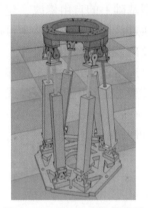

图 9 – 21 Stewart 仿真模型

退出编辑模式即可完成模型的编辑。

9.3 Stewart 平台建模与仿真

第 3 章中 BubbleRob 机器人例程，场景中调用的对象较为丰富，但总体结构较为简单。本节将介绍 Stewart 并联平台的学习，实现该模型运动控制所需对象种类较少，但针对各对象的研究也相对更加深入。其中，Stewart 平台如图 9 – 22（b）所示。

注意：本节基于前面章节对 Stewart 介绍的基础上进行展开，不过多讲解平台结构、功能，仅针对 V – REP 中模型的搭建及运动控制进行介绍。

模型搭建及运动控制的总流程如下。

（1）借助 SolidWorks 软件绘制 Stewart 平台各装配零件，并输入 V – REP 中。

（2）在此基础上，搭建 Stewart 平台所需的相关动态模型，设置各对象参数，实现模型结构主体的搭建。

（3）补充搭建模型各运动关节及连接球，并设置各对象参数，实现模型运动所需对象的搭建。

（4）添加虚拟节点，补充并联平台的运动模块及其运动学约束，实现并联几何约束对象的搭建。

（5）搭建结构树，规定对象间的从属关系，将零散的对象构成一个整体，逻辑结构上实现平台的搭建，至此模型搭建部分完成。

（6）通过 Matlab 的编程，实现 Matlab 对 V – REP 的运动控制，实现了 Stewart 并联平台的运动控制。

由于第 3 章中已经对 SolidWorks 输入 V – REP 模型展开介绍，故本节针对（2）～（6）步进行如详细介绍。

（1）模型搭建及属性设置。

（2）关节及连接球搭建及属性设置。

（3）虚拟节点搭建及设置。

（4）结构树搭建。

（5）平台运动控制。

全部搭建完成的 Stewart 平台如图 9 – 22 所示（零件全部可视化）。

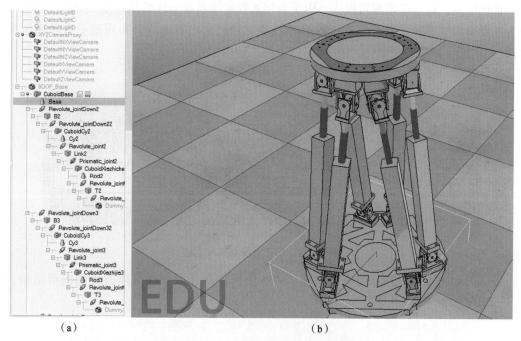

（a）　　　　　　　　　　　　　　　　（b）

图 9 – 22　Stewart 平台完整仿真模型

（a）任务栏；（b）Stewart 平台

9.3.1　模型搭建及属性设置

本节通过三角编辑模式，将 SolidWorks 输入的可视图模型对应搭建动态模型（纯模型），并通过属性设置完成各零件的配置。本小节按模型最终结构树的主次顺序，自下而上地搭建以下模型：一个定平台、6 根电动缸缸筒、6 根电动缸缸杆以及一个动平台（各虎克铰拆分至以上模型中）。

1. 定平台

图 9 - 23 所示为 Stewart 定平台可视图模型，该模型除定平台外，还包括与电动缸相连的部分虎克铰，故本节分为定平台及虎克铰两部分进行模型的搭建。

图 9 - 23　定平台可视图模型

1）定平台

选择模型，进入三角编辑模式。由于直接选择定平台也会连带选择模型的内部结构，不便直接提取出所需的平台。因此，采用将其余虎克铰删除的方式，实现定平台动态模型的搭建。

按住 Shift 选择虎克铰部分的三角形，如图 9 - 24 所示。

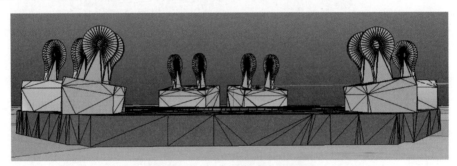

图 9 - 24　定平台提取各虎克铰

按下 Delete 删除，此时即可看到图 9 - 25 中黑色选择框中圆柱体的模型内部结构，在图 9 - 25的视角中选择并删除。

图 9 - 25　删除虎克铰

至此，即可在编辑模式下获得纯定平台模型。Shift 选择所有三角形，提取圆柱体，退出编辑模式，即可在场景中搭建定平台动态模型，如图 9 - 26 所示。

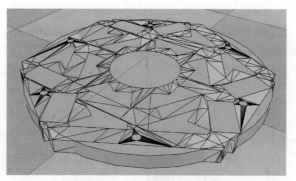

图 9 - 26　提取定平台动态模型

2）虎克铰

以单个虎克铰的搭建为例，选择定平台可视图模型进入三角编辑模式，选择一支虎克铰，如图 9 - 27 所示。

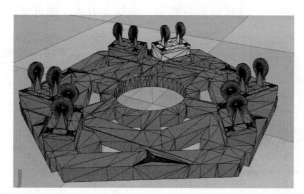

图 9 - 27　提取单个虎克铰

反选，删除即可将该部分模型单独提出，如图 9 - 28 所示。删除模型内部结构，所得模型如图 9 - 29 所示。

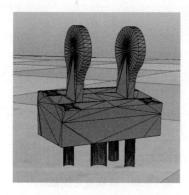

图 9 - 28　提取的虎克铰

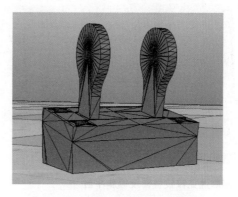

图 9 - 29　删除内部模型的虎克铰

注意：为方便模型查看编辑，也可通过［Extract shape］提取该部分可视图模型，复制至进新场景中编辑，最终将搭建的动态图复制回当前的场景中。

分别选择虎克铰的左、右支铰链臂，提取立方体，则有如图 9-30 和图 9-31 所示的模型。

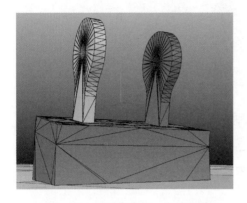 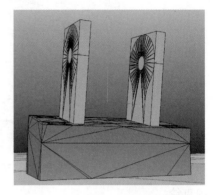

图 9-30　提取虎克铰一个铰链臂　　　　　图 9-31　提取虎克铰铰链臂模型

在如图 9-32 所示的视角中，按住 shift 选择下底座及铰链臂，删除，即可获得单纯的倾斜平台，如图 9-33 所示。选择该部分模型，提取立方体，即可完成该部分模型搭建。

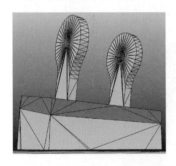 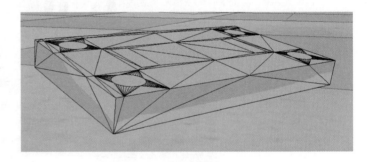

图 9-32　删除虎克铰铰链臂及基座　　　　　图 9-33　提取虎克铰倾斜平台

重新选择虎克铰可视图模型，在图 9-34 的视角中选择该部分模型并删除，选择剩余模型，提取立方体，如图 9-35 所示。

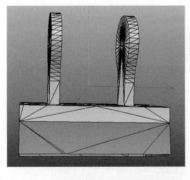 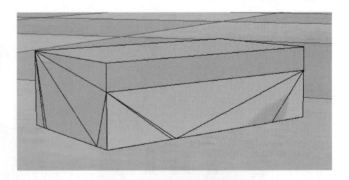

图 9-34　删除虎克铰铰链臂及倾斜平台　　　　图 9-35　提取虎克铰基座

将上述搭建的动态模型复制至同一个场景下，将添加的 4 个动态模型组合为一个复合纯模型，则完成该部分的搭建，如图 9-36 所示。

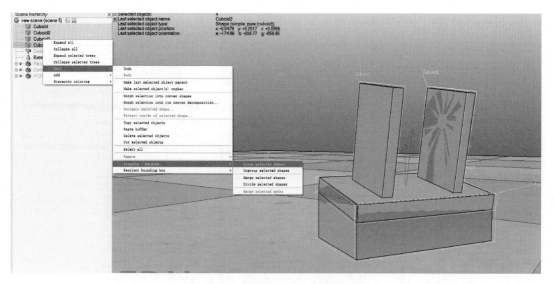

图 9 - 36　最终提取的虎克铰各模型

同理搭建其余 5 支虎克铰，并与定平台进一步组合，完成最终定平台的搭建，如图 9 - 37 所示。

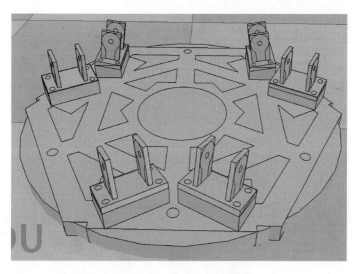

图 9 - 37　最终定平台模型

3）属性设置

（1）模型属性栏中，为保证模型可碰撞，勾选［Body is respondable］将搭建的定平台模型设置为可响应，并将［Local respondable mask］前四项打钩。

（2）为避免动平台移动时带动定平台移动，取消勾选［Body is dynamic］将定平台设置为非动态模型。

（3）材料属性中，将其设置为无摩擦（NoFrictionMaterial）。

（4）公共属性设置中，将可视层设置在第二层第一列，在默认状态下不可见。

至此，完成定平台全部模型搭建及属性设置，如图 9 - 38 和图 9 - 39 所示。

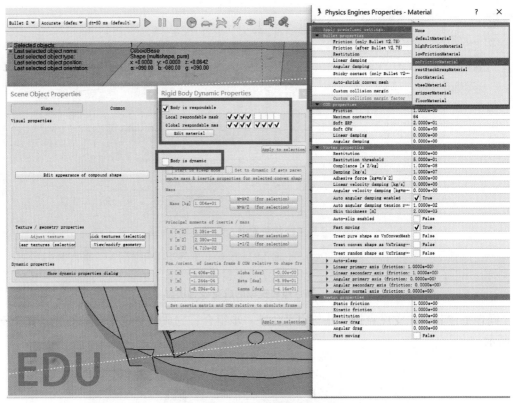

图 9 - 38　定平台模型属性设置

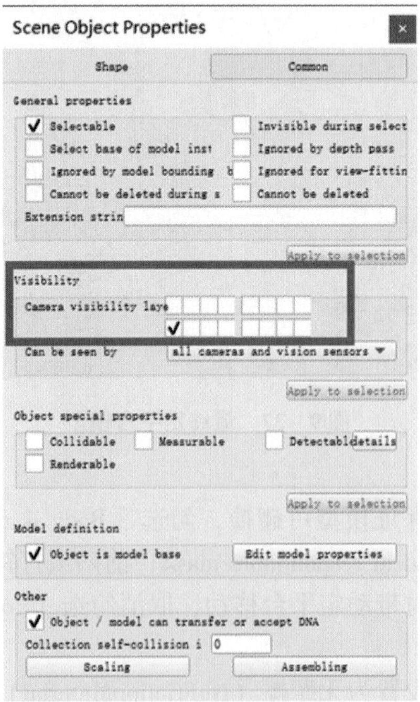

图 9 - 39　定平台模型公共属性设置

2. 电动缸缸筒

图 9 - 40 所示为电动缸缸筒的可视图模型，该模型除缸筒本体外，还包括与定平台相连的部分虎克铰。

1）模型搭建

选择该模型进入三角编辑模式，可分为图 9 - 41 中四个子模型：缸筒（黑色框）、铰链底座（白色框）以及两个铰链臂（浅色框）。分别选择四个部分，提取立方体并将新搭建的四个模型组合，即可完成该电动缸缸筒的搭建，如图 9 - 42 所示。

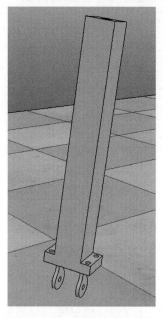 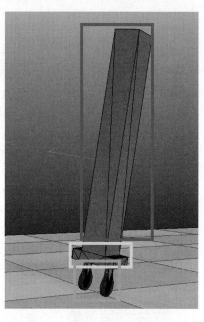 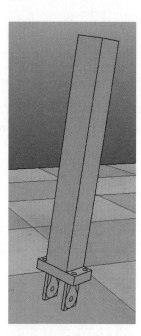

图 9 - 40　电动缸可视图模型　　**图 9 - 41　三角编辑模式下的电动缸**　　**图 9 - 42　最终搭建模型**

2）属性设置

（1）为保证模型可碰撞且避免与定平台发生期望之外的碰撞，勾选 [Body is respondable] 将动态模型设置为可响应，并将 [Local respondable mask] 后四项打钩。

（2）勾选 [Body is dynamic] 设置模型具有动态属性，质量设置为 1.6 kg。

（3）材料属性中，将其设置为无摩擦（NoFrictionMaterial）。

（4）公共属性设置中，将可视层设置在第二层第一列，在默认状态下不可见。

至此，完成电动缸缸筒全部模型搭建及属性设置，如图 9 - 43 所示。

3. 电动缸缸杆

图 9 - 44 所示为电动缸缸杆的可视图模型，该模型除缸杆本体外，还包括与动平台相连的部分虎克铰。

1）模型搭建

选择该模型进入三角编辑模式，可具体分为图 9 - 45 中四个子模型：缸杆（黑色框）、铰链底座（白色框）以及两个铰链臂（浅色框）。由于缸杆部分可通过后续添加的关节近似代替，为方便起见，仅搭建底座及两个铰链臂部分。分别选择三个部分，提取立方体并进行组合，即可完成该部分模型的搭建，如图 9 - 46 所示。

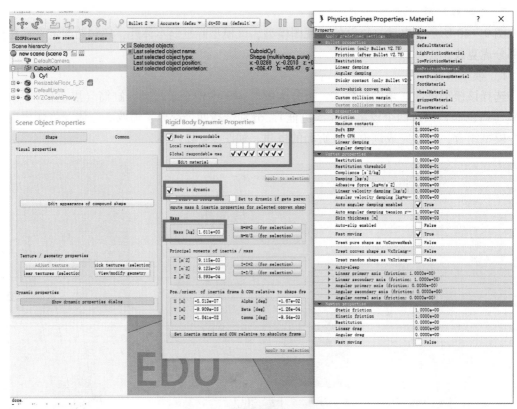

图 9 – 43　电动缸缸筒属性设置

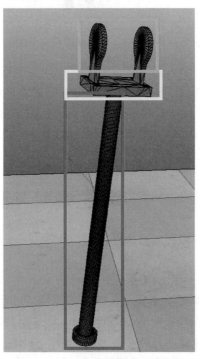

图 9 – 44　电动缸缸杆可视图　　图 9 – 45　三角编辑模式下的缸杆　　图 9 – 46　搭建模型

2）属性设置

（1）为保证模型可碰撞且避免与缸筒发生期望之外的碰撞，勾选［Body is respondable］将动态模型设置为可响应，并将［Local respondable mask］前两项打钩，如图 9 – 47 所示。

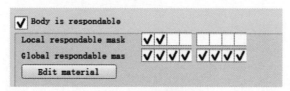

图 9 – 47　缸杆属性设置

（2）勾选［Body is dynamic］设置模型具有动态属性，质量设置为 1.5 kg。

（3）材料属性中，将其设置为无摩擦（NoFrictionMaterial）。

（4）公共属性设置中，将可视层设置在第二层第一列，在默认状态下不可见。

至此，完成电动缸缸杆全部模型搭建及属性设置。

4. 动平台

图 9 – 48 所示为动平台可视图模型，该模型除动平台外还包括与缸杆相连的部分虎克铰，该部分模型搭建步骤同定平台，本节仅做简单介绍。

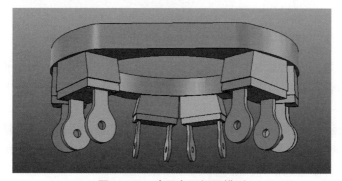

图 9 – 48　动平台可视图模型

1）模型搭建

其中动平台部分，由于直接选择动平台也会连带选择模型的内部结构，因此采用将其余虎克铰删除的方式，实现定平台动态模型的搭建。按住 shift 选择虎克铰部分的三角形，按下 Delete 删除。进一步选择圆柱体形状的模型内部结构并删除，此时可获得图 9 – 49 所示的模型。

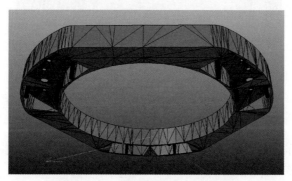

图 9 – 49　三角编辑模式下的动平台

按住 Shift，选择所有三角形，提取圆柱体后可发现该圆柱体与可视图模型并非位于同一位置，如图 9 – 50 所示。

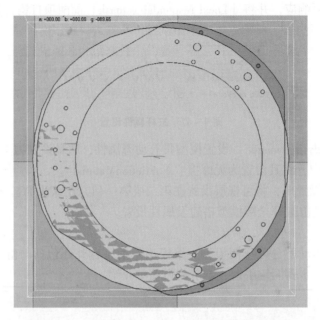

图 9 – 50　直接提取模型会获取位置偏差的纯模型

选择可视图模型，可发现物体的白色选择框与可视图中心并不一致，而搭建的动态模型则是根据白色框拟合可视图模型，从而导致该问题。因此，依据经验给出一种该问题解决方法。

如图 9 – 51 所示，按住 ctrl，尽可能多地选择内接圆的三角形，提取圆柱体，即可获得图 9 – 52 中动态模型，调整该模型尺寸（取消勾选同步变化），将 X 轴数据设置为 0.355，即可完成最终动平台模型的搭建，如图 9 – 53 所示。

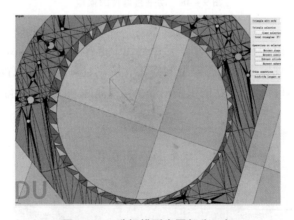

图 9 – 51　选择模型内圆部分三角

虎克铰部分，操作同定平台虎克铰，这里不做详细介绍。最终将搭建的 6 支虎克铰同动平台组合，即可完成该部分模型搭建。

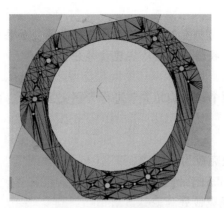

图 9-52　提取圆柱体

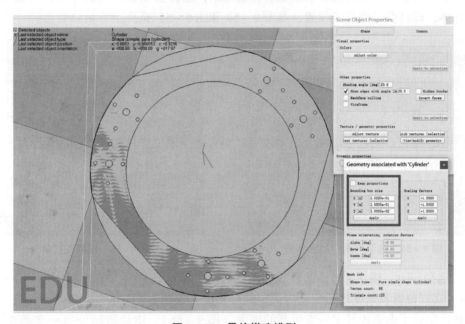

图 9-53　最终搭建模型

2）属性设置

（1）为保证模型可碰撞且避免与缸杆发生期望之外的碰撞，勾选［Body is respondable］将动态模型设置为可响应，并将［Local respondable mask］后四项打钩。

（2）勾选［Body is dynamic］设置模型具有动态属性，质量设置为 4.1 kg。

（3）材料属性中，将其设置为无摩擦（NoFrictionMaterial）。

（4）公共属性设置中，将可视层设置在第二层第一列，在默认状态下不可见。

至此，完成动平台全部模型搭建及属性设置。

9.3.2　关节及连接球搭建及属性设置

本节介绍关节及连接球的搭建及其属性设置。其中关节为9.3.1节中搭建的模型提供运动关系，连接球则在结构层中连接两个关节。本例中关节主要实现两部分功能：虎克铰以及电动缸。因此，本节针对两部分的关节及其连接球，进行对象的添加、位置的调整及其属性的设置。

注意：虎克铰及电动缸的功能都需要将两个关节进行叠加替代，而 V – REP 中不允许两个关节在结构上直接相连，故借用连接球实现该部分功能。

1. 虎克铰关节

该关节的搭建需要将两个被动旋转关节进行十字交叉组合，而且两个关节的位置分别位于两副铰链臂。

1）关节搭建

以定平台及电动缸间虎克铰为例搭建。

（1）在场景中添加 revolute joint 旋转关节。

（2）将其位置适定至虎克铰处。

定位步骤类似于动平台模型的搭建，按住 Ctrl，选择虎克铰内接圆尽可能多的三角形，提取圆柱体，即可获得虎克铰位置，如图 9 – 54 和图 9 – 55 所示。

图 9 – 54　选取内圆中的三角形

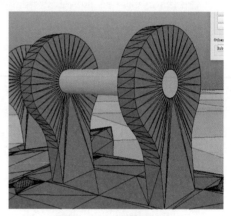

图 9 – 55　提取圆柱体

（3）选择 joint，按住 Ctrl，选择添加的圆柱体，依次选择［平移/旋转］→［Apply to selection］实现位置及角度的适定，将关节调整至虎克铰处。

至此，完成了虎克铰其中一支关节的搭建（图 9 – 56），电动缸筒处另一支虎克铰，以及缸杆及动平台间的虎克铰关节同理。

注意：添加的圆柱体在后续模型搭建过程中并不涉及，可在帮助适定关节位置后删除。

2）属性设置

虎克铰两个关节都为被动旋转关节，故属性设置中：

（1）工作模式选取［Torque/force mode(力/力矩工作模式)］。

（2）关节为被动工作模式，取消勾选［Motor enabled］。

（3）尺寸可自行调整。

（4）公共属性中，可视层设置为第二排第二列，默认隐藏。

各属性设置如图 9 – 57 所示，至此完成虎克铰关节的搭建及设置工作。

2. 电动缸关节

该关节的搭建需要将一个被动旋转关节以及一个主动伸缩关节重合叠加（实际同一轴线即可），而且两个关节的位置位于电动缸缸杆处。

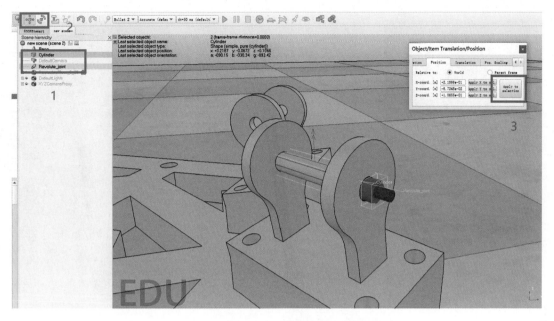

图 9 - 56　搭建关节

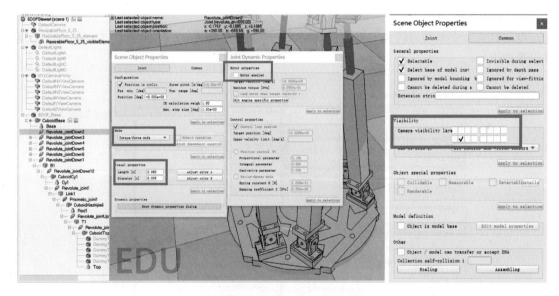

图 9 - 57　虎克铰关节属性设置

1) 关节搭建

首先在场景中添加一个 revolute joint 旋转关节以及一个 prismatic joint 伸缩关节。下面将其位置调整至虎克铰处，选取缸杆可视图模型图 9 - 58 所示，在三角编辑模式下，按住 Shift，选择缸杆部分，提取圆柱体动态模型图 9 - 59 所示。选择 joint，按住 Ctrl，选择添加的圆柱体，依次选择 [平移/旋转] → [Apply to selection] 实现位置及角度的适定，将关节调整至缸杆处。至此完成了电动缸关节的搭建图 9 - 60 所示，其余电动缸关节同理。

注意: 此处添加的圆柱纯模型同样仅用于适定关节位置，完成后可删除。

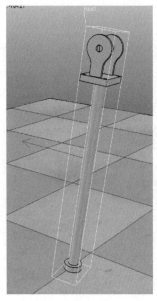

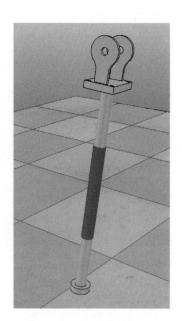

图 9 – 58 电动缸缸杆可视图   图 9 – 59 提取缸杆   图 9 – 60 搭建电动缸关节

2）属性设置

电动缸关节中被动旋转关节属性设置同虎克铰关节，如图 9 – 61 所示。主动伸缩关节属性设置如下。

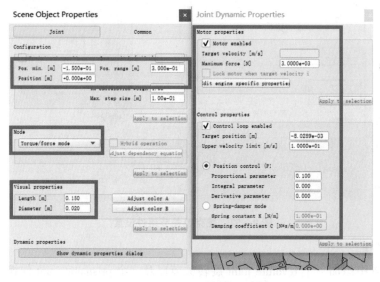

图 9 – 61 电动缸关节属性设置

（1）最小位置设定为 – 0. 15 m，工作范围设定为 0. 3 m。

（2）工作模式选取 ［Torque/force mode（力/力矩工作模式）］。

（3）关节为主动位置工作模式，勾选 ［Motor enabled］，最大力矩设置为 3 000 N，勾选 ［Control loop enabled］，［Target position］设置为零，［Upper velocity limit］设置为 10 m/s。

（4）尺寸可自行调整。

（5）公共属性中，可视层设置为第二排第二列，默认隐藏。

各属性设置如图 9-62 所示，至此完成电动缸关节的搭建及设置工作。

3. 连接球

虎克铰及电动缸的功能都需要将两个关节进行叠加替代，而 V-REP 中不允许两个关节在结构上直接相连，因此需要添加连接球将关节相连，组装实现虎克铰及电动缸的功能。

1）连接球搭建

连接球实际仅为小质量的球体模型（具有碰撞属性，属于动态模型），仅用于连接两个关节。本节以虎克铰为例添加连接球。

首先在场景中添加尺寸为 0.01 m 的球体；然后根据 joint 位置添加连接球，如图 9-63 所示。

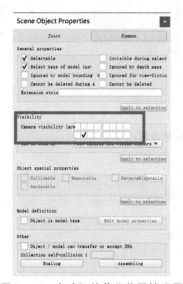

图 9-62　电动缸关节公共属性设置

图 9-63　连接球

选择小球，将其位置适定至呈十字交叉的虎克铰关节任意支处，即可完成连接球的添加。

2）属性设置

（1）勾选［Body is respondable］将动态模型设置为可响应。为避免电动缸缸筒及缸杆模型与连接碰撞，将电动缸关节连接球［Local respondable mask］第三个位置打钩，虎克铰关节连接球由于正常搭建不会发生碰撞，因此可随意勾选。

（2）勾选［Body is dynamic］设置模型具有动态属性，质量设置为 0.2 kg。

（3）材料属性中，将其设置为无摩擦（NoFrictionMaterial）。

（4）公共属性设置中，将可视层设置在第一层第一列，在默认状态下可见。

至此完成全部关节连接球的搭建及属性设置，如图 9-64 所示。

9.3.3　虚拟节点搭建及设置

场景中添加 Dummy 点结构，其界面如图 9-65 所示。

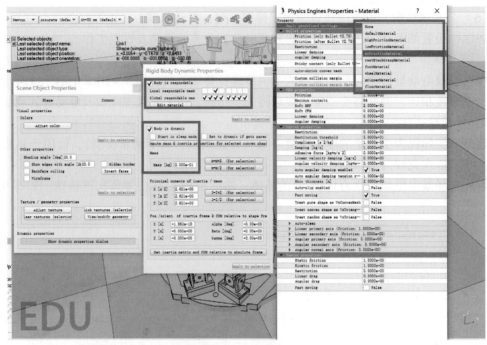

图 9－64　连接球属性设置

由于结构树为串行连接，而 Stewart 模型为并联机构，因此需要补充一个机构实现这部分功能，此即为 Dummy 点结构。

本节中仅介绍 Link type 中的 [Dynamics，overlap constraint] 选项。该模式为动力学重合约束，在两个 Dummy 点结构动力学运动中始终保持重叠状态。因此，该模式下两个 Dummy 为一对，任选一个点结构，在 [Linked Dummy] 选项中选择另一个 Dummy，则可实现二者的绑定。由于动平台自身绑定至结构树一支作为子系，具有几何约束，因此仅需添加 5 对 Dummy 结构即可实现最终的并联模型约束。

图 9－65　虚拟节点属性设置

注意：搭建时两点的位置及角度都要相同，而且等同于动平台虎克铰两个关节的交点——关节连接球处；否则点结构作为子模块会带动父模块向着两点完全重合的趋势移动。

9.3.4　结构树搭建

结构层已经在第 3 章中介绍。本节仅介绍 Stewart 并联平台绑定关系。其中结构树搭建主体规则如下。

（1）可视图模型绑定至动态模型下。

（2）从结构主体（定平台）到结构末端（动平台）依次搭建，顺次连接，子系依次绑定至父系结构下。

（3）Dummy点结构统一绑定至对应的父系结构下。

遵循三条规则，即可实现 Stewart 并联平台结构树的搭建。在该模型中，最复杂的一支结构树（带有动平台的树）具体如图 9-66 所示。

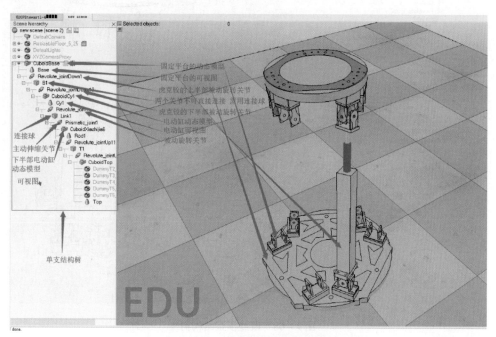

图 9-66　搭建上部平台结构树

类似于图 9-67，可依据图 9-68 搭建其余不带动平台的 5 支结构树。

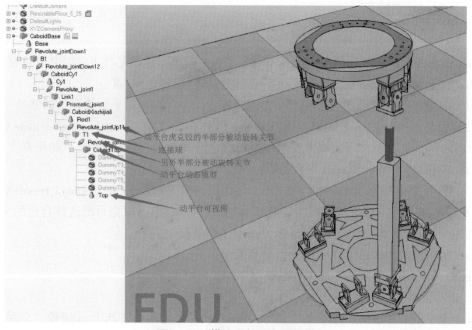

图 9-67　搭建下部平台结构树

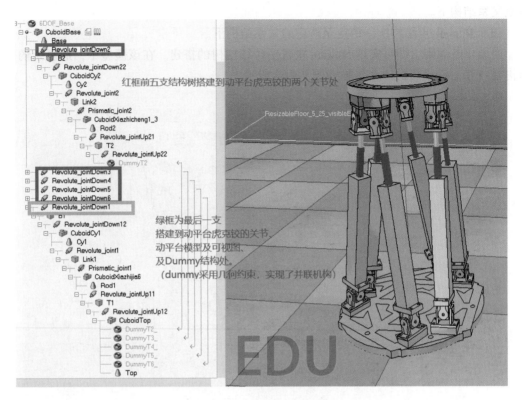

图 9 – 68　最终模型结构树

至此，即可完成模型的全部搭建过程，下面介绍平台的控制部分。

9.3.5　运动控制

1. Matlab 至 V – REP 的软件通信

Matlab 和 V – REP 连接需要一些基本通信文件。具体操作就是将 V – REP 软件路径下部分基本文件复制进 Matlab 的工作路径下。该部分具体包括三个步骤。

（1）新建一个 Matlab 的工作路径，如建立一个"D：\Stewart 平台仿真"的路径。

（2）打开 C：\Program Files\V – REP3\V – REP_PRO_EDU\programming\ remoteApiBindings\Matlab\Matlab（具体 V – REP 安装位置用户自行调整），将此文件夹下的所有文件都复制到目标工作路径（D：\Stewart 平台仿真）下。

（3）打开 C：\Program Files\V – REP3\V – REP_PRO_EDU\programming\ remoteApiBindings\lib\lib（具体 V – REP 安装位置同样需要用户自行调整），根据系统选择合适的文件夹，将下面的 remoteApi. dll 文件复制到目标 Matlab 工作路径中。

至此即可实现 Matlab 至 V – REP 的仿真控制。

注意：V – REP 和 Matlab 的工作路径均可设置为中文。

2. 运动控制

基于 V – REP 和 Matlab 联合仿真的 Stewart 并联平台运动程序基于 m 函数，全程序共有四个函数文件，包括一个主控程序、一个运动学逆解子函数、一个铰点间距计算函数，以及一个总体初始化函数。

（1）主控程序，负责总体的通信，即对 V – REP 数据的收发，用户对动平台目标自由度的给定，以及各子函数的调用。

（2）运动学逆解子函数，负责将主控程序中给定的动平台目标控制量通过运动学逆解，换算成各缸的理论位移。

（3）铰点间距计算函数，负责动、定平台间各缸两端铰点的计算，将该功能独立出一个子函数是便于程序的可读性。

（4）总体初始化函数，负责平台参数的初始化（平台的尺寸），各铰点的坐标系定义等。

各函数及其注释如下。

（1）主函数程序如图 9 – 69 所示。

```matlab
clear all
close all
clc

Globals
global Ktha;
disp('Program started');
% vrep=remApi('remoteApi','extApi.h'); % using the header (requires a compiler)
vrep=remApi('remoteApi'); % using the prototype file (remoteApiProto.m)
vrep.simxFinish(-1); % Just in case, close all opened connections
clientID=vrep.simxStart('127.0.0.1',19997,true,true,5000,5);

if (clientID<0)
    %可能的原因，1.vrep软件没有打开；2.端口号设置不对(或者vrep没有打开相关的端口号)
    disp('Failed connecting to remote API server');
else
    vrep.simxStartSimulation(clientID,vrep.simx_opmode_oneshot);%启动Vrep仿真

    %初始化，获取句柄
    for i=1:6
        [~,MotorHandle_prismaticJoint(i)] = vrep.simxGetObjectHandle(clientID,strcat('Prismatic_joint',int2str(i)),vrep.simx_opmode_blocking);
    end
    tic;
while toc<200
    position=[0.1*sin(pi*toc) 0 0];
    orientation=[0 0 0];
    % 给定动平台目标六自由度(position为平移三自由度，orientation为旋转三自由度)
    prismaticJoint=legInverseKinematics(position,orientation);
    % 循环执行legInverseKinematics函数(运动学逆解函数)，求取各缸运动学计算值
    for i=1:6
        vrep.simxSetJointTargetPosition(clientID,MotorHandle_prismaticJoint(i),prismaticJoint(i),vrep.simx_opmode_oneshot);
        % 将Matlab的控制指令传输到V-REP中并生效
    end

    pause(0.01);
end
    % Before closing the connection to V-REP, make sure that the last command sent out had time to arrive. You can guarantee this with (for example):
    vrep.simxStopSimulation(clientID,vrep.simx_opmode_oneshot_wait);
    % Now close the connection to V-REP:
    vrep.simxFinish(clientID);
end

vrep.delete(); % call the destructor!

disp('Program ended');
disp('simulation end');
```

图 9 – 69　Matlab 主函数程序

（2）Globals.m（总体初始化函数）函数程序如图 9 – 70 所示。

```
global Ktha;    %  角度到弧度转换单位
global DOF6;

Ktha = pi/180;
B_a=34/2.0;      %  下平台支点夹角的 1/2
T_a=36.6/2;      %  上平台支点夹角的 1/2
TopR=0.15;       %  上分布圆半径
BottomR=0.234;   %  下分布圆半径
Minlen=0.574;    %  缸全缩回长度
EffLen=0.3;      %  有效行程

for i=1:6
    DOF6.cylinder(i).fix_len=Minlen;
    DOF6.cylinder(i).stroke=EffLen;
end

%  计算下支点的相位角度
A=[-120 120 0];
%A=[0 120 240];
B_Angle(1)=(A(1)+B_a)*Ktha;
B_Angle(2)=(A(1)-B_a)*Ktha;
B_Angle(3)=(A(2)+B_a)*Ktha;
B_Angle(4)=(A(2)-B_a)*Ktha;
B_Angle(5)=(A(3)+B_a)*Ktha;
B_Angle(6)=(A(3)-B_a)*Ktha;
%  计算上支点的相位角度
A=[-60 180 60];
%A=[60 180 300];
T_Angle(1)=(A(1)-T_a)*Ktha;
T_Angle(6)=(A(1)+T_a)*Ktha;
T_Angle(2)=(A(2)+T_a)*Ktha;
T_Angle(3)=(A(2)-T_a)*Ktha;
T_Angle(4)=(A(3)+T_a)*Ktha;
T_Angle(5)=(A(3)-T_a)*Ktha;

%6个电动缸均伸出 1/2 时电动缸在下平台平面投影的长度
Hight=sqrt(TopR*TopR+BottomR*BottomR-2*TopR*BottomR*cos((60.0-T_a-B_a)*Ktha));
Hight=sqrt((Minlen+EffLen/2)*(Minlen+EffLen/2)-Hight*Hight);   % Hight为中位高度 也可以直接测量

%  计算上下支点的坐标值
for i=1:6
    DOF6.cylinder(i).bottom_point.x=BottomR*cos(B_Angle(i));
    DOF6.cylinder(i).bottom_point.y=BottomR*sin(B_Angle(i));
    DOF6.cylinder(i).bottom_point.z=-Hight;
    BPX(i)=DOF6.cylinder(i).bottom_point.x;
    BPY(i)=DOF6.cylinder(i).bottom_point.y;

    DOF6.cylinder(i).top_point.x=TopR*cos(T_Angle(i));
    DOF6.cylinder(i).top_point.y=TopR*sin(T_Angle(i));
    DOF6.cylinder(i).top_point.z=0;
    TPX(i)=DOF6.cylinder(i).top_point.x;
    TPY(i)=DOF6.cylinder(i).top_point.y;
end

DOF6.giv_pos.r_x=0;
DOF6.giv_pos.r_y=0;
DOF6.giv_pos.r_z=0;
DOF6.giv_pos.t_x=0;
DOF6.giv_pos.t_y=0;
DOF6.giv_pos.t_z=-Hight;
```

图 9-70 Globals 函数程序

（3） legInverseKinematics. m（Stewart 平台运动学逆解子函数）函数程序如图 9 – 71 所示。

```matlab
function [sys]=legInverseKinematics(position, orientation)
%% Stewart平台运动学逆解
%输入u----足端的6DOF位姿
%输出sys----6根电动缸的位移
global Ktha;
global DOF6;

DOF6.giv_pos.t_x=position(1);
DOF6.giv_pos.t_y=position(2);
DOF6.giv_pos.t_z=position(3);
DOF6.giv_pos.r_x=orientation(1);
DOF6.giv_pos.r_y=orientation(2);
DOF6.giv_pos.r_z=orientation(3);
length=[0, 0, 0, 0, 0, 0];
sys=[0, 0, 0, 0, 0, 0];
dh=0;   %0.085;
sx=sin(DOF6.giv_pos.r_x*Ktha);
cx=cos(DOF6.giv_pos.r_x*Ktha);
sy=sin(DOF6.giv_pos.r_y*Ktha);
cy=cos(DOF6.giv_pos.r_y*Ktha);
sz=sin(DOF6.giv_pos.r_z*Ktha);
cz=cos(DOF6.giv_pos.r_z*Ktha);


for i=1:6
    %上支点在动平台坐标系下的坐标
    tP.x=DOF6.cylinder(i).top_point.x;
    tP.y=DOF6.cylinder(i).top_point.y;
    tP.z=DOF6.cylinder(i).top_point.z;
    %静平台坐标系下的上支点坐标
    P.x=cz*cy*tP.x+(-cy*sz)*tP.y+sy*(tP.z-dh);
    P.y=(sz*cx+sx*sy*cz)*tP.x+(cz*cx-sz*sy*sx)*tP.y+(-sx*cy)*(tP.z-dh);
    P.z=(sx*sz-cx*sy*cz)*tP.x+(sx*cz+cx*sy*sz)*tP.y+(cy*cx)*(tP.z-dh);

    %伸出后的上支点坐标
    P.x=P.x+DOF6.giv_pos.t_x;
    P.y=P.y+DOF6.giv_pos.t_y;
    P.z=P.z+DOF6.giv_pos.t_z+dh;

    length(i)=P2P_Len(P, DOF6.cylinder(i).bottom_point);
    length(i)=length(i)-DOF6.cylinder(i).fix_len;

    if((length(i)>=0) && (length(i)<=DOF6.cylinder(i).stroke))
        DOF6.cylinder(i).giv_len=length(1, i);
    end

    sys(i)=DOF6.cylinder(i).giv_len-0.15;
end
```

图 9 – 71　legInverseKinematics 函数程序

（4） P2P_Len. m（铰点间距计算函数）函数程序如图 9 – 72 所示。

```matlab
function [r] = P2P_Len(p1, p2)
    r=(p1.x-p2.x)^2+(p1.y-p2.y)^2+(p1.z-p2.z)^2;
    r=sqrt(r);
end
```

图 9 – 72　P2P_Len. m 函数程序

9.4　六轮足式机器人搭建及运动控制

本节进行六轮足式机器人的建模及运动控制。图9-73所示即为V-REP软件中最终搭建的六轮足式机器人模型。

图9-73　六轮足式机器人仿真模型

六轮足式机器人的模型搭建及运动控制，不论是模型结构还是总体流程，都与9.3节中Stewart平台的部分介绍极其相关。

其中，模型结构层面，六轮足式机器人各足都是Stewart平台，虽然足端的Stewart平台为异构模型，其定、动平台的圆心并非同轴，但模型搭建过程包括最终的控制原理是完全一致的。

总体流程层面，六轮足式机器人的建模与控制流程同9.3节中Stewart平台的流程完全一致。首先在SolidWorks中绘制机器人的总体装配图；然后将其输入至V-REP仿真软件中，并以此建立对应的动态模型；最后通过Matlab编程实现对六轮足式机器人的基本运动控制。

综上所述，本节在9.3节的基础上，仅针对六轮足式机器人相比Stewart平台更深入的部分进行编写。

9.4.1　模型搭建

1. 机器人主体

机器人主体即为机身平台，其上包括6个倒置Stewart平台的定平台。该模型就是六轮足式机器人模型的主体（父系）结构，如图9-74所示。

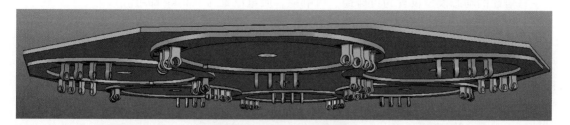

图 9 – 74　机器人主体模型

选择模型进行拆分，具体操作如图 9 – 75 所示。

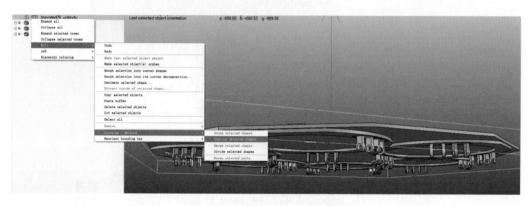

图 9 – 75　机器人主体模型拆分

因此可以得到多个可视图，选择最大的机身主体，进入三角编辑模式，选择所有的三角模型，提取圆柱体，即可得到最终的机器人机身主体动态模型，如图 9 – 76 所示。

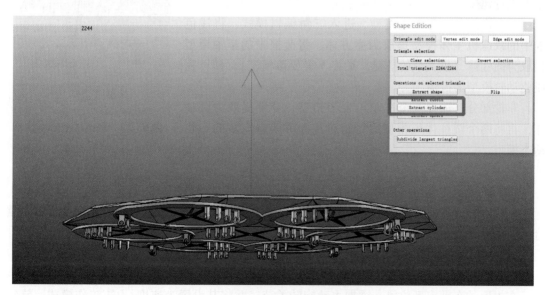

图 9 – 76　搭建机器人主体动态模型

将搭建的动态模型设置为可碰撞、可响应，质量设置为 100 kg 即可。

2. 单腿模型

六轮足式机器人单腿模型本质就是倒置的 Stewart 平台加装驱动轮，如图 9 – 77 所示。因此，在单足建模过程中，只需要在 Stewart 平台建模基础上，在动平台下额外搭建驱动轮即可。下面仅针对驱动轮的添加进行介绍。

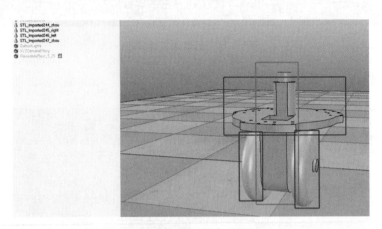

图 9 – 77　驱动轮部分可视图模型

图 9 – 78 中的模型就是六轮足式机器人单足驱动轮可视图模型。其中，结构树中的 STL_Imported247/244_zhou 分别为图中浅色框足端 Stewart 动平台模型以及图中白色框车轮减速机模型；STL_Imported_left/ right 为图中黑色框所示两个驱动轮模型。我们需要对白色框中的减速机以及黑色框中的两个轮子进行建模。

减速机部分，选择该模型，进入三角编辑模式，将浅色框中的减速机主体模型提取为立方体、将蓝框中的车轴模型提取为圆柱体（供关节的搭建，最终不需要该模型），即可完成驱动轮模型的搭建。

车轮部分，选择两个车轮可视图模型，分别提取为圆柱体，再将两个圆柱体纯模型进行组合，即可获得完整的车轮动态模型。

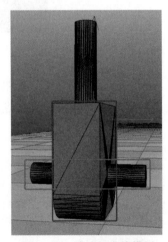

图 9 – 78　减速机主体模型

3. 模型参数

将减速机主体合并至足端动平台上，因此该部分模型参数不做调整。

车轮部分，将其质量设置为 2 kg，而且碰撞关系与足端动平台在任何一个碰撞层都不重合，将模型设置为高摩擦系数。

图 9 – 79 所示为在 ODE 物理引擎下车轮模型的碰撞属性及动态参数，仅供参考。

4. 关节设置

在提取的车轴模型位置，添加主动旋转关节，并将其设置为速度/力矩工作模式，旋转关节的属性设置如图 9 – 80 和图 9 – 81 所示，仅供参考。

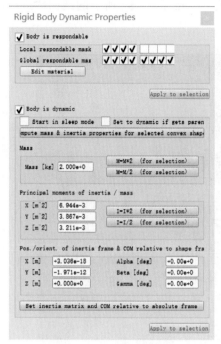

图 9 － 79　车轮属性设置

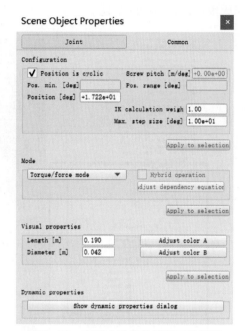

图 9 － 80　车轮主动旋转关节属性设置

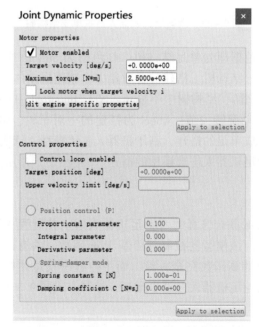

图 9 － 81　车轮主动旋转关节动态属性设置

5. 结构树搭建

上述场景中最终导入或搭建的模型如下：一个减速机主体模型及其可视图、一对组合为一体的车轮模型及其可视图，以及一个主动旋转关节。按图 9－82 所示的结构树进行组合，即可完成单足仿真模型的搭建。

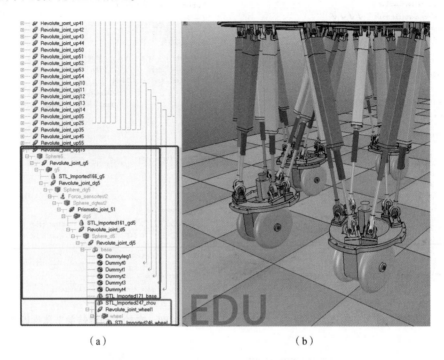

（a）　　　　　　　　　　　（b）

图 9－82　六轮足式机器人足端单支结构树

其中，图 9－82 中黑色框即为单足结构树，红色框为 Stewart 平台的结构树，蓝色框为需要额外添加的驱动轮部分结构树。搭建的各对象中，减速机主体模型合并至足端动平台模型上（图 9－82 中 base 模型），结构树中不显示；STL_Imported_zhou 为减速机可视图模型；Revolute_joint_wheel1 为主动旋转关节；wheel 为搭建的一对车轮；STL_Imported_wheel 为车轮的可视图模型。至此完成单足的搭建，基于机器人主体模型，依次对 6 个机械足进行模型搭建，即可完成全部六轮足机器人仿真模型的搭建。

9.4.2　运动控制

基于 V－REP 和 Matlab 联合仿真的六轮足机器人运动控制程序同样与 9.3 节的 Stewart 平台的运动控制部分相仿。该模型的控制程序基于 m 函数，共有四个函数文件，其中运动学逆解子函数及铰点间距计算函数完全一致，而主控程序及总体初始化函数仅需做简单修改。因此，下面仅介绍六轮足机器人三足步态下，控制方式同 9.3 节不一致的主控程序以及总体初始化函数。

（1）主控程序如图 9－83 所示。

（2）Globals. m（总体初始化函数）函数程序如图 9－84 所示。

```
clear all
close all
clc

Globals
global Ktha;
disp('Program started');
% vrep=remApi('remoteApi','extApi.h'); % using the header (requires a compiler)
vrep=remApi('remoteApi'); % using the prototype file (remoteApiProto.m)
vrep.simxFinish(-1); % just in case, close all opened connections
clientID=vrep.simxStart('127.0.0.1',19997,true,true,5000,5);

if (clientID>0)
    %可能的原因: 1.vrep软件没有打开; 2.端口号设置不对(或者vrep没有打开相关的端口号)
    disp('Failed connecting to remote API server');
else
    vrep.simxStartSimulation(clientID,vrep.simx_opmode_oneshot);%启动vrep仿真

    %初始化, 依次获取六个足趾六根驱动的句柄, 该句柄储值顺序取决于机器人足端坐标系, 表达0.3节中Stewart平台的坐标系
    for i=1:6
        [~,MotorHandle_prismaticJoint(1,1)] = vrep.simxGetObjectHandle(clientID,strcat('Prismatic_joint_',int2str(6*i-1),int2str(1)),vrep.simx_opmode_blocking);
        [~,MotorHandle_prismaticJoint(2,1)] = vrep.simxGetObjectHandle(clientID,strcat('Prismatic_joint_',int2str(6*i-1),int2str(0)),vrep.simx_opmode_blocking);
        [~,MotorHandle_prismaticJoint(3,1)] = vrep.simxGetObjectHandle(clientID,strcat('Prismatic_joint_',int2str(6*i-1),int2str(5)),vrep.simx_opmode_blocking);
        [~,MotorHandle_prismaticJoint(4,1)] = vrep.simxGetObjectHandle(clientID,strcat('Prismatic_joint_',int2str(6*i-1),int2str(4)),vrep.simx_opmode_blocking);
        [~,MotorHandle_prismaticJoint(5,1)] = vrep.simxGetObjectHandle(clientID,strcat('Prismatic_joint_',int2str(6*i-1),int2str(5)),vrep.simx_opmode_blocking);
        [~,MotorHandle_prismaticJoint(6,1)] = vrep.simxGetObjectHandle(clientID,strcat('Prismatic_joint_',int2str(6*i-1),int2str(2)),vrep.simx_opmode_blocking);
    end
    tic;
    pos_all=zeros(6,3);
    count=0;
    gaitstate=0;
    T=200;
    position=zeros(6,3);
while toc<200
%程序为状态机切换, 各大段程序依次执行, 可读性相对较高。
switch gaitstate
%开始三足步态起步, 其中135腿向后支撑, 246腿向前迈。
    case 0
        for i=1:2:5
            position(i,:)=[-0.05+0.05*cos(pi*count/T) 0 0];
            position(i+1,:)=[0.05-0.05*cos(pi*count/T) 0 -0.1*sin(pi*count/T)];
        end
        if count<T
            count=count+1;
        else
            count=0;
            gaitstate=1;
        end
%三足步态第一个状态, 其中135腿向前迈, 246腿向后支撑。
    case 1
        for i=1:2:5
            position(i,:)=[-0.1*cos(pi*count/T) 0 -0.1*sin(pi*count/T)];
            position(i+1,:)=[0.1*cos(pi*count/T) 0 0];
        end
        if count<T
            count=count+1;
        else
            count=0;
            gaitstate=2;
        end
%三足步态第二个状态, 其中135腿向后支撑, 246腿向前迈。
    case 2
        for i=1:2:5
            position(i,:)=[0.1*cos(pi*count/T) 0 0];
            position(i+1,:)=[-0.1*cos(pi*count/T) 0 -0.1*sin(pi*count/T)];
        end
        if count<T
            count=count+1;
        else
            count=0;
            gaitstate=1;
        end
%三足步态第二个状态执行完成后, 切换至第一个状态, 第一个状态执行完成后再切入第二个状态, 两个状态交替执行, 实现三足步态两组工作状态的切换。
end

    orientation(1,:)=[0 0 0];
    orientation(2,:)=[0 0 0];
    orientation(3,:)=[0 0 0];
    orientation(4,:)=[0 0 0];
    orientation(5,:)=[0 0 0];
    orientation(6,:)=[0 0 0];

    pos_all(1,:)=position(1,:)*[cos(pi/3) -sin(pi/3) 0;sin(pi/3) cos(pi/3) 0;0 0 1];
    pos_all(2,:)=position(2,:)*[cos(0) sin(0) 0;sin(0) cos(0) 0;0 0 1];
    pos_all(3,:)=position(3,:)*[cos(pi/3) sin(pi/3) 0;-sin(pi/3) cos(pi/3) 0;0 0 1];
    pos_all(4,:)=position(4,:)*[-cos(pi/3) sin(pi/3) 0;-sin(pi/3) -cos(pi/3) 0;0 0 1];
    pos_all(5,:)=position(5,:)*[cos(0) sin(0) 0;sin(0) -cos(0) 0;0 0 1];
    pos_all(6,:)=position(6,:)*[-cos(pi/3) -sin(pi/3) 0;sin(pi/3) -cos(pi/3) 0;0 0 1];
    %足端坐标系转换, 六足共用同一组足端坐标系原理, 即六足端坐标系中心对称, 故为便于读者能够足足
    %端坐标转值, 设置读者给定的六足端坐标系方向统一, 并最终通过坐标转换矩阵实现坐标系的对应。
    for i=1:6
        prismaticJoint(i,:)=legInverseKinematics(pos_all(i,:),orientation(i,:));
        for j=1:6
            vrep.simxSetJointTargetPosition(clientID,MotorHandle_prismaticJoint(i,j),prismaticJoint(i,j),vrep.simx_opmode_oneshot);
            %将Matlab的控制指令传输到V-REP中并生效
        end
    end
    pause(0.01);
end
    % Before closing the connection to V-REP, make sure that the last command sent out had time to arrive. You can guarantee this with (for example):
    vrep.simxStopSimulation(clientID,vrep.simx_opmode_oneshot_wait);
    % Now close the connection to V-REP:
    vrep.simxFinish(clientID);
end

vrep.delete(); % call the destructor!

disp('Program ended');
disp('simulation end');
```

图 9 – 83　Matlab 主函数程序

```
global Ktha;   %   角度到弧度转换单位
global DOF6;

Ktha = pi/180;
B_a=18/2;        %   下平台支点夹角的一半
T_a=33.14/2;       %   上平台支点夹角的一半
TopR=0.1322;       %   上分布圆半径
BottomR=0.25;      %   下分布圆半径
Minlen=0.531;      %   缸全缩回长度
EffLen=0.448;      %   有效行程

for i=1:6
    DOF6.cylinder(i).fix_len=Minlen;
    DOF6.cylinder(i).stroke=EffLen;
end

%   计算下支点的相位角度
B_Angle(1)=(210+B_a)*Ktha;
B_Angle(2)=(210-B_a)*Ktha;
B_Angle(3)=(90+B_a)*Ktha;
B_Angle(4)=(90-B_a)*Ktha;
B_Angle(5)=(-30+B_a)*Ktha;
B_Angle(6)=(-30-B_a)*Ktha;
%   计算上支点的相位角度
T_Angle(1)=(-90-T_a)*Ktha;
T_Angle(2)=(150+T_a)*Ktha;
T_Angle(3)=(150-T_a)*Ktha;
T_Angle(4)=(30+T_a)*Ktha;
T_Angle(5)=(30-T_a)*Ktha;
T_Angle(6)=(-90+T_a)*Ktha;
%6个电动缸均伸出一半时电动缸在下平台平面投影的长度
% Hight=sqrt(TopR*TopR+BottomR*BottomR-2*TopR*BottomR*cos((60.0-T_a-B_a)*Ktha));
% Hight=sqrt((Minlen+Efflen/2)*(Minlen+Efflen/2)-Hight*Hight);    % Hight为中位高度  也可以直接测量
Hight=0.7738;
%   计算上下支点的坐标值
for i=1:6
    DOF6.cylinder(i).bottom_point.x=BottomR*cos(B_Angle(i));
    DOF6.cylinder(i).bottom_point.y=BottomR*sin(B_Angle(i))+0.17;
    %由于机器人六足为异构Stewart平台,该0.17表示y轴偏移量,故六足端y轴正向统一为背离机器人中心点向外。
    DOF6.cylinder(i).bottom_point.z=0;

    DOF6.cylinder(i).top_point.x=TopR*cos(T_Angle(i));
    DOF6.cylinder(i).top_point.y=TopR*sin(T_Angle(i));
    DOF6.cylinder(i).top_point.z=Hight;
    DOF6.cylinder(i).init_length=P2P_Len(DOF6.cylinder(i).top_point,DOF6.cylinder(i).bottom_point)-DOF6.cylinder(i).fix_len;
end
```

图 9 – 84　Globals 函数程序

参 考 文 献

［1］张立勋等. 机电系统建模与仿真［M］. 哈尔滨：哈尔滨工业大学出版社，2010. 02.

［2］宋志安等. MATLAB/Simulink 机电系统建模与仿真［M］. 北京：国防工业出版社，2015. 09.

［3］（美）卡罗普等. 系统动力学机电系统的建模与仿真，原书第 4 版［M］. 北京：国防工业出版社，2012. 05.

［4］高扬. MATLAB 与计算机仿真［M］. 北京：机械工业出版社，2020. 09.

［5］徐宝云，王文瑞. 计算机建模与仿真技术［M］. 北京：北京理工大学出版社，2009. 07.

［6］姚俊，马松辉. Simulink 建模与仿真［M］. 西安：西安电子科技大学出版社，2002. 08.

［7］高广娣. 型机械机构 ADAMS 仿真应用［M］. 北京：电子工业出版社，2013. 06.

［8］李军等. ADAMS 实例教程［M］. 北京：北京理工大学出版社，2002. 07.

［9］胡寿松. 自动控制原理 第 7 版［M］. 北京：科学出版社，2019. 02.

［10］刘国军. 并联机器人刚体动力学分析［M］. 西安：西北工业大学出版社，2019. 12.

［11］郝仁剑. 电动并联轮足机器人运动驱动与稳定行走控制［D］. 北京：北京理工大学，2017.

［12］陈光荣. 四足机器人静动步态行走控制策略研究［D］. 北京：北京理工大学，2018.

［13］彭辉. 电动并联轮足机器人复杂地形平稳控制研究［D］. 北京：北京理工大学，2019.

［14］郭非. 电动并联轮足机器人复杂地形运动规划研究［D］. 北京：北京理工大学，2021.

［15］徐康. 并联式轮足机器人非结构化环境运动稳定控制研究［D］. 北京：北京理工大学，2021.

［16］刘冬琛. 并联式轮足机器人多模态运动驱动与控制［D］. 北京：北京理工大学，2022.

［17］李杰浩. 地面无人运动平台轨迹跟踪控制及规划方法［D］. 北京：北京理工大学，2022.

［18］陈志华. 并联式轮足机器人足式运动控制研究［D］. 北京：北京理工大学，2022.

［19］Guo F, Wang S, Yue B, et al. A Deformable Configuration Planning Framework for a Parallel Wheel – Legged Robot Equipped with Lidar［J］. Sensors, 2020, 20（19）：5614.

［20］Guo F, Wang S, Wang J, et al. Kinematics – searched framework for quadruped traversal in a parallel robot［J］. Industrial Robot：the international journal of robotics research and application, 2019.

［21］Kang Xu, Shoukun Wang, et al. Adaptive impedance control with variable target stiffness for parallel wheel – legged robot on complex unknown terrain [J]. Mechatronics, 2020, 69: 102388.

[22] Kang Xu, Shoukun Wang, et al. High – flexibility locomotion and whole – torso control for a wheel – legged robot on challenging terrain [C]. 2020 IEEE International Conference on Robotics and Automation (ICRA 2020).

[23] Kang Xu, Shoukun Wang, et al. Obstacle – negotiation performance on challenging terrain for a parallel leg – wheeled robot [J. Journal of Mechanical Science and Technology, 2020, 34 (1): 377 – 386.

[24] Kang Xu, Shoukun Wang, et al. High – adaption Locomotion with Stable Robot Body for a Planetary Exploration Robot Carrying Potential Instruments on Unstructured Terrain [J]. Chinese Journal of Aeronautics, 2021, 34 (5): 652 – 665.

[25] Wang S, Chen Z, Li J, et al. Flexible motion framework of the six wheel – legged robot: Experimental results [J]. IEEE/ASME Transactions on Mechatronics, 2021.

[26] Chen Z, Li J, Wang S, et al. Flexible gait transition for six wheel – legged robot with unstructured terrains [J]. Robotics and Autonomous Systems, 2022, 150: 103989.

[27] Chen Z, Li J, Wang J, et al. Towards hybrid gait obstacle avoidance for a six wheel – legged robot with payload transportation [J]. Journal of Intelligent & Robotic Systems, 2021, 102 (3): 1 – 21.

[28] Liu D, Wang J, Wang S, et al. Active disturbance rejection control for electric cylinders with PD – type event – triggering condition [J]. Control Engineering Practice, 2020, 100: 104448.

[29] Liu D, Wang J, Wang S. Coordinated motion control and event – based obstacle – crossing for four wheel – leg independent motor – driven robotic system [J]. Mechatronics, 2022, 81: 102697.

[30] Wang L, Lei T, Si J, et al. Speed consensus control for a parallel six – wheel – legged robot on uneven terrain [J]. ISA transactions, 2021.

[31] Li J, Wang J, Peng H, et al. Neural fuzzy approximation enhanced autonomous tracking control of the wheel – legged robot under uncertain physical interaction [J]. Neurocomputing, 2020, 410: 342 – 353.

[32] Li J, Wang J, Peng H, et al. Fuzzy – torque approximation – enhanced sliding mode control for lateral stability of mobile robot [J]. IEEE Transactions on Systems, Man, and Cybernetics: Systems, 2021, 52 (4): 2491 – 2500.

[33] Li J, Qin H, Wang J, et al. OpenStreetMap – based autonomous navigation for the four wheel – legged robot via 3D – Lidar and CCD camera [J]. IEEE Transactions on Industrial Electronics, 2021, 69 (3): 2708 – 2717.

[34] Hao R, Wang J, Zhao J, et al. Observer – based robust control of 6 – DOF parallel electrical manipulator with fast friction estimation [J]. IEEE Transactions on Automation Science and Engineering, 2015, 13 (3): 1399 – 1408.

[35] Chen G, Wang J, Wang S, et al. Compliance control for a hydraulic bouncing system

〔J〕. ISA transactions, 2018, 79: 232 –238.

［36］ Chen G, Wang J, Wang S, et al. Energy saving control in separate meter in and separate meter out control system ［J］. Control Engineering Practice, 2018, 72: 138 –150.

［37］ Peng H, Wang J, Wang S, et al. Coordinated motion control for a wheel – leg robot with speed consensus strategy ［J］. IEEE/ASME Transactions on Mechatronics, 2020, 25 (3): 1366 –1376.

［38］ Peng H, Wu M, Lu H, et al. A Distributed Strategy to Attitude Following of the Multi – DOF Parallel Electrical Manipulator Systems ［J］. IEEE Transactions on Industrial Electronics, 2021, 69 (2): 1630 –1640.